Kai Jäger, Jahrgang 1987, hat mit seinem Vortrag über Fossilien die deutschen Science-Slam-Meisterschaften 2014 gewonnen. Er schreibt momentan seine Doktorarbeit im Fachbereich Geowissenschaften an der Universität Bonn über das Kauverhalten früher Säugetiere.

«Ich wusste, dass das, was ich in den Händen hielt, irgendwann einmal aktiv gewesen war, pulsiert und sich abgeplagt hatte, also: vor langer, langer Zeit gelebt hatte! Zu einer Zeit, in der noch kein Mensch vorhanden war, der es beobachten, verstehen oder untersuchen konnte! Jetzt, Millionen Jahre später, blickte ich als Erster auf dieses Lebewesen und hielt einen kleinen Funken einer im Abgrund der Zeit untergegangenen Welt in den Händen.»

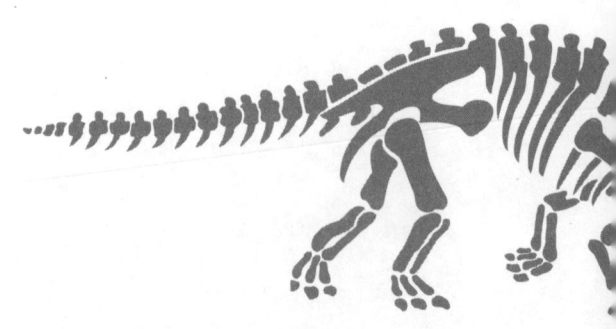

Kai Jäger

Verwandtschaft ist ein Knochenjob

Was Fossilien über unsere
Herkunft verraten

Rowohlt Taschenbuch Verlag

Für Doris, Klaus und Meena

Originalausgabe
Veröffentlicht im Rowohlt Taschenbuch Verlag,
Reinbek bei Hamburg, April 2017
Copyright © 2017 by Rowohlt Verlag GmbH,
Reinbek bei Hamburg
Lektorat Christian Wöllecke
Umschlaggestaltung ZERO Werbeagentur, München
Umschlagabbildung FinePic®, München
Satz aus der Plantin und Futura PostScript
bei Pinkuin Satz und Datentechnik, Berlin
Druck und Bindung CPI books GmbH, Leck, Germany
ISBN 978 3 499 63215 0

Inhalt

Nass bis auf die Knochen

Es regnet. Und wie es regnet. Ich liege in einem Steinbruch lang gestreckt auf nacktem, schlammigem Fels und versuche, mit meinem Körper eine Reihe fossiler Fußabdrücke, aber vor allem die in sie gepresste Abformmasse, vor den heranrauschenden Wassermassen zu schützen. Warum ich das mache?

Weil ich Paläontologe bin. Zugegeben, das ist erklärungsbedürftig.

Bereits die Nacht zuvor hatte es so sehr geschüttet, dass der Campingplatz knapp zehn Zentimeter hoch unter Wasser stand. Nur ein Zentimeter mehr und das Wasser wäre durch den Eingang in mein Zelt gelaufen. So aber hatte es sich damit begnügt, in Form von Feuchtigkeit langsam durch den Zeltboden zu dringen … Es gibt doch nichts Schöneres, als in einem klammen Schlafsack aufzuwachen! Dabei hatte der Tag nach den nächtlichen Überflutungen noch gut angefangen. Im Gegensatz zu vielen Urlaubern auf unserem niederländischen Campingplatz waren die meisten Teilnehmer unseres Grabungsteams recht gut ausgerüstet. Wir platschten einer nach dem anderen leicht verschlafen in unser Gemeinschaftszelt und versammelten uns am Frühstückstisch. Die Verpflegung stammte aus dem nächstgelegenen Supermarkt, und da wir uns in den Niederlanden befanden, durfte Vla natürlich nicht fehlen. Für den heutigen Tag sei abwechselnd Sonne und Regen angekündigt, erklärte der Grabungsleiter. Wenn es zu schlammig würde, wären wir gezwungen, Pausen zu machen; allerdings werde die Zeit langsam knapp und die Funde der letzten Tage müssten noch vollständig geborgen werden. Außerdem müsse die Reptilienfährte im Gestein, die wir die letzten anderthalb Wochen systematisch freigelegt hatten, noch abgegossen werden, um später Kopien herstellen zu können.

Wir packten unsere Rucksäcke, warfen das Grabungsequipment in die VW-Busse und machten uns auf den Weg zum nahe gelegenen Kalksteinbruch in Winterswijk. Einige besonders Hartgesottene unter uns fuhren die Strecke vom Campingplatz jeden Morgen mit dem Rad, ich hingegen nutzte wie immer die Gelegenheit, auf der Rückbank noch etwas zu dösen. Als wir den Steinbruch erreichten, war es bereits angenehm warm, was mich an die letzten Tage denken ließ. Die Luft in der Grube hatte sich manchmal auf fast 40 °C aufgeheizt, und wir arbeiteten die meiste Zeit mit feuchten Tüchern unter dem (leider vorgeschriebenen) Helm.

Die Ausrüstung wurde wie immer auf Schubkarren verteilt, und wir gelangten über einen Feldweg zur Rampe, die in Serpentinen ins Innere des Steinbruchs hinabführte. An diesem Tag hatte ich Glück, da die Schubkarren bereits von anderen Teammitgliedern geschoben wurden.

Nein, das Glück bestand nicht etwa darin, mir etwas Arbeit erspart zu haben, sondern in der kleinen, aber angenehmen Tatsache, nicht bei lebendigem Leib gefressen zu werden. Beim Weg in und aus dem Steinbruch wurde unsere Gruppe nämlich regelmäßig von schwarzen Wolken aus Bremsen angefallen. Natürlich beschleunigten dann alle, wild um sich fuchtelnd, ihren Schritt. Die Bremsen folgten ihren Opfern jedoch meist nicht weit in den heißen Steinbruch hinein, sondern kehrten um, sobald man die Rampe erreicht hatte. Auf ihrem Rückweg versammelten sich dann die Schwärme bei den langsamsten Tieren unserer Herde (denjenigen, die ächzend die Schubkarren vor sich herschoben). Wenn man sich in dieser ungünstigen Position wiederfand, hatte man die Wahl: Entweder setzte man die Schubkarre ab, um jeden Landeversuch mit gezielten Schlägen zu unterbinden – allerdings kam man dann noch langsamer voran –, oder man blieb auf Kurs, packte die Schubkarre fester, biss die Zähne zusammen und hoffte darauf, die Rampe zu erreichen, bevor der Blutverlust sich bemerkbar machen würde.

Im Steinbruch angekommen bauten wir unser Grillzelt (also: Sonnenschutz, Regendach, Schattenspender) auf der mittleren Sohle auf. Hier befand sich die fossilreichste Schicht. An dieser Stelle sollte ich vielleicht erklären, wie der Steinbruch aufgebaut war: Man stelle sich ein rechteckiges Loch im Boden vor. Es ist rund 30 Meter tief und im Durchmesser mehrere hundert Meter breit. Die grauen Wände fallen senkrecht ab. Alle paar Meter beginnt eine neue Sohle, sozusagen eine Kante, die wie ein Stockwerk fungiert, und von der aus die darüberliegende Wand abgebaut werden kann. Die einzelnen Sohlen sind durch schräge Rampen verbunden, sodass die tiefer liegenden Ebenen zugänglich für Lastwagen sind. Auf einer dieser Sohlen hatten wir die letzten Tage eine Schicht mit Fossilien abgebaut, und mehrere Stücke warteten nun darauf, vollständig aus dem Gestein geborgen zu werden.

Unterdessen machte sich unser Präparator daran, auf der

Rampe, die zur untersten Sohle führte, die zweite Überdachung aufzubauen, um die dort freigelegte Fährte mit Silikon abzugießen. Das Zelt über der Fährte war wichtig, da Regen angekündigt war: Nasses Silikon härtet nicht aus.

An dieser Stelle möchte ich kurz für einige Feststellungen unterbrechen: Die Gesteinsschichten unseres Steinbruchs entstanden im Erdzeitalter der Trias vor rund 240 Millionen Jahren. So weit ist das für den Paläontologen noch nichts Ungewöhnliches. Auch dass versteinerte Knochen gefunden wurden, war nicht der einzige Grund dafür, warum wir eine größere Grabung durchführten. In Winterswijk war eine andere Sache hochinteressant: Neben fossilen Knochen konnten auch Fußabdrücke an derselben Fundstelle gefunden werden – ein seltener Glücksfall. An den meisten paläontologischen Fundstellen kommen entweder Spuren oder Knochen vor, beides zusammen ist höchst selten (und lässt jedes Paläontologenherz höher schlagen). Noch ungewöhnlicher wurde die Tatsache dadurch, dass die Spuren von Landlebewesen stammten (man kann sie sich vom Aussehen ungefähr wie Eidechsen vorstellen), die Knochen in den darüberliegenden Schichten aber verschiedenen Meeresreptilien zuzuordnen waren. Dieses Phänomen lässt sich unter anderem durch Meeresspiegelschwankungen erklären. Über einem flachen Wattbereich, der durch Gezeiten immer wieder trockenfiel, hatten einige Reptilien der Trias auf der Suche nach angeschwemmter Nahrung ihre Fußabdrücke hinterlassen. Einige tausend Jahre später (geologisch gesehen eine wirklich kurze Zeit!) war der Meeresspiegel etwas gestiegen und das ehemalige Watt nun vollständig von Wasser bedeckt. Die sich darüber ablagernden Schichten enthielten jetzt keine Fußabdrücke mehr, doch dafür die

Knochen von Meeresreptilien. Sofern Sie an diesem Punkt mit Begriffen wie «Schichten» noch nichts anfangen können, keine Sorge, wir werden uns im Laufe der nächsten Kapitel gemeinsam das nötige Hintergrundwissen für eine erfolgreiche Fossilienjagd aneignen.

Kehren wir jetzt zurück zur Arbeit im Steinbruch. Die Hitze der letzten Tage war endlich vorüber, es war bewölkt und kühl genug, um die Arbeit mit Hammer und Meißel erträglich werden zu lassen. Glücklicherweise ließ auch der angekündigte Regen auf sich warten. Letzteres änderte sich jedoch nach der Mittagspause.

Ein Sommerregen, ähnlich stark wie der, der die Nacht zuvor unseren Campingplatz unter Wasser gesetzt hatte, ergoss sich über der Grabungsstätte. Das Gestein war binnen kürzester Zeit von grauem Kalkschlamm bedeckt, der ein vernünftiges Arbeiten unmöglich machte. Beinahe das gesamte Grabungsteam quetschte sich samt Rucksäcken und wichtiger Ausrüstung unter das Grillzelt auf der mittleren Sohle. Lediglich unser Präparator harrte am Fuß der nächsten Rampe unter seinem Zelt aus, wo er noch immer damit beschäftigt war, die freigelegten Fährten mit Silikon abzugießen. Während um uns herum die Welt unterging, konnten wir ihn als kleine Gestalt weiter unter uns beobachten. Mit der Zeit fiel mir auf, dass er unter seinem Unterstand relativ aktiv war und ständig hantierte. Nach etwa einer Viertelstunde stand ich auf, nahm meinen Rucksack und ließ den Grabungsleiter wissen, dass ich mal zum anderen Zelt laufen würde, um zu sehen, ob ich mich nicht nützlich machen könne. Nach wenigen Metern war ich bereits nass bis auf die Knochen und bereute meinen Entschluss. Doch als ich etwa die Hälfte der Strecke zügig zurückgelegt hatte, begann ich *wirklich* zu rennen. Denn nun konnte ich erkennen, warum unser Präparator die ganze Zeit im Zelt hin und her lief. Neben mir bewegte sich das ganze Wasser, das oben im Steinbruch niedergegangen war und nun einen Weg zum Abfließen suchte. Die Fährte, die wir die Tage zuvor freigelegt hatten, befand sich auf dem untersten Abschnitt dieser Rampe. Wir hatten eine Rinne gegraben, die etwa zwei Meter lang, 50 Zentimeter breit und rund zehn Zentimeter tiefer war als das sie umgebende Gestein. Sie war jetzt mit Silikon ausgefüllt, um die Fußabdrücke, die sich darin befanden, abzugießen. Doch während das Silikon durch das zweite Grillzelt von oben vor Regen geschützt war, flossen gerade große Mengen an Wasser die Rampe herab, nur um auf die von uns gegrabene Rinne zu treffen, die wir um jeden Preis trocken halten mussten, da wir weder das Silikon noch die Zeit für einen zweiten Abguss hatten. Das alles verstand ich erst, als ich das Zelt erreichte und sah, wie unser Präparator notdürftig einen Damm aus Grabungsutensilien, seinem Rucksack und allem, was sonst noch so vorhanden war, um den Abgussbereich errichtete. Ich warf sofort meinen Rucksack auf den provisorischen Damm, und gemeinsam begannen wir, mit den Spitzhacken eine zweite Abflussrinne zu hacken. Ein Teil des Wassers konnte so zwar umgeleitet werden, aber immer noch drohte das Silikon nass zu werden. Nun blieb nur noch eins: Wir legten uns jeder auf eine Seite der ausgegrabenen Fährte und bildeten mit unseren Körpern und den beiden Dämmen aus Rucksäcken ein schützendes Viereck.

Hier lag ich also nun, fluchend, umgeben von Schlamm, Wasser und Silikon, und hatte einen Heidenspaß.

Glücklicherweise kamen bald noch weitere Mitglieder

des Teams zu uns herab (wahrscheinlich hatten sie bemerkt, dass etwas nicht stimmte, nachdem wir uns mehrere Minuten auf den Boden gepresst hatten). So konnten wir gemeinsam den Bereich vollständig trocken halten. Kurz danach hörte auch der Regen auf. Wir waren nass, dreckig und erschöpft – aber die Fährte hatte es überstanden. Am Ende des Tages war jeder glücklich und zufrieden, denn auch wenn man als Paläontologe normalerweise die meiste Zeit am Rechner verbringt, ist man in solchen Momenten, in denen man sich auf Fossilienjagd Wind und Wetter aussetzt und sich die Hände schmutzig macht, ganz in seinem Element.

Wie wird man Paläontologe?

Auch wenn diese Frage für mich einfach zu beantworten sein sollte, stellt sie sich als ähnlich schwierig dar wie die Frage nach der Henne und dem Ei (die wir übrigens im Laufe dieses Buches noch klären werden). Während andere Kinder abwechselnd Feuerwehrmann, Tierarzt oder Astronaut werden wollten, wollte ich, soweit ich zurückdenken kann, Paläontologe werden. Es gab keinen konkreten Anlass. Als ob es von Anfang an in meiner genetischen Programmierung verankert gewesen wäre, stand dieses Ziel immer für mich fest. Ein «Davor» gab es nie. Dementsprechend lautete die Antwort auf die berühmte Was-willst-du-werden-Frage all die Jahre immer im Brustton der Überzeugung: «Paläontologe!» Falls es in meiner Entwicklung überhaupt einen Zeitpunkt gegeben haben sollte, an dem noch die Chance bestand, einen Pfad einzuschlagen, der Geld, Ruhm, Sicherheit, Freizeit, Anerkennung – sprich, eine Karriere außerhalb der Wissenschaft – geboten hätte, dann war diese Gelegenheit spätestens nach einem Schlüsselereignis in meiner Kindheit passé.

Im Bonner Stadtbezirk Beuel gibt es nämlich ein kleines Bächlein, den Vilicher Bach, an dem ganze Generationen von Kindern schon Staudämme errichtet haben. Er mündet, ohne sonstige nennenswerte Besonderheiten, zwischen Feldern und Wiesen in den Rhein. Dort wird er von einer kleinen Brücke überspannt, die bei vielen Spaziergängern sehr beliebt ist. Heute ist sie aus Backsteinen, doch vor 25 Jahren bestand ihr Korpus aus Schieferblöcken. Dorthin nahm mich mein Vater eines Tages mit – ich war damals gerade vier Jahre alt. Bewaffnet mit Hammer und Meißel gingen wir auf Fossilienjagd. Wie wir später noch sehen werden, sind die Chancen, fündig zu werden, eigentlich fast immer sehr gering. Doch dank einer glücklichen Fügung (oder vielleicht einem größeren geologischen Wissen, als ich meinen Eltern an dieser Stelle zugestehe) bestand diese Brücke tatsächlich aus Gestein, das sich vor 400 Millionen Jahren auf dem Grund eines Meeres abgelagert hatte. Die chemischen Bedingungen auf dem Ozeanboden, der zu dieser Zeit ungefähr dort lag, wo heute der Hunsrück ist, waren so günstig, dass Lebewesen, die damals das Zeitliche segneten, im Sediment überliefert (fossilisiert) werden konnten.

Dies alles wussten wir jedoch noch nicht, als wir mit vereinten Kräften einen lockeren Block aus der Brücke zogen. Mein Vater drückte mir das Werkzeug in die Hand, umgriff meine Finger, und gemeinsam spalteten wir den Schiefer (sofern Sie für Ihre Kinder keine Karriere als Geologen im Sinn haben, steht dies auf der Liste der Dinge, die Sie vermeiden sollten, ganz oben). Und dann folgten gleich zwei Glücksmomente nacheinander: Ich hatte eigenhändig meinen ersten Stein auf der Suche nach einem Fossil gespalten. Und noch besser: Ich war tatsächlich fündig geworden! (Meines Wissens nach wurden diese Gehirnprozesse noch nie untersucht, aber ich bin fest davon überzeugt, dass ein Paläontologe, der ein Fossil findet, einem Spieler gleicht, der gerade den Jackpot geknackt hat. Sie können sich vorstellen, dass die Zukunftsprognose eines bereits vorbelasteten Kindes nach einem solchen Rausch völlig hoffnungslos war.)

Vor mir lag eine schwarze Schieferplatte, auf der helle Abdrücke zu sehen waren, die eindeutig einmal zu etwas Lebendigem gehört hatten ... und jetzt gehörte sie mir! Ich wusste zu diesem Zeitpunkt natürlich nicht, was dort auf dem Stein zu sehen oder wie alt das Fossil war (es handelte sich um die Reste einer Seelilie), aber ich wusste, dass das, was ich in den Händen hielt, irgendwann einmal aktiv gewesen war, pulsiert und sich abgeplagt hatte, also: vor langer, langer Zeit gelebt hatte! Zu einer Zeit, in der noch kein Mensch vorhanden war, der es beobachten, verstehen oder untersuchen konnte! Jetzt, Millionen Jahre später, blickte ich als Erster auf dieses Lebewesen und hielt einen kleinen Funken einer im Abgrund der Zeit untergegangenen Welt in den Händen. Na gut, zugegeben, als Vierjähriger lässt sich dieser Gedanke noch nicht ganz fassen, wahrscheinlich drückte ich meine Begeisterung eher durch wildes Herumhüpfen und stolze Ausrufe aus («Papa! Papa! Ein Fossil!» – Ja, ich sagte schon mit vier Jahren Fossil. Wie gesagt, ich war früh ein hoffnungsloser Fall). Doch auch wenn sich die Erkenntnis, dass ein Fossil eine Brücke über die Dimension der Zeit hinweg in eine ansonsten verlorene Epoche schlagen kann, erst später vollständig einstellte, so glühte bereits damals die Faszination des (vergangenen) Lebens stark in meinem kindlichen Bewusstsein.

Die Frustration war anschließend jedoch groß, als mein Vater intervenierte, während ich versuchte, den nächsten Block aus der Brücke zu schlagen. Sein «Hey! Ich kann dich hier jetzt nicht die Brücke abreißen lassen» ist mir auch heute noch sehr präsent. Und trotzdem bleibe ich bei dem

Standpunkt, den ich damals vergeblich vertreten habe ...
auch dieser Block war bereits locker gewesen!

Meine berufliche Zukunft stand also fest. Nun lagen zwischen mir und meinem Beruf allerdings noch einige Jahre Kindergarten und Schule. In dieser Zeit sammelten sich in meinem Kinderzimmer naturgemäß Tonnen von Dinosaurierspielzeug an. Was bei anderen Kindern ein Hobby war, grenzte bei mir fast schon an Obsession. Ganz besonders schlimm war es für mich, als ich sechs Jahre alt war und *Jurassic Park* erschien. Meine Mutter entschied, dass der ganze Film für einen Sechsjährigen zu viel sei: Wir sollten den Film deshalb gemeinsam und in Abschnitten schauen. 20 Minuten pro Tag. Sie können sich sicher denken, wie begeistert ich von dem Vorschlag war. Nachdem ich nach der ersten Zwangsepisode unglaublich frustriert war, nutzte ich die erstbeste Gelegenheit, als meine Eltern außer Haus waren. Ich fand die Kassette und schaute den ganzen Film. Die nächsten Nächte bekam ich kein Auge zu – aber das war es absolut wert gewesen.

Der Weg zum Studium

Oft erreichen mich Anfragen von Schülern, was sie denn machen müssten, um Paläontologen zu werden. Die wichtigste Voraussetzung ist meiner Meinung nach Faszination. Die meisten erfolgreichen Paläontologen haben sich über Jahrzehnte hinweg eine kindliche Begeisterung für ihr Fach und Fossilien erhalten. Dabei ist es längst nicht erforderlich, Dinosaurier-Fan zu sein. Es ist ganz egal, ob man sich für fossile Pflanzen, Einzeller oder Muscheln interessiert, solange man Leidenschaft mitbringt. Die Begeisterung kann auch aus der Faszination für Biologie entspringen und muss nicht an ausgestorbene Lebewesen gebunden sein. Viele gute Paläontologen stammen ursprünglich aus der Biologie. Beide Fächer, Paläontologie und Biologie, teilen das Interesse an der lebendigen Natur.

Zusätzlich zu einer Begeisterung für Biologie sind gute Englischkenntnisse natürlich unerlässlich. Nicht nur ist die Fachliteratur zu einem Großteil auf Englisch, auch muss man in der Lage sein, an internationalen Konferenzen teilzunehmen und mit Kollegen im Ausland zu kommunizieren. Darüber hinaus gibt es während der Schulzeit wenig, was man unmittelbar für eine Karriere als Paläontologe machen kann. Abgesehen vielleicht von der Möglichkeit, sein Schülerpraktikum an einem Institut oder in einem Museum zu absolvieren.

Der erste größere Schritt kommt nach dem Abitur, wenn man sich entscheidet, zu studieren. Paläontologie ist dabei in der Regel kein eigenes Studienfach. Man hat die Möglichkeit, Geowissenschaften zu studieren – Paläontologie ist traditionell Teil dieses Studiums – oder Biologie, was bedeutet, dass man Paläontologie als Nebenfach wählen kann. Hier sei angemerkt, dass es *nichts* bringt, Archäologie zu studieren. Die größte Gemeinsamkeit von Archäologie und Paläontologie dürfte sein, dass beide Fächer immer für das jeweils andere gehalten werden. Archäologen arbeiten eng mit Historikern zusammen, um menschliche Artefakte und Überreste aus dem Boden zu holen. Paläontologen arbeiten eng mit Geologen zusammen, um Fossilien im Gestein zu finden. Archäologie beschäftigt sich also mit der Geschichte des Menschen, während Paläontologie die Geschichte des Lebens untersucht. Abgesehen von einer sehr kleinen Schnittmenge im Laufe der Entwicklung des Menschen liegen zwischen den beiden Fächern also in der Regel Millionen von Jahren. Wenn man ein geologisches Studium bevorzugt, dann sollte man sich eine Uni aussuchen, die in den Geowissenschaften eine starke Paläontologie bietet (in meinem Fall war das Bonn), damit man am Ende des Studiums zwar seinen Abschluss als Geologe hat, aber den Ausbildungsschwerpunkt auf Fossilien legen kann. Der Vorteil eines geowissenschaftlichen Studiums ist, dass es einem leichter fällt, die Zusammenhänge zu verstehen, um Fossilien zu finden und ihre Umwelt zu interpretieren. Der Nachteil ist, dass man sich meistens relativ viel über die Biologie der Lebewesen zusätzlich aneignen muss. Hier hat man wiederum mit einem Studium der Biologie naturgemäß Vorteile.

Doch egal, für welchen Weg man sich entscheidet, am Anfang steht immer die Faszination für das Leben und die Natur um uns herum – und vor unserer Zeit.

Wem nützt Paläontologie?

«Wozu das Ganze?» Diese Frage bekommt man als Paläontologe wahrscheinlich ähnlich häufig zu hören wie Leute, die Byzantinistik oder Medizingeschichte studiert haben. Sie ist auch nicht unberechtigt, immerhin wird der größte Teil der Grundlagenforschung mit Steuergeldern, beispielsweise über die Deutsche Forschungsgemeinschaft (DFG), finanziert. Von daher dürfen Sie als Bürger durchaus nachfragen, wieso ein Teil Ihres Geldes für die Suche nach Fossilien verwendet wird. Ich muss Sie jedoch warnen: Je nachdem, ob Sie eher der kurzfristige oder langfristige Anlegertyp sind, kann es sein, dass die Antwort Ihnen nicht gefällt.

Um es vorwegzunehmen: Paläontologie ist zu einem sehr großen Teil Grundlagenforschung. Das Ziel ist es, mehr über die Welt um uns herum zu erfahren. Ob daraus eine praktische Anwendung und letzten Endes ein finanzieller Nutzen entsteht, spielt keine Rolle. Oft wird Wissenschaft, bei der es darum geht, neues Wissen zu erlangen, jedoch mit Produktentwicklung verwechselt – einem Prozess, bei dem am Ende das Ziel steht, etwas in der Hand zu halten. Oh, ich sehe schon, wie einige von Ihnen beginnen, sich innerlich unwohl zu fühlen. «Wie, kein direkter Nutzen? Nur forschen um der Forschung willen? Und dort gehen meine Steuergelder hin? Könnte man nicht wenigstens an etwas forschen, was den Weg für eine Anwendung ebnet?»

Wenn Sie das so sehen, müssen Sie sich folgende Problemstellung vor Augen führen: Wissenschaft schafft Wissen über Dinge, über die wir noch nichts wissen. Wenn wir aber noch nichts über etwas wissen, wie sollen wir dann vorher wissen, ob es irgendwann nützlich wird?

Als Marie Curie Ende des 19. Jahrhunderts komische Strahlen und ungewöhnliche Elemente untersuchte, konnte niemand ahnen, was die Entdeckung der Radioaktivität für Folgen haben würde (die neben den negativen Konsequenzen ja unzählige positive Effekte hatte und beispielsweise revolutionäre medizinische Verfahren möglich machte).

Wenn Sie in den 70ern im Bereich der Islamwissenschaften geforscht haben, wurden Sie wahrscheinlich oft ob der Wahl ihres Studienfachs schief angesehen. Und auch hochabstrakte Mathematik ist im Zeitalter der digitalen Verschlüsselung plötzlich relevanter denn je. Sie sehen also: Wir können nie wissen, ob Erkenntnisse letzten Endes einen praktischen Nutzen bringen und sozusagen eine Rendite abwerfen. Aber die Geschichte zeigt uns wieder und wieder, dass die wertvolle Ressource Wissen immer an ihrem Anfang durch Grundlagenforschung gewonnen wird.

Falls Sie jedoch gnadenlos materialistisch veranlagt sein sollten und immer noch auf die praktische Anwendung warten, nenne ich Ihnen ein paar Beispiele, in denen Paläontologie im Alltag von Nutzen war und ist.

Stellen Sie sich vor, Sie würden versuchen, eine geologische Karte zu erstellen, mit der man auf einen Blick sehen könnte, in welchen Regionen sich das Graben nach Bodenschätzen lohnt. Vor diese Aufgabe sah sich der englische Geologe William Smith Anfang des 19. Jahrhunderts gestellt. Anders als heute besaß er keine physikalischen

Messmethoden, um festzustellen, ob zwei Gesteinsschichten an verschiedenen Orten dasselbe Alter besaßen. Doch er erkannte als einer der Ersten, dass man bestimmte Fossilien dazu nutzen konnte, Schichten desselben Alters auch über große Distanzen hinweg zu korrelieren. So gelang es ihm, mit Hilfe von sogenannten Leitfossilien die erste geologische Karte von England und Wales zu erstellen, deren Grundmuster bis heute gültig ist. Besonders stützte er sich hierbei auf die häufigen Fossilien von wirbellosen Tieren wie Korallen, Muscheln oder Ammoniten (die uns noch mehrfach begegnen werden). Bis zum Aufkommen moderner Verfahren spielten Fossilien dementsprechend eine wichtige Rolle im Bergbau. Eine Fortsetzung dieser Arbeit auf wesentlich genauerem Level betreiben heutzutage viele Mikropaläontologen. So kann man Foraminiferen, kleine Einzeller, über die wir ebenfalls noch mehr hören werden, dazu einsetzen, Bohrköpfe auf den Meter genau durch Schichten von ehemaligem Meeresboden zu dirigieren, um Ölvorkommen zu finden.

Darüber hinaus gibt es auch winzige Fossilien, die selbst als Rohstoff gewonnen werden. Kieselgur, auch Diatomeenerde genannt, ist ein Gestein, das sich aufgrund seiner Leichtigkeit und hohen Porosität unter anderem ideal als industrieller Filter eignet. Falls Sie ein Pferd besitzen, sind Sie eventuell auch schon einmal mit Kieselgur als Nahrungsergänzungsmittel in Kontakt gekommen. Dieses vielseitig genutzte Gestein besteht vollständig aus den Gehäusen von fossilem Plankton. Diese winzigen Kieselalgen (Diatomeen) treiben in Seen und Meeren in so großer Zahl, dass ihre Schalen unter günstigen Bedingungen gesteinsbildend sein können.

Eine andere Anwendung der Paläontologie, bei der Bohrungen zum Tragen kommen, ist die Analyse von Bohrkernen von Seesedimenten. Hierfür wird von einem Schiff oder einer schwimmenden Plattform eine Bohrung in den Seeboden durchgeführt, bei der Bohrkerne von mehreren Meter Länge gewonnen werden. In den fein geschichteten, ruhig abgelagerten Lagen des Seebodens lassen sich anschließend einzelne Jahreszyklen erkennen, sodass man jeder Position in den Kernen ein genaues Alter zuordnen kann. Hier setzten Paläobotaniker an. Sie untersuchen die fossilen Pflanzenpollen, die sich in den Seesedimenten abgelagert haben, und ordnen diese den jeweiligen Mutterpflanzen zu. So kann man die Zusammensetzung der Vegetation in der Umgebung des Sees durch die Zeit hinweg rekonstruieren. Daraus wiederum lässt sich auf die Temperatur und den Niederschlag, und deren jeweilige Veränderung durch die Zeit hinweg, schließen. Sie können sich sicher vorstellen, dass die Zahl solcher Untersuchungen in den letzten Jahrzehnten mit dem immer drängender werdenden Problem des Klimawandels zugenommen hat. Denn nur wenn wir in der Lage sind, das Klima der Vergangenheit genau zu rekonstruieren, lassen sich Aussagen über die Zukunft machen. Und an dieser Stelle leistet die Paläobotanik einen wichtigen Beitrag.

Neben der Klimaforschung kann die Paläontologie auch dazu beitragen, unsere Umwelt zu erhalten, in dem vergangene Ökosysteme besser verstanden werden. Denn auch hier gilt, dass Prognosen wesentlich besser gestützt werden, je mehr wir über die Vergangenheit wissen.

Und nicht zuletzt arbeiten Paläontologen auf der ganzen Welt hart daran, täglich Kindern – und Erwachsenen, die sich ihr inneres Kind bewahrt haben – in Museen vor riesigen Dinosaurierskeletten oder wunderschönen Muschelsammlungen leuchtende Augen zu bescheren, bei denen der Weihnachtsmann vor Neid erblassen würde. Und das sogar das ganze Jahr über!

Um es vorwegzunehmen: Wenn Sie Fossilien finden wollen, dann werden Sie sich die Hände schmutzig machen müssen. Und die Klamotten. Und die Schuhe. Zusätzlich zu dem körperlichen Einsatz, den eine Grabung verlangt, ist Hintergrundwissen hilfreich, denn ansonsten ist die Chance sehr hoch, dass Sie am Ende zwar mit schmutzigen, aber leeren Händen dastehen.

Je nach Region, der Zusammensetzung des Teams und der zu findenden Fossilien können paläontologische Grabungen ganz unterschiedlicher Natur sein. Allen ist jedoch eines gemein: Am Anfang steht der Blick in eine geologische Karte. Eventuell sind Sie einer solchen bereits einmal begegnet. Sie gehört zu der Sorte von bunten Karten, mit denen man ziemlich wahrscheinlich auf Anhieb nichts anzufangen weiß.

An dieser Stelle sei mir ein kurzer Exkurs in unseren Untergrund verziehen, denn um Fossilien zu finden, müssen wir zuerst verstehen, wo wir sie suchen müssen. Der erste Schritt hierfür besteht darin, die Trinität der Gesteine zu verstehen.

Aus geologischer Sicht lässt sich jedes Gestein weltweit einer von drei Kategorien zuteilen: magmatisches, metamorphes und Sedimentgestein. Oder, um es aus der Sicht eines Paläontologen (etwas vereinfacht) darzustellen: keine

Fossilien, (de facto) keine Fossilien und potenziell fossilführend.

Von den drei Kategorien sind, wenn man sich die gesamte Zusammensetzung der Erdkruste ansieht, die Sedimentgesteine mit Abstand die am wenigsten häufige Gruppe. Glücklicherweise ist allerdings ein guter Teil der Erdoberfläche – also der Ort, an dem sich die meisten von uns hauptsächlich aufhalten – von Sedimentgestein bedeckt.

Wenn Sie jetzt das Buch weglegen und Ihre Wanderschuhe schnüren wollen, um mit Hammer und Meißel bewaffnet loszuziehen, dann sollten Sie vorher unbedingt weiterlesen. Denn leider enthält der Großteil der Sedimentgesteine keine Fossilien, und ich gebe Ihnen mein Wort, dass Sie dieses Buch schneller zu Ende gelesen haben werden, als dass Sie mit einem Schuss ins Blaue erfolgreich wären. Also entspannen Sie sich, ziehen Sie die Wanderschuhe wieder aus, legen sich auf die Couch und lassen Sie uns die Suche nach der Nadel im Heuhaufen methodisch angehen.

Magmatisches Gestein

Die Entstehung magmatischen Gesteins beginnt im Erdinnern, wenn heiße Schmelze (Magma) nach oben steigt. Ein großer Teil dieser Schmelze steigt sehr langsam auf. An dieser Stelle sei kurz erklärt, in welchen Zeiträumen Geologen denken, wenn sie von «schnell» und «langsam» reden. Zum Vergleich: Sie schaffen es wahrscheinlich eher, in der Warteschleife bei einer Servicehotline einen Mitarbeiter ans Telefon zu bekommen, als dass Sie einem Magmareservoir bei seinem langsamen Aufstieg zuschauen könnten. Dieser

Vorgang, der dem Aufsteigen eines Klumpens in einer Lavalampe (einer *sehr* langsamen, *sehr* großen, *sehr* warmen Lavalampe) ähnelt, braucht mehrere Millionen Jahre (da ist das Stündchen in der Wartschleife doch schon fast vergessen, oder?). Durch den trägen Aufstieg des Magmas kühlt sich die Schmelze schrittweise ab und hat dadurch Zeit, vollständig auszukristallisieren. Die daraus entstehenden Gesteine nennt man Plutonite. Sie sind dadurch gekennzeichnet, dass sie vollständig aus großen, gut sichtbaren Mineralen aufgebaut sind. Ein bekanntes Beispiel, das jeder schon einmal gesehen haben dürfte, ist Granit. Falls Sie sich also mal gefragt haben, ob in Ihrer Granittischplatte ein Fossil eingeschlossen sein könnte, lautet die Antwort leider «Nein» (da sie ja schon fest wurde, bevor sie die Erdoberfläche erreichte).

Magma ist allerdings nicht immer an den langsamen Weg gebunden. Vulkane sind Zeugen von geologisch schnellem Aufstieg flüssigen Gesteins. In Fällen, in denen das Magma sehr schnell nach oben gelangt, können die Folgen von interessant bis hin zu Pompeji reichen – je nach Volumen des jeweiligen Reservoirs (der Magmakammer), dem Druck und der chemischen Zusammensetzung. Die hierbei entstehenden Gesteine sind vielfältig, allerdings lassen sie sich relativ gut von ihren Verwandten, den Plutoniten, unterscheiden. Da das Magma sehr schnell aufgestiegen ist, hat die Schmelze keine Zeit, abzukühlen, und so fehlt das charakteristische kristalline Bild der Plutonite. Vielmehr ist die Grundmatrix (die Hauptkomponente des Gesteins) so fein, dass man keine einzelnen Minerale mehr ausmachen kann. Das bekannteste Beispiel für diese Gruppe dürfte der Basalt sein.

Vulkanite und Plutonite machen die magmatischen Gesteine aus, und man kann leicht verstehen, warum sie für die Suche nach Fossilien nicht vielversprechend sind. Der Grund ist schlicht und ergreifend der, dass sich die Magmen im Erdinneren befinden, während sich die Fossilien an der Erdoberfläche aufhalten. Sollte die Schmelze wie beim Granit also in der Magmakammer erstarren, und damit bereits im Erdinneren, so hat sie nie ein lebendes Wesen gesehen, bevor sie die Erdoberfläche als festes Gestein erreicht. Und auch wenn die ganze Suppe als Lava flüssig an die Erdoberfläche gelangt, sind die Bedingungen für die Erhaltung organischen Materials denkbar ungünstig. Stellen Sie sich einmal vor, was mit einer Zimmerpflanze (oder einem Dinosaurier, wenn Sie sadistisch veranlagt sind) passiert, wenn Sie sie in Lava werfen.

Während aber in Plutoniten, also den langsam aufsteigenden Gesteinen, gar keine Fossilien erhalten sein können, so gibt es tatsächlich einige wenige Fälle, in denen in vulkanischem Gestein früheres Leben überliefert wurde. Das vielleicht bekannteste Beispiel ist ein fossiler Wald, der im Naturkundemuseum in Chemnitz ausgestellt ist. Er wurde von Aschewolken und pyroklastischen Strömen (so werden sehr heiße, schnelle Wolken aus Gas und kleinen Partikeln genannt, denen man sicher nicht im Weg stehen will) bedeckt und anschließend durch die Kieselsäure des Gesteins verkieselt, also chemisch umgebaut. Hierbei wurden die einzelnen Stämme in ihrer Form erhalten. Diese Fälle von Fossilien in vulkanischem Gestein sind jedoch extrem selten und setzen eine perfekte Mischung von Eruptionstyp, Umgebung, dem unglücklichen Lebewesen, Chemismus und glücklichem Zufall voraus, sodass man als Wissenschaftler nicht auf derartige Funde hoffen kann. Das berühmte Beispiel der überlieferten kauernden Menschen in Pompeji ist auch nicht wirklich vielversprechend, wenn wir uns von archäologischen Zeiträumen (wenige tausend Jahre) hin zu geologischen bewegen. Es ist sehr fraglich, ob die beeindruckenden Personen noch als solche zu erkennen wären, nachdem mehrere Meter neuer Gesteinsschichten die vulkanischen Lagen um ein Vielfaches komprimiert hätten.

Neben den magmatischen Gesteinen gibt es noch einen weiteren Gesteinstyp, dessen Entstehung im Erdinneren verhindert, dass er Fossilien enthält.

Metamorphe Gesteine

Metamorphe Gesteine (Umwandlungsgesteine) nennt man sämtliche Gesteine, die einmal nahe der Erdoberfläche oder auf ihr gebildet wurden und anschließend hohem Druck und/oder hoher Temperatur ausgesetzt waren. Das wahrscheinlich bekannteste Beispiel dürfte Marmor sein. Hierbei handelt es sich ursprünglich meist um normalen Kalkstein (ein Sedimentgestein), dessen Minerale durch Druck und Temperatur umgewandelt wurden. Es gibt auf diesem Planeten nur zwei Orte, an denen so viel Druck und derart hohe Temperaturen herrschen, dass sie Gestein großräumig beeinflussen: im Erdinneren und in einem gnadenlos überfüllten ICE zum Frankfurter Flughafen, dessen Klimaanlage aufgrund der hohen Außentemperaturen ausgefallen ist. Während der Zug aufgrund einer Weichenstörung erst einmal steht, wenden wir uns tektonischen Platten zu. Sie driften mit wenigen Millimetern bis Zentimetern pro Jahr und sind damit ein wenig langsamer als der durchschnittliche ICE, dafür aber immer pünktlich. An den Grenzen zweier sich aufeinander zubewegender Platten kann es passieren, dass eine der beiden abtaucht. Dabei schiebt sich eine Platte unter die andere und verschwindet im Erdinneren. Das Gestein, das so, einem Fließband gleich, tiefer in die Erde befördert wird, ist zunehmend höheren Drücken und Temperaturen ausgesetzt. Durch diese Einflüsse ist es möglich, dass das Gestein teilweise völlig neue Minerale bildet und so seinen ursprünglichen Charakter vollständig verliert. Auch kann es durch die Bewegung des Gesteinskörpers zu einer «Verzerrung» kommen, die dazu führt, dass das Gestein Schlieren aufweist. Am einfachsten kann man sich Metamorphose so vorstellen: Man schichtet unterschiedlich gefärbte Lagen Kuchenteig übereinander, streckt den Stapel ein- bis zweimal mit dem Nudelholz und knetet ihn anschließend ein wenig durch. Nach dem Druck und der Bewegung folgt der Backofen. Das Ausgangsprodukt wird sich – je nach Intensität und Dauer der Prozedur – deutlich von den ursprünglichen Teiglagen unterscheiden. Sofern man mit dem Nudelholz einen Druck von mehreren tausend Kilobar ausüben und der Backofen mehrere hundert Grad Celsius über einen langen Zeitraum aufrechterhalten kann, wird man feststellen, dass Gestein eine Gemeinsamkeit mit Teig hat: Es verhält sich wie eine formbare und bewegliche Masse. Besonders mit Blick auf die langen geologischen Zeiträume wirken heiße Gesteine einfach wie sehr zähe Flüssigkeiten.

Die Prozesse der Metamorphose von Gesteinen sind zwar unglaublich spannend, allerdings für unsere Ausgangsfrage, wo sich Fossilien verbergen, nicht weiter hilfreich. Denn an dieser Stelle dürfte jedem klar sein, dass Fossilien in metamorphen Gesteinen meistens entweder vollständig verschwinden oder hinterher wie ein Gemälde von Salvador Dalí aussehen.

Falls es Ihnen jetzt wie mir als Student in den Vorlesungen geht und Sie sich fragen: «Wo finde ich denn überhaupt mal irgendwelche Fossilien?», dann möchte ich Sie nicht länger auf die Folter spannen.

Sedimentgesteine

Sedimentgesteine sind sämtliche Gesteine, die sich an der Erdoberfläche bilden. Bei ihrer Entstehung kommen biogene, chemische und mechanische Prozesse zum Tragen. So kann es sich bei Sedimentgestein beispielsweise um Gipsablagerungen durch Rückstände ausgetrockneter Gewässer handeln, um Sandstein aus Ablagerungen von Wüsten und Flüssen oder beispielsweise um einen Kalkstein, der auf riffbildende Organismen zurückzuführen ist. Ihre Bildung an der Erdoberfläche ist die erste Voraussetzung dafür, dass Sedimentgesteine Organismen einschließen können, bevor diese zerfallen. Die Faktoren, die dies im besten Falle ermöglichen, sind ungemein vielfältig. Sie reichen vom potenziellen Transport des Organismus über die chemischen Bedingungen des umgebenden Mediums, die Zersetzungsprozesse bis hin zu den Eigenschaften des Sediments. Der Forschungsbereich, der die Prozesse untersucht, die sich von den Todesursachen (sozusagen paläontologische Forensik) bis hin zur Versteinerung erstrecken, nennt sich Taphonomie. Sie sehen schon: Auch wenn Sedimente, anders als magmatische und metamorphe Gesteine, das Potenzial besitzen, die Zeugnisse von vergangenem Leben überhaupt einzuschließen, so ist das noch keine Garantie, dass das auch passiert. Wie einer meiner Professoren in seinen Vorlesungen sagte: «Es sterben andauernd Lebewesen, die nicht erhalten werden. Ein Fossil ist ein Sonderfall, da lief sozusagen etwas schief.» Dementsprechend sind auch die meisten Sedimente nicht fossilführend. Nur wenn die chemischen und physikalischen Bedingungen perfekt sind, können Überreste tatsächlich versteinern. Für uns ist an dieser Stelle vor allem wichtig, dass Sedimentgestein aufgrund seiner Entstehung überhaupt die Möglichkeit bietet, die Überreste von vergangenem Leben einzuschließen.

Als Nächstes stellt sich die Frage, nach was für Lebewesen wir suchen. Sollten Sie gerne einen Seeigel finden wollen, wäre es wenig erfolgversprechend, wenn wir in Sedimenten suchten, die sich aus Wüstensand gebildet haben. Wir müssen also unsere Sedimente nach ihren Herkunftsorten unterteilen. Man kann eine grobe Unterteilung in tiefmarine Sedimente (zum Beispiel feinkörnige Tiefseeablagerungen), flachmarine Gesteine (unter anderem Kalke, die in einer flachen Lagune entstanden), fluviatile Sedimente (etwa Ablagerungen aus ausgetrockneten Flussarmen), lakustrine Sedimente (Seeablagerungen) und terrestrische Sedimente (beispielsweise Schuttfächer, die sich am Hang von Gebirgen sammeln) vornehmen. Während man auf der Suche nach Landlebewesen in der Regel bis auf die tiefmarinen Ablagerungen in allen Bereichen fündig werden kann, sind im Meer lebende Organismen meist nur auf die beiden marinen Sedimenttypen beschränkt. Dies wird in der Praxis wiederum dadurch ausgeglichen, dass Ablagerungen auf dem Land viel exponierter sind. Wind und Wetter führen zu stärkerer Erosion und damit dazu, dass Landablagerungen häufiger wieder verschwinden. Meere hingegen bieten in ihrer Eigenschaft als «Auffangbecken» ideale Bedingungen für die Bildung und Erhaltung von Sedimenten.

Manche Sedimente erhalten Fossilien also besser als andere. Doch auch sie sind meistens nicht voll davon: Häufig kommen sie in wenigen Gesteinsschichten vermehrt vor, während der Rest überhaupt keine enthält. Ähnlich wie bei der Suche nach Rohstoffen ist den Gesteinen von außen nicht immer anzusehen, wie vielversprechend sie sind. Und vergleichbar ist auch die Freude, wenn man tatsächlich eine fossilführende Schicht findet. Hier kann ich aus eigener Erfahrung sagen, dass man sich in solchen Momenten wie ein Goldsucher fühlt, der nach mehreren Versuchen endlich einen Flussarm entdeckt, auf dessen Grund es funkelt. Man schlägt ein Gestein auf, und die Augen fallen auf etwas, das von dem normalen Muster abweicht. Ein Gefühl der Aufregung überkommt einen, die Spannung steigt, man schaut es sich näher an, und wenn es sich tatsächlich um ein Fossil handelt, ist die Aufregung meist groß (auf einer Grabung zu sein, wenn plötzlich ein Teilnehmer die anderen zu sich ruft, um ihnen etwas zu zeigen, ist eine ganz besondere Erfahrung, die sich nur schwer mit einem alltäglichen Erlebnis vergleichen lässt).

Bei größeren Fossilvorkommen spricht man, wie auch im Bergbau, von Lagerstätten. Diese Fossillagerstätten sind die Eldorados der Paläontologie und lassen sich in zwei Typen unterteilen: in Konservat- und Konzentratlagerstätten. Erstere weisen meist wenige, dafür sehr gut erhaltene Fossilien auf, Letztere ermöglichen große Mengen an Funden, jedoch in der Regel von schlechterer Qualität. Man kann das durchaus mit der Partnersuche vergleichen. Je nachdem, wo man abends hingeht, ist die Chance, überhaupt erfolgreich zu sein, sehr hoch. Dies sind dann allerdings meist nicht die Locations, an denen man den Partner fürs Leben trifft. Das liegt in der Natur, wie auch bei der Partnersuche, daran, dass die Prozesse, die bei einem Anstieg des einen – Qualität oder Quantität – meist das andere absenken. So führt die Energie eines Flusses (oder einer Tanzfläche) beispielsweise dazu, dass viele Fossilien zusammengetragen werden, gleichzeitig werden die einzelnen Fossilien beschädigt und liegen nicht mehr im Verbund vor (was glücklicherweise auf den meisten Tanzflächen weniger stark ausgeprägt ist). Ruhige Ablagerungsräume wie Seen haben im Vergleich dazu geeignetere Bedingungen, das Tier als Ganzes einzubetten. Das Weltnaturerbe Grube Messel in Hessen ist für diese Art der Konservatlagerstätte ein berühmtes Beispiel. Derartige Funde zeichnen sich durch Vollständigkeit und überlieferte Details wie die Weichteilerhaltung aus. Allerdings steckt dabei hinter jedem gefundenen Fossil viel Zeit und Geld – und ab jetzt erspare ich uns sämtliche weiteren Vergleiche zwischen Fossilien- und Partnersuche.

Sie wissen jetzt also, dass Sie, bevor Sie mit der Fossilienjagd anfangen können, erst einmal in eine geologische Karte schauen müssen und nach Sedimentgestein des richtigen Typs suchen sollten. Aber ehe Sie loslegen können, müssen wir uns noch etwas Zeit nehmen. Viel Zeit. Ganz viel Zeit. Je nachdem, was wir suchen, bewegen wir uns nämlich in Gesteinen, deren Alter Hunderte von Millionen Jahren auseinanderliegen können. Wenn wir etwa einen *Tyrannosaurus rex* finden wollen, dann sollten wir in 66 Millionen Jahre alten Gesteinen der Oberkreide suchen. Im Vergleich dazu ist ein *Stegosaurus* (sofern Sie sich fragen, was das ist, halten Sie bei nächster Gelegenheit in einem Kinderzimmer nach einem Dinosaurier mit Stacheln am Schwanzende Ausschau) in oberjurassischen Gesteinen mit einem Alter von rund 150 Millionen Jahren zu finden. An dieser Stelle überlasse ich Sie der verblüffenden Erkenntnis, dass diese beiden Dinosaurier, die in Kinderzimmern auf der ganzen Welt (und leider auch oft genug in Büchern) unzählige Kämpfe ausgetragen haben, zeitlich weiter voneinander entfernt sind als der *Tyrannosaurus* von uns. «Höheres Leben» gibt es seit rund 600 Millionen Jahren – neben dem Gesteinstyp ist das jeweilige Alter des Gesteins also von enormer Bedeutung. Wie aber geht man als Fossilienjäger an die Frage heran, wie das Alter der Gesteine bestimmt werden kann?

Dazu begeben wir uns kurz ins Dänemark des 17. Jahrhunderts (für einen Paläontologen gewissermaßen vorgestern!) und schauen einem der größten Naturforscher, Nicolas Steno (1638–1686), über die Schultern. Dieser Universalgelehrte gilt durch seine – aus heutiger Sicht recht trivialen – Beobachtungen als einer der Gründerväter der Geologie und Paläontologie. Er erkannte, dass es sich bei Fossilien um Zeugnisse von Lebewesen und nicht um «Launen der Natur» handelt. Diese Erkenntnis führte zu dem Schluss, dass Gesteine nicht immer feste Körper gewesen sein können, sondern sich im Rahmen ihrer schrittweisen Entstehung ablagerten. Was zu einer der wichtigsten Beobachtungen und zum Anfang der modernen Geologie führte: dem stratigraphischen Prinzip. Es besagt, dass Gesteine ursprünglich horizontal abgelagert wurden und dass die jüngeren Schichten über den älteren liegen. Abweichungen von dieser Regel, beispielsweise durch Tektonik, passierten erst nach der Ablagerung der Gesteine. Auch erkannte Steno, dass Gesteine, die getrennt vorkommen, aber in allen ihren Eigenschaften identisch sind, dennoch zur selben Schicht (also dem gleichen Ablagerungshorizont) gehören. Dieser für die damalige Zeit völlig neue Blick auf die die Menschen umgebenden Gesteine ermöglichte erstmals, die Zusammenhänge und die zeitliche Abfolge geologischer Formationen zu verstehen.

In geologischen Karten stellt sich dieses Prinzip so dar: Jede Gesteinsformation besitzt eine eigene Farbe und ist überall dort, wo sie an der Oberfläche zu finden ist, als solche verzeichnet. Zusätzlich sind die älteren Formationen meist dunkler gefärbt. Die genauen Eigenschaften sowie das Alter lassen sich aus der dazugehörigen Legende und den zusätzlichen Informationen der jeweiligen Kartenerläuterung entnehmen.

Sie haben sich mittlerweile eine vielversprechende Formation auf einer geologischen Karte ausgesucht, in denen Sie die Fossilien Ihrer Träume finden könnten? Wunderbar! Dann ignorieren wir mal die unangenehmen Aspekte wie Finanzierung, Grabungsgenehmigungen, Jahreszeiten usw. und begeben uns gleich ins Gelände (an dieser Stelle dürfen Sie auch gerne die Wanderschuhe wieder anziehen, um die Stimmung zu verstärken). Jetzt kommt es darauf an, ob die von Ihnen gewählten Gesteinsformationen in Mitteleuropa vorzufinden sind oder eher in wärmeren, trockeneren Gefilden liegen. Sollten Ihre Formationen in Breitengraden mit spärlicher Vegetation liegen, dann haben Sie Glück und können den nächsten Abschnitt überspringen.

Sollten Sie eher etwas in der Nähe Ihrer Haustür gewählt haben, dann haben wir ein Problem. Denn wo auch immer

Ihre Schicht auf der geologischen Karte zu finden ist, in Mitteleuropa ist die Chance groß, dass sich ein Wald oder Acker (ergo mehrere Meter Boden) über Ihrer Schicht befinden. Kein Grabungsbudget der Welt ermöglicht es Ihnen, nur auf Verdacht ein Loch ausreichender Tiefe zu graben, geschweige denn, einen Wald abzuholzen. Anders sieht die Sache jedoch aus, wenn Rohstoffe im Spiel sind. Plötzlich sind Wälder und auch kleinere Dörfer nur noch geringfügige Hindernisse. Diese Löcher im Boden, so unangenehm sie für die lokale Bevölkerung auch sind, sind oft die einzige Möglichkeit für Paläontologen, hier in den Untergrund zu schauen (dadurch werden Paläontologen von Steinbrüchen angezogen wie Motten vom Licht).

Sie haben trotz aller Herausforderungen einen Steinbruch in der Nähe gefunden? Gut! Dann können wir uns nun im Gelände umsehen. Der erste Schritt nennt sich Prospektion und ist ein Euphemismus für: «Wir laufen jetzt einfach alle in verschiedene Richtungen und suchen wild drauflos.» An dieser Stelle möchte ich betonen, dass es sich bei jeder Grabung lohnt, willenlose Studenten oder Hilfskräfte dabeizuhaben, die idealerweise auch noch auf eigene Rechnung angereist sind. Ähnlich wie bei den Arbeitern, die die Pyramiden gebaut haben, ist es auch hier wichtig, dass die Motivation freiwilliger Natur ist und man Ihnen keine Sklaverei vorwerfen kann. Sie werden im Laufe der Grabung noch mehrfach feststellen, wie hilfreich es ist, Skla…, Studenten dabeizuhaben. Wenn Sie jetzt allerdings denken, dass es sich nicht allzu wissenschaftlich anhört, wild in der Gegend herumzulaufen und zu hoffen, dass man etwas findet, ist nun der Moment gekommen, um die Erfahrung ins Spiel zu bringen. Denn wenn man in etwa weiß, wie

Fossilien in vergleichbaren Gesteinsschichten aussehen, verschafft einem das einen großen Vorteil, da das Auge bereits auf bestimmte Muster geeicht ist. So erklärt sich auch, warum man als Laie in einer Fundstätte direkt neben einem erfahrenen Paläontologen suchen kann und die Ausbeute am Ende 26 zu 0 für den Paläontologen steht. Der Profi wird jedoch wahrscheinlich gar nicht erst ins Blaue hinein suchen, sondern Leute befragen, die bereits vor Ort gesucht haben. Das können beispielsweise Anwohner, Steinbrucharbeiter oder Hobbysammler sein. Derartige Kontakte am Anfang einer Grabung stellen sich meist als unbezahlbar heraus und werden eigentlich immer, wenn vorhanden, zu Rate gezogen.

Wir werden uns mit diesem Wissen im weiteren Verlauf noch ansehen, wie eine solche Grabung aussehen kann. Lassen Sie uns jedoch zunächst die Fossilien selbst genauer unter die Lupe nehmen.

Äonothem	Ärathem	System	≈ Alter
Ma = Millions ago			(in Millionen Jahren)
Phanerozoikum Dauer: 542 Ma	Känozoikum *Erdneuzeit* Dauer: 65,5 Ma	Quartär	2,588 – 0
		Neogen	23,03 – 2,588
		Paläogen	66 – 23,03
	Mesozoikum *Erdmittelalter* Dauer: 185,5 Ma	Kreide	145 – 66
		Jura	201,3 – 145
		Trias	252,2 – 201,3
	Paläozoikum *Erdaltertum* Dauer: 291 Ma	Perm	298,9 – 252,2
		Karbon	358,9 – 298,9
		Devon	419,2 – 358,9
		Silur	443,4 – 419,2
		Ordivizium	485,4 – 443,4
		Kambrium	541 – 485,4

Im Verlauf des Buches werden uns immer wieder verschiedene Erdzeitalter begegnen. Zur besseren Orientierung sehen Sie hier eine vereinfachte stratigraphische Tabelle, also eine Liste der einzelnen Abschnitte. Obwohl die Erde 4,4 Milliarden Jahre alt ist, werden wir uns die meiste Zeit auf den jüngsten Abschnitt, das Phanerozoikum, beschränken, also den Teil, in dem Paläontologen fossile Überreste komplexeren Lebens finden.

Kleine Fossilienkunde

Was haben ein Urpferdchenskelett, ein Stück Bernstein, eine 200 Millionen Jahre alte Fischschuppe, ein Fass Erdöl, die Kreidefelsen auf Rügen, ein Abdruck einer kreidezeitlichen Muschel, eine Dinosaurierfußspur und etwas Braunkohle gemeinsam?

Bei allen handelt es sich im weitesten Sinne um Fossilien. Denn auf die Frage, was Fossilien eigentlich sind, lautet die Antwort: Alles, was uns Lebewesen hinterlassen können, vorausgesetzt, diese Hinterlassenschaften sind älter als 10 000 Jahre. Bevor wir uns also dem Thema zuwenden, was Fossilien über unsere Herkunft verraten können, schauen wir uns zunächst an, was überhaupt alles dazugehört.

Das Skelett eines Urpferdchens und die versteinerte Fischschuppe sind so weit offensichtlich und fallen in die Kategorie der Körperfossilien. Dabei handelt es sich, wie der Name schon sagt, um ganze Tiere oder Teile davon, die versteinert sind. Dinosaurierfußspuren sind ebenfalls Hinterlassenschaften von vergangenem Leben. Hierbei handelt es sich um sogenannte Spurenfossilien. Sie fallen in den Fachbereich der Palichnologie. Ein interessantes Problem ergibt sich daraus, dass fossile Fußspuren und deren Erzeuger so gut wie nie zusammen gefunden werden. Dementsprechend lassen sich viele Trittsiegel und Fährten nur sehr schwer einer beschriebenen Art zuordnen, da sich häufig

43

mehrere mögliche Kandidaten (oder in einigen Fällen auch gar kein Kandidat) finden lassen. Aus diesem Grund werden Spurenfossilien wie auch Körperfossilien jeweils eigene Artnamen gegeben.

Chirotherium (das Handtier) ist ein Spurenfossil eines besonders in Deutschland häufigen fünffingrigen Erzeugers, der in der frühen Trias vor etwa 240 Millionen Jahren seine Abdrücke hinterließ. Es ist wahrscheinlich, dass es sich bei dem Erzeuger um *Ticinosuchus*, einen landlebenden Verwandten der Krokodile, gehandelt haben dürfte, die zu dieser Zeit die dominierenden Raubtiere waren. Die Fährtenplatte befindet sich im Goldfuß-Museum der Universität Bonn.

Eine kleine Bemerkung am Rande: Wenn wir von «Hinterlassenschaften» früherer Lebewesen sprechen, dann dürfen natürlich Koprolithen nicht fehlen. Diese fossilen Häufchen werden auf Exkursionen gerne besonders zartbesaiteten Erstsemesterstudentinnen mit den Worten «Du errätst nie, was das hier ist!» in die Hand gedrückt. Die meist folgenden angeekelten Reaktionen sind an dieser Stelle allerdings nicht berechtigt, da versteinerter Kot glücklicherweise vollständig umgewandelt ist. Und wissenschaftlich hat fossiler Kot durchaus seine Berechtigung, da er mitunter wichtige Informationen zur Ernährung einzelner Arten liefern kann (dennoch ist es zugegebenermaßen manchmal erstaunlich, mit welcher Leidenschaft sich einige Paläontologen diesem Fossiltyp widmen).

Bei Bernstein handelt es sich im weiteren Sinne ebenfalls um ein Fossil, da Bernstein fossiles Baumharz und damit auch eine Hinterlassenschaft früheren Lebens ist (so gesehen haben Sie möglicherweise eine fossile Kette oder Fossilien-Ohrringe zu Hause). Der Hauptgrund, warum Bernstein jedoch mit Fossilien assoziiert wird und was ihn für die Wissenschaftler so interessant macht, ist spätestens seit *Jurassic Park* bekannt. Bernstein enthält nämlich häufig die Überreste von vergangenem Leben in Form von Insekten, Pflanzenresten und sogar kleinen Wirbeltieren (sozusagen ein Fossil im Fossil). Anders als häufig angenommen, befinden sich die eingeschlossenen Lebewesen aber gar nicht mehr im Bernstein. Meistens sind es nur noch die Hohlräume der Pechvögel, die im Harz eingeschlossen wurden. Denn Bernstein ist als organisches Material relativ aktiv und dichtet nicht hermetisch ab. Daher kann es sehr gut vorkommen, dass sie eine wunderbar detaillierte Mücke im

Bernstein sehen, die sich beim Aufbrechen aber bloß als Loch in Mückenform erweist.

Sofern Sie ein Fan von Bernsteinschmuck sind und darüber nachdenken, ein Exemplar auf dem Flohmarkt zu erwerben, dann sollten Sie achtgeben, da es sich, besonders bei spektakulären Stücken, nicht selten um Fälschungen handelt. Sofern Sie Fälschungen von echtem Bernstein unterscheiden wollen, ist es hilfreich, das Stück mit einer

Bei den hier abgebildeten Häufchen handelt es sich um Koprolithen aus dem Goldfuß-Museum der Universität Bonn. Sie sind für das ungeübte Auge nur schwer von anorganischen Konkretionen im Gestein zu unterscheiden. Ihre oft ovale und manchmal leicht spiralig gewundene Form sowie ihre chemische Zusammensetzung verraten sie mitunter.
Mit etwas Glück lassen sich in ihnen auch noch identifizierbare Reste der letzten Mahlzeit finden. Im späten 19. Jahrhundert wurden im ostenglischen Cambridgeshire Koprolithen aufgrund ihres hohen Phosphatanteils zusammen mit anderen Fossilien industriell abgebaut. Am Hafen der nahegelegenen Stadt Ipswhich gibt es heute noch eine Coprolite Street, in der sich die Fabrik befand, in der das Phosphat gewonnen wurde.

Geologenlupe genau in Augenschein zu nehmen. Während man seine Begutachtung mit ernstem Gesicht durchführt, schaue man sich zunächst ganz genau den Händler an. Wirkt dieser nervös, ist es wahrscheinlich besser, das Stück nicht zu kaufen. Ein noch besserer Test ist die Feuerzeugprobe. Diese ist allerdings eher für den Fall geeignet, dass sich das gute Stück schon im eigenen Besitz befindet. Hierfür hält man den Bernstein kurz an eine Flamme und riecht anschließend daran. Echter Bernstein sollte nach Baumharz riechen. Wenn Sie stattdessen den Geruch von verschmortem Plastik in der Nase haben, hat Ihr letztes Geschenk vom Weihnachtsmarkt wahrscheinlich nicht besonders viel gekostet.

Während das Vorkommen von Bernstein eher auf bestimmte Fundorte beschränkt ist, an denen in vergangenen Zeiten dichte Wälder gestanden haben und die weiteren Bedingungen für die Erhaltung des Baumharzes günstig waren, sind Fossilien von hartschaligen Meeresbewohnern weltweit sehr häufig. Die meisten Menschen dürften schon einmal eine fossile Muschel oder einen Ammoniten (sieht aus wie eine versteinerte Schnecke, ist aber ein Verwandter der Tintenfische) gesehen haben. Besonders Letztere sind mitunter so häufig, dass sie dazu verwendet werden, Gesteinsschichten zu datieren (dazu später mehr).

Die Häufigkeit von Mollusken mit harten Schalen scheint auch nicht weiter überraschend. Meeresablagerungen sind sehr häufige Gesteine, die vielen dort vorhandenen Arten bringen zahlreiche Individuen hervor, und die harte Schale ist gut erhaltungsfähig. Interessanterweise sind die Schalen sehr oft gar nicht überliefert. Es kommt zwar vor, aber oft handelt es sich bei dem Muster, das man sehen kann, nicht um die Außenseite der Schale. Stellen wir uns für einen Moment vor, wir beobachten eine Muschel, nachdem sie ihr Leben ausgehaucht hat. Sie liegt bereits halb im Grund, und weiteres Sediment bedeckt sie nach und nach. Durch die geöffnete Schale dringt der Schlamm ins Innere der Muschel, wo die Weichteile bereits zersetzt sind. Jetzt passiert etwas Ungewöhnliches: Während sich das Sediment langsam verfestigt, wird die Schale weggelöst, und es bleibt der versteinerte innere Hohlraum der Muschel übrig. Die Muster und Rillen, die dieser sogenannte Steinkern aufweist, zeigen also die Struktur der Innenseite unserer Muschelschale. Falls Sie einmal eine Klausur im Bereich Allgemeine Paläontologie schreiben müssen, dann lernen Sie besser bis ins kleinste Detail auswendig, wie ein Steinkern entsteht, denn die Chance ist hoch, dass diese Frage drankommt.

Natürlich geht die Natur in ihrer Kreativität noch einen Schritt weiter und hat sich weitere Methoden einfallen lassen, um Studenten im ersten Semester zu verwirren. Denn während unsere Muschel mit Schlamm ausgefüllt ist und das Sediment langsam zu Stein wird, kann die Schale, bevor sie gelöst wird, mit ihrer Außenseite ein Muster im noch weichen Sediment hinterlassen. Nachdem sie dann verschwunden ist, kann dieses von der Schale auf das umgebende Gestein übertragene Muster durch den hohen Druck wiederum auf den Steinkern gepresst werden. So kommt es dazu, dass ein Steinkern, neben der inneren Struktur der Schale, über Umwege zusätzlich eine Prägung der äußeren Schale aufgedrückt bekommt. In solchen Fällen spricht man von einem Prägesteinkern. Okay, so weit, so verwirrend.

Bevor wir mit unserer Liste der am Anfang des Kapitels erwähnten Fossilien fortfahren, möchte ich noch ganz kurz bei den hartschaligen Tieren bleiben und Ihnen noch ein interessantes Phänomen vorstellen. Es nennt sich «fossile Wasserwaage». Haben Sie schon einmal beobachtet, dass sich Flaschen oder Gläser im vollen Spülbecken zwar mit Wasser füllen, sich aber oben noch Luft sammelt, bis man sie schräg genug hält und diese dann entweichen kann? Etwas Ähnliches kann auch bei Tieren mit Schalen passieren, die im Sediment eingebettet werden. Dann kann Schlamm wie oben beschrieben eindringen, aber es hält sich eine «Wasserblase» an der Decke. Anschließend wird das Tier völlig bedeckt und die Fossilisation beginnt. Während der Schlamm zu Stein wird, bilden sich im Platz des Hohlraums Kristalle. Wird die Schicht irgendwann von Menschen freigelegt und angeschnitten, wird sich zeigen, dass das Innere des Fossils aus unterschiedlichen Materialien besteht. Eine Hälfte zeigt das umgebende Gestein, die andere klar identifizierbare Minerale. So lässt sich erkennen, wo oben und unten war. Dies mag trivial klingen, und Sie könnten einwenden: «Man sieht das doch an der Schicht, wo oben und unten ist!» Doch manchmal kommt es dazu, dass Schichten durch Tektonik verstellt werden oder das Gestein nicht mehr in seinem natürlichen Verbund vorliegt, beispielsweise nach einer Sprengung (oder weil es in einer Museumsschublade liegt). In solchen Fällen kann sich eine fossile Wasserwaage als nützlich erweisen.

Aber zurück zu der Ausgangsfrage des Kapitels. Uns bleiben noch die drei Beispiele, die zu Beginn wahrscheinlich für die meiste Verwirrung gesorgt haben. Die Braunkohle, das Erdöl und die Kreidefelsen auf Rügen. Okay, ich gebe zu, diese fallen nur im weitesten Sinne unter die Bezeichnung Fossilien, da sie keine klar abgrenzbaren Strukturen bilden. Dementsprechend wird auch kein Paläontologe auf ein Fass Erdöl zeigen und «Fossil!» rufen. Trotzdem handelt es sich auch hier um die Zeugen vergangenen Lebens, und damit erfüllen auch sie die Kriterien. Kohle und Erdöl bilden sich durch die Anreicherung von organischem Material. Der Begriff fossile Brennstoffe verrät somit auch ihren Ursprung.

Die rheinische Braunkohle beispielsweise, die unter anderem in Garzweiler zur großen Freude der Anwohner abgebaut wird, hat ihren Ursprung in Mooren, die vor etwa 20 Millionen Jahren (das Zeitalter des Miozäns) im Raum nördlich von Köln gelegen haben. Es bildete sich Torf, wie er auch heute noch als Brennstoff gewonnen wird. Dieser wurde anschließend im Verlauf von Meeresspiegelschwankungen von anderen Sedimenten bedeckt. Durch Druck und chemische Prozesse nahm der relative Anteil an Kohlenstoff allmählich zu, und der Torf wandelte sich in Braunkohle um, die wir heute in Tagebauen fördern können. Die Steinkohle des Ruhrpotts hingegen ist wesentlich älter, rund 300 Millionen Jahre, und stammt aus den Sümpfen des Karbon-Zeitalters (das seinen Namen den vielen weltweit vorkommenden Kohleschichten verdankt). Im Laufe der Erdgeschichte entstand aus diesen Schichten zunächst Braunkohle, doch wurde sie durch geologische Prozesse tiefer unter die Erde gebracht als ihr jüngeres rheinisches Gegenstück. Die dort herrschenden Temperaturen und Drücke verstärkten den Inkohlungsprozess, sodass aus der Braunkohle die typische Steinkohle des Ruhrpotts wurde. Deshalb wird im Zusammenhang mit Braunkohle meist von Tagebauen gesprochen, während die tiefere Steinkohle meist unter Tage abgebaut wird.

Ähnlich wie bei Kohle handelt es sich bei Erdöl ebenfalls um Ansammlungen organischen Materials, die aber nicht aus Landpflanzen, sondern meist aus Plankton und Algen entstanden sind. Sie stellen auch heutzutage einen Großteil der Biomasse in den Ozeanen (weshalb Wale, die das Plankton filtern, übrigens auch so groß werden können).

Die Anreicherung entsteht dadurch, dass das organische Material in tiefe Regionen absinkt, wo es sich nach und nach am Meeresboden sammelt. Sofern es wenig Strömung und Zirkulation gibt, bilden sich Sedimente, die, ähnlich wie Torf, sehr wenig Sauerstoff enthalten, was dazu führt, dass sich die organische Substanz erhält. Durch die Überlagerung weiterer Schichten entsteht ein dunkles, oft fein geschichtetes Gestein, das reich an organischem Material ist. Einige dieser Erdölmuttergesteine sind in den letzten Jahren als Erdöl- und Erdgasquellen durch das Fracking in den Fokus der Öffentlichkeit gerückt (an dieser Stelle möchte ich das Thema Fracking nicht pauschal bewerten. Es sei lediglich angemerkt, dass bei derartig komplexen Techniken, die sich mitunter von Fall zu Fall stark unterscheiden, YouTube-Videos und Facebook-Posts als Informationsquelle nicht immer optimal geeignet sind ...). Klassische «Ölquellen» finden sich hingegen in sogenannten Speichergesteinen. Dies sind Gesteine, die ursprünglich kein Erdöl oder Erdgas enthielten, die aber eine hohe Durchlässigkeit (Permeabilität) und Porosität aufweisen und wie ein Schwamm wirken. Die flüssigen und gasförmigen Anteile des angereicherten organischen Materials wandern aus ihrem Muttergestein durch Auftrieb in Richtung Erdoberfläche. Sollten Sie unterwegs auf poröses Speichergestein stoßen, das nach oben durch undurchlässige Schichten begrenzt ist, so sammelt sich das Erdöl oder Erdgas in diesen Gesteinen, und man spricht von Erdöl- bzw. Gasvorkommen. Ein sehr gutes Speichergestein bilden beispielsweise Riffe von großen kreidezeitlichen Muscheln, sogenannte Rudisten. Die Gesteine, die aus diesen Riffen entstanden, sind aufgrund ihres hohen Porenvolumens ideale Speichergesteine.

Doch zurück zu unseren Fossilien, besser gesagt, zu den Kreidefelsen von Rügen. Diese bestehen aus den Überresten von Coccolithen, planktonischen Einzellern, die sich mit winzigen Plättchen aus Calciumcarbonat schützen. Unter dem Mikroskop lässt sich erkennen, dass dieses Gestein zu einem Großteil aus den Gehäusen dieser Lebewesen aufgebaut ist. Das gesamte Gestein ist damit fossilen Ursprungs. Nicht selten wurden im Laufe der Erdgeschichte sogar ganze Riffe überliefert, von denen noch die unterschiedlichen Teilbereiche wie Vor-, Rück- und Hauptriff unterschieden werden können. Das Phänomen, dass Riffe häufig als erkennbare Körper im Gestein überliefert sind und ganze Gesteinsschichten aufbauen, lässt sich neben der Kreidezeit auch für sämtliche andere Epochen der Erdgeschichte beobachten. Dabei gehörten die Organismen, die diese Riffe aufbauten, je nach Epoche häufig zu ganz unterschiedlichen Gruppen im Stammbaum des Lebens. Die ältesten Riffe wurden von Mikroorganismen aufgebaut, jüngere Riffbildner waren Schwämme, Muscheln und natürlich Korallen.

Kleiner Fun Fact am Rande: Die Kreidezeit verdankt ihren Namen dem weltweit häufigen Vorkommen der charakteristischen Kreidefelsen, wie wir sie beispielsweise auf Rügen oder an der Küste von Dover finden. Selbstverständlich sind Kreidefelsen, die zu den Kalksteinen gehören, längst nicht auf die Kreidezeit beschränkt. Ebenso finden sich sehr viele kreidezeitliche Gesteine aus anderen Ablagerungsräumen wie beispielsweise Sandsteine oder Tonsteine.

Pseudofossilien

Sogenannte Pseudofossilien haben bereits zahllose Generationen von Fossiliensuchern ausgetrickst. Bei ihnen handelt es sich um das Katzengold (Pyrit, für die Mineralogen unter uns) der Paläontologie. Im Gegensatz zu Fossilien entstehen Pseudofossilien nicht durch Lebewesen, sondern sind anorganischen Ursprungs. Durch ihre Ähnlichkeit zu uns bekannten Mustern können sie unsere Augen jedoch so weit täuschen, dass wir sie für versteinerte Versionen von uns bekannten Strukturen und Körperteilen halten.

Mein erstes Pseudofossil hielt ich im Rahmen meines Schülerpraktikums in den Händen. Ich half gerade dabei, einige von einem Privatsammler gespendete Fossilien für die Sammlung des Goldfuß-Museums der Universität Bonn zu sortieren (zumindest rede ich mir ein, dass ich eine Hilfe war), und gleichzeitig wurde mir erklärt, um was es sich jeweils handelte. Am Rand einer beigefarbenen Kalkplatte waren kleine, schwarze, moosartige Pflanzen zu sehen, die viele Ästchen aufwiesen und scheinbar sehr gut erhalten waren. Ich nahm das Stück und sagte: «Na, das erkennt man ja wenigstens gut als Pflanze.» Mein Betreuer grinste und klärte mich darüber auf, dass ich, genau wie Generationen von Fossiliensammlern vor mir, gerade hereingefallen war.

Bei den wahrscheinlich bekanntesten Pseudofossilien handelt es sich um sogenannte Dendriten.

Hier ist nicht von Teilen von Nervenzellen die Rede, sondern von speziellen Kristallstrukturen, die fein und baumähnlich verästelt sind. Aus geologischer Sicht sind dies häufig schwarze Mangan-Ablagerungen (Mangan ist eine Art Metall). Diese entstehen, wenn manganreiche Wasser an Rissen im Gestein entlangfließen und von dort aus zwischen

Was hier so aussieht wie eine wunderschön erhaltene Pflanze, entpuppt sich bei näherem Hinsehen als ein Dendrit (dieses Stück befindet sich im Goldfuß-Museum der Universität Bonn). Anders als Fossilien entstehen diese Pseudofossilien im Gestein. Wenn Flüssigkeit zwischen zwei Schichten gelangt, können Minerale auskristallisieren, die sich immer weiter verzweigen. Ein ganz ähnliches Wachstumsmuster kann man mitunter im Winter bei Eiskristallen auf der Windschutzscheibe entdecken.

zwei Gesteinsschichten dringen, in denen dann Mangan-
oxid ausgefällt wird.

Neben Dendriten können diverse geologische Strukturen
als Fossilien fehlgedeutet werden, solange sie nur halbwegs
nach vergangenem Leben aussehen, beispielsweise rundliche
mineralische Ansammlungen, sogenannte Konkretionen, die
durch chemische Prozesse im umgebenden Sediment entstehen und sich von diesem deutlich unterscheiden. Ein
klassisches Beispiel sind Feuersteinknollen, die unseren Vorfahren mitunter auch als Werkzeuge dienten. Diese Gesteine
aus Silicium werden unter anderem in den bereits erwähnten Kreidefelsen gefunden, wo sie sich im umgebenden
Kalkstein bildeten. Da Konkretionen sich meistens deutlich
abheben und ungewöhnliche Formen aufweisen, werden sie
nicht selten als Fossilien interpretiert. 2012 verursachten
Konkretionen mediale Aufmerksamkeit (und exponierten
die schlechte Recherche einiger Nachrichtenseiten), als russische «Wissenschaftler» die Meldung herausbrachten, dass
sie riesige Dinosauriereier mit 40 Zentimetern Durchmesser
in Tschetschenien gefunden hätten. Die Bilder, die durch
das Netz geisterten, zeigten einige etwa medizinballgroße
Objekte, die sich in dem umgebenden Gestein befanden.
Jedem ausgewiesenen Geologen/Paläontologen genügte ein
Blick, um zu erkennen, dass es sich hier um Konkretionen
handelte. Die Objekte zeigten keine für Eier typischen
Oberflächenstrukturen, waren relativ unregelmäßig geformt
und gingen teilweise ineinander über. Alles Umstände, die
für echte Eier sehr ungünstig wären. Umso überraschen-
der war es für die Wissenschaftler, dass es diese Meldung
auf die Webseiten diverser Nachrichtenagenturen schaffte –
offensichtlich ohne vorherige Befragung eines Experten.

Neben den vielen optischen Details, die es einem Fachmann (oder auch einem interessierten Laien, der sich Zeit nimmt und das Objekt mit Ruhe und Verstand betrachtet) ermöglichen, eine Konkretion von einem Dino-Ei zu unterscheiden, gibt es übrigens noch einen weiteren physikalischen Aspekt, der erklärt, warum Dinosauriereier nicht größer waren als die von großen Vögeln: Eier müssen luftdurchlässig sein, damit der Embryo mit Sauerstoff versorgt werden kann. Die Schale muss aber gleichzeitig auch stabil sein, damit das Ei nicht unter seinem eigenen Gewicht zerbricht. Wird das Ei zu groß, wird es durch seine dünne Schale zu instabil – eine dickere Schale würde wiederum den Embryo ersticken. Von daher haben selbst 30 Meter lange Dinosaurier Eier von maximal der Größe eines Handballs gelegt.

Es gibt aber auch Pseudofossilien, die selbst erfahrene Geologen auf den ersten und teilweise auch auf den zweiten Blick täuschen können. Je einfacher das irrtümliche Fossil strukturiert ist, desto eher kann es mit geologischen Phänomenen verwechselt werden. So werden Knochen oder gar ganze Skelette in der Regel nur von Laien in ganz normales Gestein hineininterpretiert. Aber einfache Strukturen wie Schwämme oder Koprolithen können durch tektonische Verformung von Kalkstein, beziehungsweise durch die eben angesprochenen Konkretionen, täuschend echt nachgeahmt werden. Wissenschaftliche Debatten werden auch um viele sehr alte Fossilien von Bakterien geführt. Hier ist es mitunter schwierig, zu bestimmen, ob die chemischen Prozesse, die sich im Gestein abspielten, etwa in Form von rundlichen, fein geschichteten Strukturen, auf Lebewesen oder anorganische Prozesse zurückzuführen sind.

Ein vergleichbares Phänomen waren mögliche bakterielle Spuren, die in den 90er Jahren in Marsmeteoriten gefunden wurden. Hier ist bis heute nicht sicher, ob es sich bei den einfachen Strukturen um das Ergebnis von chemischen Prozessen oder um die fossilen Überreste von Einzellern handelt. Ähnlich verhält es sich mitunter bei Fossilien von Bakterien auf der Erde. Diese werden oft anhand der Spuren identifiziert, die sie im Gestein hinterlassen haben, beispielsweise durch ihre chemischen Ausscheidungen. Hierbei gilt es aber, «normale» chemische Signaturen im Gestein von denen durch Lebewesen verursachten zu unterscheiden. Erstere können, wenn sie fälschlicherweise für die Spuren von Leben gehalten werden, als Pseudofossilien gelten.

Einen einfachen Test, um fossile Knochen als solche zu erkennen, möchte ich Ihnen an dieser Stelle nicht vorenthalten: Wenn Sie Gestein aufschlagen und etwas sehen, was vielleicht Knochen sein könnte, dann lecken Sie vorsichtig daran. Wenn Sie Ihre Zungenspitze auf den versteinerten Knochen und das ihn umgebende Gestein pressen und anschließend vorsichtig zurückziehen, dann bleibt Ihre Zunge ganz leicht an dem Fossil «kleben». Das liegt daran, dass Knochen winzige Hohlräume aufweisen, die oft noch erhalten sind. Falls Sie jetzt einen leichten Ekel empfinden, so können Sie beruhigt sein, denn das Ganze ist nicht im Geringsten ekelhaft. Wenn man Millionen Jahre altes Gestein aufschlägt, ist das Innere absolut steril. Aus Erfahrung kann ich Ihnen versichern, dass es erst ekelhaft wird, wenn mehrere Paläontologen auf diese Weise denselben Fund untersuchen …

Woher weiß man, wie alt die Fossilien sind?

Wenn Paläontologen vom Alter ihrer Fossilien reden, purzeln die Millionen Jahre nur so herum. Sei es ein 80 Millionen Jahre alter Riesenammonit, ein Riesenschachtelhalm aus dem Perm vor 291 Millionen Jahren, ein etwa 290 Millionen Jahre alter stachelbewehrter «Süßwasserhai» oder ein

Entgegen ihrem Namen sind Seelilien keine Pflanzen, sondern am Meeresboden haftende Tiere, die mit den Seesternen und Seeigeln verwandt sind. Während sie heute nur noch in der Tiefsee vorkommen, waren sie in früheren Zeiten auch in flachem Wasser zahlreich vorhanden. Besonders einzelne Kalkplättchen ihrer «Stängel» gehören zu den häufigsten Fossilien überhaupt. Dieses schöne Exemplar befindet sich im Goldfuß-Museum der Universität Bonn.

gigantischer 150 Millionen Jahre alter *Brachiosaurus*. Weiter können ein zehn Millionen Jahre altes *Gomphotherium* mit vier Stoßzähnen, ein über 300 Millionen Jahre alter Gliederfüßer aus dem Karbon namens *Arthropleura armata* (stellen Sie sich einfach einen 2,5 Meter langen Tausendfüßler vor und genießen Sie das Bild) oder eine 180 Millionen Jahre alte Seelilie Thema der Unterhaltung sein. Diese Beispiele sind natürlich nicht rein zufällig, denn allen aufgelisteten Fossilien ist eines gemeinsam: Sie tragen den Titel «Fossil des Jahres», welcher einmal pro Jahr von der Paläontologischen Gesellschaft vergeben wird.

Die Antwort auf die Frage, wie sich das Alter eines Fossils bestimmen lässt, klingt zunächst simpel: Indem man das Alter der Gesteinsschichten bestimmt, in denen sie sich befinden. Aber ganz so simpel ist es dann doch nicht. Wir haben bereits das Prinzip von Steno kennengelernt, das besagt, dass jüngere Schichten über älteren Schichten liegen, solange die Tektonik nicht hinterher Amok gelaufen ist (kleiner Hinweis: Mit dem Steno-Prinzip stoßen Sie in den Alpen ganz schnell an Ihre Grenzen). Doch selbst wenn sich die Reihenfolge der Schichten nicht nachträglich geändert hat, steht man häufig mitten in der Pampa vor einem sogenannten Aufschluss (so nennen Geologen jegliches Gestein, das irgendwo fest ansteht) und muss das Alter der Schichten bestimmen. Die oberen Ablagerungen sind erodiert und somit verschwunden, und die älteren liegen in der Erde verborgen. Wenn ich Glück habe, weist die Schicht eine charakteristische Eigenschaft auf, und ich bin darüber hinaus auch mit der regionalen Geologie vertraut. Dann kann ich sie mit hoher Wahrscheinlichkeit einer Formation mit bereits bekanntem Alter zuordnen. Das nennt man dann «relative Datierung».

Gerade Mitteleuropa ist geologisch so gut untersucht, dass man lediglich die Gesteinsart identifizieren muss, um das Alter in der Literatur wiederzufinden. Hierfür spricht man das Gestein an. Nein, Sie müssen sich jetzt keinen Wissenschaftler vorstellen, der auf die Steine einredet. Wenn Geologen das Gestein ansprechen, schlagen sie es mit einem Hammer an und nehmen die frische Fläche unter ihre Geologenlupe. Anhand der vorkommenden Minerale und weiterer Eigenschaften wie Farbe, Art der Schichtung etc. können sie erkennen, um welche Art von Gestein es sich handelt (Basalt, Granit, Kalkstein usw.). Anschließend lässt sich in der Literatur oder anhand von geologischen Karten feststellen, welches Alter der jeweilige Gesteinstyp in der Region besitzt (der gleiche Gesteinstyp in einer anderen Region kann natürlich ein ganz anderes Alter besitzen). Manchmal reicht es auch, wenn das Alter der darüber- und darunterliegenden Gesteinsschichten jeweils bekannt ist. Aus dem Alter von Schicht A und C lässt sich das ungefähre Alter der dazwischenliegenden Schicht B bestimmen. Jetzt können Sie natürlich berechtigterweise einwenden: «Irgendwann muss ja mal jemand das genaue Alter bestimmter Gesteinsformationen festgelegt haben, sodass wir es heute so einfach haben und nachsehen können.» In dem Fall redet man von «absoluten Datierungsmethoden». So bezeichnet man Methoden, die das Alter von einem Gestein direkt messen, anstelle sich dem Alter – wie eben beschrieben – durch Vergleiche zu nähern (die «relative Datierung»). Für die absolute Datierung stehen der Wissenschaft einige Methoden zur Verfügung. Die wahrscheinlich häufigste ist die Datierung über die Zerfallsreihe bestimmter radioaktiver Isotope.

Jetzt müssen wir einen kleinen Ausflug in die Physik machen. Aber keine Sorge, ich werde versuchen, es (aus rein selbstsüchtigen Motiven) so kurz und einfach wie möglich zu halten: Atome haben einen Kern aus positiven Teilchen (Protonen) und neutralen Teilchen (Neutronen), der in einem Abstand von negativ geladenen Teilchen (Elektronen) umkreist wird. Die verschiedenen Elemente (beispielsweise Wasserstoff, Sauerstoff, Eisen, Blei, Uran usw.) unterscheiden sich durch die Anzahl positiver Teilchen im Kern. So besitzt Wasserstoff ein positiv geladenes Teilchen, während im Kern eines Sauerstoffatoms acht positive Teilchen vorkommen. Während die Zahl der Protonen feststeht, kann die Anzahl der neutralen Teilchen variieren, wodurch jedes Element unterschiedliche Gewichtsklassen besitzen kann. Mehr als 99 Prozent aller Sauerstoffatome weisen beispielsweise zusätzlich zu ihren acht Protonen auch acht Neutronen im Kern auf. Chemiker sprechen hier von ^{16}O (16 steht hier für die gesamte Zahl der Teilchen im Atomkern, und O ist das Elementsymbol für Sauerstoff). Der kleine Anteil übriger Sauerstoffatome besitzt ein oder zwei zusätzliche Neutronen im Kern, man spricht hier von ^{17}O und ^{18}O. Diese unterschiedlichen Gewichtsklassen eines Elementes werden Isotope genannt. Hierbei ist in der Regel bei jedem Element ein bestimmtes Isotop besonders häufig, während die übrigen Isotope des gleichen Elementes viel seltener vorkommen. (So langsam kommen die düsteren Erinnerungen an meine Chemieklausuren wieder hoch ...)

Einige Elemente und Isotope ansonsten stabiler Elemente sind radioaktiv, das bedeutet, sie neigen dazu, in andere Elemente oder Isotope zu zerfallen. Wenn diese dann wiederum auch noch radioaktiv sind, geht der Zerfall weiter, bis ein stabiles Element erreicht wird. Die einzelnen Schritte einer Zerfallsreihe sind dabei immer gleich. Auch die Geschwindigkeit des Zerfalls ist immer konstant. So gibt die Halbwertszeit an, wie lange es dauert, bis von einer Menge an radioaktiven Isotopen die Hälfte zerfallen ist. Zerfallsgeschwindigkeit und Zerfallsreihe laufen unabhängig von den Umgebungsbedingungen ab. So haben beispielsweise Temperaturschwankungen keinen Einfluss auf den Zerfall (das ist jetzt etwas vereinfacht, die Physiker unter uns mögen mir bitte verzeihen). Die Zerfallsreihe ist dabei ebenfalls immer gleich, sodass ein bestimmtes Isotop eines radioaktiven Elementes immer zu einem bestimmten Isotop eines stabilen Elementes zerfällt. So wird aus ^{238}U (Uran mit 238 Teilchen im Kern) immer ^{206}Pb, während ^{235}U immer zu ^{207}Pb zerfällt.

Für die Berechnung des Gesteinalters macht man sich diesen Zerfall von Isotopen zunutze. Hierfür werden je nach Zusammensetzung und dem vermuteten Alter des Gesteins unterschiedliche Elemente untersucht. Der bereits erwähnte Zerfall von Uran zu Blei ist eine der verbreitetsten Methoden (Uran-Blei-Datierung). Dabei kommt den Geologen eine besondere Eigenschaft des Minerals Zirkon gelegen. Dieses baut bei seiner Kristallisation Uran in sein Gitter ein, während Blei nicht eingelagert wird. Nach seiner Bildung ist es weitestgehend hermetisch abgeriegelt, sodass keine Elemente mehr entweichen oder eindringen können. Wenn man das Verhältnis der Menge von Blei-Isotopen zu Uran-Isotopen in einem Zirkon analysiert, kann man also zurückrechnen, wie lange das Uran schon im Mineral eingeschlossen gewesen sein muss, da man ja seine Halbwertszeit kennt. Besonders die Uran-Blei-Datierung hat hier den großen Vorteil, dass man zwei verschiedene Isotope hat, die mit unterschiedlichen Geschwindigkeiten parallel zerfallen. Da hat die Natur die Kontrollgruppe sozusagen bereits mit beigefügt.

Von großem Vorteil bei dieser Methode ist, dass Zirkon sehr widerstandsfähig ist und von daher oft unbeschadet die Zeit überdauert. Dies bringt jedoch auch Probleme mit sich, denn ältere Zirkone können bestehen bleiben, wenn ihr Muttergestein aufgeschmolzen wird, und dann findet man nach der Gesteinsbildung Zirkone unterschiedlichen Alters vor (was sich jedoch relativ leicht lösen lässt, indem in solchen Fällen das Alter der jüngsten Zirkone verwendet wird).

Neben der Uran-Blei-Datierung kommen auch diverse andere Zerfallsreihen in der Forschung zum Einsatz. Die vielleicht berühmteste Datierungsmethode, die hier nicht unerwähnt bleiben soll, ist die Radiokohlenstoffdatierung (auch ^{14}C-Datierung genannt). Wenn Sie einmal den Fehler machen sollten und sich unter Online-Nachrichtenbeiträgen zu neuen Fossilfunden die Leserkommentare durchlesen (aus einem masochistischen Antrieb heraus mache ich das von Zeit zu Zeit), dann werden Sie immer wieder Einträge von Nutzern wie «Rüdiger56» und «Internettroll2000» finden, die sich lautstark darüber auslassen, dass Radiokohlenstoffdatierung ja gar nicht richtig funktioniere und dass die Wissenschaftler sich das Alter der Fossilien nur ausgedacht hätten (das sind auch die Leute, die Saurierskelette für Fälschungen halten und glauben, dass die Erde nur 6000 Jahre alt ist). Dass Radiokohlenstoffdatierung nicht einmal im Artikel erwähnt wird und damit überhaupt nichts zu tun hat, scheint in der «Argumentation» keine Rolle zu spielen.

Was ist also die ^{14}C-Datierung genau? Ähnlich wie die

Uran-Blei-Datierung machen sich die Wissenschaftler hier den Zerfall von radioaktiven Kohlenstoffisotopen (richtig: ^{14}C) zunutze. Ja, Kohlenstoff, der auch einen guten Teil Ihres Körpers ausmacht ... ja, radioaktive Isotope. Nein, Sie müssen nicht den Geigerzähler, den Sie panisch nach Fukushima gekauft haben (ha, erwischt!), aus dem Keller holen. Es befinden sich zwar radioaktive ^{14}C-Isotope in Ihrem Körper, jedoch kommt nur eins auf 10^{10} «anständige» ^{12}C-Isotope (ich lasse Sie selbst herausfinden, wie viele das sind). Die radioaktiven Kohlenstoffisotope werden in der Atmosphäre gebildet, und ihr Verhältnis zu den ^{12}C-Isotopen ist in unserer Umgebung konstant. Da wir, solange wir leben, die Atome in uns stetig ersetzen, bleibt das Verhältnis also ebenfalls stabil. Wenn unser Körper der ganzen Arbeit irgendwann überdrüssig ist und seinen Dienst quittiert, dann wird auch kein neuer Kohlenstoff mehr eingelagert. Ab jetzt beginnt die Menge an ^{14}C stetig abzunehmen. Anders als bei der Uran-Blei-Datierung messen wir aber nicht das Zerfallsprodukt des Kohlenstoffs, sondern lediglich das Verhältnis von stabilem zu radioaktivem Kohlenstoff. Auch wird diese Datierung logischerweise nicht an Mineralen, sondern an den Fossilien selbst durchgeführt. Nun haben Sie natürlich direkt eine Frage: Warum benutzen wir nicht immer diese Datierung von Fossilien, sondern gehen in der Regel den Umweg über das Alter des Gesteins? Weil die Radiokohlenstoffdatierung eine zeitliche Obergrenze hat, und die ist geologisch betrachtet sehr früh. Bei rund 50 000 Jahren ist die Grenze an nachweisbaren Mengen von ^{14}C erreicht. Zum Vergleich: Die Uran-Blei-Datierung nimmt erst ab einem Alter von einer Millionen Jahre überhaupt Fahrt auf und kommt bei den ältesten gemessenen Zirkonen auf ein Alter von 4,4 Milliarden Jahren. Dementsprechend findet die ^{14}C-Datierung hauptsächlich bei sehr jungen Fossilien und in der Archäologie Verwendung.

Um das Kapitel nicht allzu physikalisch ausklingen zu lassen, möchte ich Ihnen noch eine Methode näherbringen, mit der man anhand von Fossilien Schichten datieren kann. Zwar handelt es sich hier nur um eine relative Datierung – man muss also das Alter des Gesteins irgendwann einmal absolut bestimmt haben –, aber sie ist trotzdem sehr hilfreich, da man ja nicht für jede geologische Untersuchung aufwendige radiometrische Datierungen machen will. Hierbei handelt es sich um sogenannte Leitfossilien (bei Klausuren auch passenderweise gerne mit «d» geschrieben). Sie dienen als natürliche Zeitangaben – man kann mit Leitfossilien das Alter der Gesteinsschichten, in denen sie vorkommen, relativ genau bestimmen. Eine gut erforschte Art, die nur in einem kurzen Zeitraum der Erdgeschichte existiert hat, findet sich lediglich in einer in diesem Zeitabschnitt entstandenen Schicht. Doch längst nicht jedes Fossil eignet sich als Leitfossil. Es muss einige Anforderungen erfüllen. Zunächst muss das Fossil leicht als solches erkennbar sein. Wenn man es von seinen älteren oder jüngeren Arten nur mit sehr viel Aufwand unterscheiden kann, dann ist ein Fossil als Leitfossil ungeeignet. Auch sollten die Fossilien in großer Anzahl überliefert sein, damit man sie leicht im Gestein finden kann. Seltene Arten scheiden dementsprechend aus. Ebenfalls hilfreich ist es, wenn das jeweilige Leitfossil weite Verbreitung hat und darüber hinaus auch in möglichst verschiedenen Lebensräumen gelebt hat. Dadurch kommt es auch in unterschiedlichen Sedimentgesteinen der gleichen Zeit vor (beispielsweise küstennahe und tiefmarine Ablagerungen). Doch die wahrscheinlich wichtigste Eigenschaft eines Leitfossils ist, dass es nur in einem kurzen, klar abgegrenzten Zeitraum existierte. Je größer der zeitliche Rahmen ist, desto weniger ist ein Fossil als Leitfossil geeignet, da die Schichten, in denen es gefunden wird, nur noch sehr grob eingeordnet werden können. Die oben genannten Kriterien müssen nicht alle perfekt erfüllt werden, aber je mehr der genannten Eigenschaften ein Leitfossil in sich vereint, umso besser eignet es sich in der praktischen Anwendung. Eine für diese Aufgabe häufig verwendete Gruppe sind die sehr formenreichen und bereits mehrfach erwähnten Ammoniten. Für das Erdmittelalter geben manche ihrer Vertreter ein Paradebeispiel für Leitfossilien ab.

Doch die vielleicht wichtigsten Leitfossilien sind wesentlich kleiner (aber dafür: oho!). Waren Sie schon einmal an einem schönen tropischen Strand? Haben Sie sich den Sand ganz genau angesehen? Machen Sie das einfach beim nächsten Badeurlaub am Meer. Die Chancen stehen gut, dass Sie bereits mit bloßem Auge winzig kleine sternchenförmige, rundliche oder scheibenförmige Objekte sehen (nehmen Sie eine Lupe mit, wenn Sie eine haben). Es muss Sie nicht gleich am ganzen Körper kribbeln: Die kleinen Viecher, deren Schalen Sie dort sehen, sind Meereslebewesen, können mitunter über 90 Prozent der Körner eines Strandes ausmachen und sind bereits tot, wenn Sie Ihr Handtuch auf ihnen ausbreiten (ob das die Vorstellung jetzt angenehmer oder unangenehmer macht, bleibt natürlich Ihnen überlassen).

Bei diesen Winzlingen handelt es sich um Foraminiferen. Kleine Einzeller, die entweder als Plankton treibend oder am Meeresboden leben können. Bemerkenswert ist, dass

diese kleinen Kerlchen, obwohl sie nur aus einer Zelle bestehen, in der Lage sind, sehr komplexe Gehäuseschalen auszubilden. Zusätzlich zu ihrem großen Artenreichtum lassen
sie sich gut voneinander unterscheiden, kommen in großen
Stückzahlen vor, und die planktonisch lebenden Arten sind
dazu noch weltweit verbreitet. Außerdem treten einzelne

Ammoniten gehören zu den am häufigsten gefundenen Fossilien. Durch
ihre harte Schale haben diese Verwandten der Tintenfische ein hohes
Fossilisationspotenzial. Darüber hinaus macht ihre Formenvielfalt sie zu
idealen Leitfossilien. Das hier abgebildete Fossil der Art *Parapuzosia
seppenradensis* steht im Museum für Naturkunde in Münster, ist 80 Millionen Jahre alt und der größte Ammonit der Welt. Am Ende der Kreidezeit
vor 66 Millionen Jahren starben die Ammoniten aus.

fossile Arten oft nur in ganz klar definierten Zeitabschnitten auf. Foraminiferen sind also praktisch das ideale Leitfossil. Selbst mehrere hundert Millionen Jahre alte Meeresablagerungen lassen sich von Experten mittels Foraminiferen bis auf einen Zeitraum von wenigen hunderttausend Jahren genau bestimmen (genau ist geologisch immer ein dehnbarer Begriff). Dass diese Eigenschaft bei Ölbohrungen extrem hilfreich ist, haben wir bereits im Kapitel «Wem nützt Paläontologie?» erfahren.

Neben den planktonisch vorkommenden Formen sind auch bodenlebende Arten als Leitfossilien geeignet. Ich erwähnte eben, dass teilweise ganze Strände aus Foraminiferenskeletten bestehen. Diese erfolgreiche Gruppe war und ist mitunter so zahlreich in den Schelf- und Riffgebieten der Welt vertreten, dass ihre Ablagerungen sogar zu Gestein werden können. Ein gutes Beispiel dafür sind die Nummulitenkalke. Die Nummuliten (aufgrund ihrer Form auch Münzsteine genannt) wurden bis zu fünf fünf Zentimeter groß (einige heutige Tiefsee-Foraminiferen, die sogenannte Xenophyophoren, erreichen sogar Durchmesser von bis zu 20 Zentimetern, nicht schlecht für eine einzige Zelle, oder?). Sie waren vor rund 50 Millionen Jahren im Eozän so präsent, dass einige Kalksteine aus dieser Zeit zu beinahe 60 Prozent aus ihren Schalen bestehen. Diese Kalke finden sich zum Beispiel im heutigen Ägypten und wurden auch beim Bau der Pyramiden eingesetzt. Schaut man sich also diese monumentalen Bauwerke an, blickt man gleichzeitig 50 Millionen Jahre in die Vergangenheit, auf einen Meeresboden, auf dem sich kleine Einzeller tummelten.

«Lebende Fossilien» – dieser von Charles Darwin eingeführte Begriff bezeichnet weder Fossilien, die einem Zombie gleich in ihren Museumsschubladen wieder zum Leben erwachen, noch bezieht es sich auf die Oma, die Sie auch mal wieder anrufen könnten. Darwin charakterisierte mit diesem bewusst widersprüchlichen Ausdruck Formen, die sich evolutionär scheinbar wesentlich langsamer entwickelt haben als andere. Es gibt jedoch keine vollkommen klare Definition, und so finden sich viele Tiere, die in dem einen oder anderen Zusammenhang als «Lebendes Fossil» bezeichnet werden, obwohl dies mitunter gar nicht zutreffend ist. Es gibt einige Haupteigenschaften, mit denen sich eine Art oder eine ganze Gruppe den Titel «Lebendes Fossil» verdienen kann:

1. Sie hat einen geologisch langen Zeitraum überdauert.
2. Sie hat sich in ihrem Aussehen gegenüber ihren fossilen Verwandten kaum verändert.
3. Sie weist sehr viele urtümliche Merkmale auf (also «Eigenschaften», die sich evolutionär früh entwickelt haben).
4. Man dachte, sie sei schon seit langer Zeit ausgestorben.

Ein absoluter Spitzenreiter der ersten beiden Kategorien, der «Urzeitkrebs», ist Ihnen wahrscheinlich schon in dem ein oder anderen Micky-Maus-Heft (für die Älteren unter uns: im Yps-Magazin) begegnet. Neben Kinderzeitschriften prangt der Urzeitkrebs auch häufig auf biologischen Experimentierkästen. Diese enthalten dann Eier der Art *Triops longicaudatus*, einem Vertreter der sogenannten Kiemenfußkrebse. Paläontologisch betrachtet hat das Label durchaus seine Berechtigung. So ist diese Art aus 220 Millionen Jahre alten Gesteinen der Trias bekannt und damit nur geringfügig jünger als die ersten Dinosaurier – und älter als die ältesten Säugetiere. Seitdem hat sie sich optisch beinahe überhaupt nicht verändert. Mit den urtümlichen Merkmalen als drittem Punkt ist es immer etwas schwierig: Sie können nur relativ betrachtet werden. Ein Fisch besitzt mehr urtümliche Merkmale als wir, und Bakterien sind in ihren Eigenschaften ursprünglicher als Fische. Dennoch haben sich viele ihrer Vertreter innerhalb ihrer Linien deutlich weiterentwickelt und verändert, sodass man nicht auf den Gedanken käme, Bakterien oder Fische generell als «Lebende Fossilien» zu bezeichnen. Wenn man den Rahmen jedoch enger fasst, treten einige Arten und Gattungen hervor, die heute noch sehr urtümliche Eigenschaften aufweisen, während ihre nächsten Verwandten sich optisch deutlich weiterentwickelt haben. Ein klassisches Beispiel hierfür ist das Perlboot, auch *Nautilus* genannt.

Der *Nautilus* ist ein Verwandter der Tintenfische und gehört zusammen mit ihnen zu den Kopffüßern. Passenderweise wird sein stählerner Namensvetter in Jules Vernes Roman «20 000 Meilen unter dem Meer» von einem Riesenkalmar angegriffen. Und wie das Unterseeboot besitzt auch der *Nautilus* eine Schale. Diese Eigenschaft hat seine Linie von den ältesten Vorfahren der heutigen Kopffüßer vor rund 500 Millionen Jahren übernommen. Moderne Tintenfische haben ihre Schale im Laufe ihrer Evolution jedoch verloren. Wenn Sie einen Kanarienvogel besitzen oder gelegentlich am Strand spazieren gehen, dann kennen Sie eventuell Schulp. Diese weißen, klingenförmigen Objekte sind die inneren Stützskelette von Tintenfischen und die evolutionären Überbleibsel der äußeren Schale, die beim Perlboot noch vorhanden ist. (Falls Sie jetzt noch überlegen, was der Schulp mit Kanarienvögeln zu tun hat: Vogelliebhaber hängen ihn gerne in den Käfig, damit sich ihr Piepmatz mit genug Calcium versorgen kann.)

Auch andere Eigenschaften unterscheiden den *Nautilus* von seinen schalenlosen Verwandten: Er besitzt eine große

Nautilus (Perlboot) ist ein klassisches Beispiel für ein «Lebendes Fossil». Das Perlboot ist ein Überlebender einer einst vielfältigen Gruppe und im Stammbaum noch ursprünglicher als die bereits ausgestorbenen Ammoniten. Mit diesen teilt es einige Gemeinsamkeiten wie eine gekammerte, mit Gas gefüllte Schale. Diese Eigenschaften sind bei der anderen heute lebenden Kopffüßer-Gruppe, den Tintenfischen, im Laufe der Evolution zugunsten von Geschwindigkeit reduziert worden.

Anzahl an Tentakeln, die noch keine Saugnäpfe haben, und er schaut durch ein einfaches Lochkamera-Auge in die Welt, das sich erst im Laufe der Evolution der Tintenfische zu einem Linsenauge, ähnlich dem unseren, weiterentwickelte. Der *Nautilus* lässt sich also aufgrund seiner vielfältigen ursprünglichen Merkmale, die seine nächsten Verwandten bereits verloren oder verändert haben, mit Fug und Recht als «Lebendes Fossil» bezeichnen.

Der letzte Punkt in der Liste wird auch Lazarus-Effekt genannt (nach dem christlichen Heiligen, der wiedererweckt worden sein soll) und umfasst nicht selten Tiere und Pflanzen, die zuerst als Fossilien und später als heute noch lebende Formen entdeckt wurden. Der wohl bekannteste Vertreter ist der Quastenflosser. Viele Arten dieses nahen Verwandten der Lungenfische (und auch der Landwirbeltiere) waren bereits als Fossil bekannt. Da die jüngsten Fossilien jedoch aus der Kreidezeit stammten, vermuteten die Paläontologen, dass Quastenflosser mit dem großen Aussterben am Ende der Kreidezeit verschwunden wären. Erst in den dreißiger Jahren entdeckte eine Wissenschaftlerin auf einem Fischmarkt in Südafrika einen Quastenflosser, den einheimische Fischer gefangen hatten. Einige Jahre später wurden vor den Komoren weitere Funde gemacht, und die Forscher stellten fest, dass der Quastenflosser der lokalen Bevölkerung als mäßig beliebter Speisefisch und mit seinen rauen Schuppen als Schmirgelpapierersatz durchaus bekannt war.

Hier sei angemerkt, dass Wissenschaftler mitunter auf lokalen Märkten erstaunliche Entdeckungen machen. So wurde 2005 ein anderer Fall des Lazarus-Effekts bekannt, als Exemplare der Laotischen Felsenratte auf einem Markt in

Laos gefunden und dort regelmäßig zum Verzehr angeboten wurden. Sie gehört einer Familie innerhalb der Nagetiere an, deren letzte Vertreter seit elf Millionen Jahren als ausgestorben galten.

Wie erklären sich aber solche lebenden Fossilien, an denen die Zeit scheinbar spurlos vorübergeht?

Wie so oft in der Wissenschaft spielen hier mehrere Faktoren eine Rolle, und sie lassen sich nicht pauschal auf alle Vertreter in gleicher Weise anwenden. Auch werden viele lebende Fossilien in der Evolutionsforschung aktuell untersucht, um den teils tatsächlichen, teils vermeintlichen Stillstand besser zu verstehen. Aber schauen wir uns die Dinge an, die bereits gut erforscht sind. Ihnen ist vielleicht aufgefallen, dass in diesem Kapitel oft von «Aussehen» oder «optisch» die Rede war. Dies liegt daran, dass wir optischen Gemeinsamkeiten und Unterschieden subjektiv eine starke Bedeutung beimessen – aufgrund unserer Natur verlassen wir uns häufig auf unseren Sehsinn. Außerdem nutzen wir sichtbare Unterschiede, um fossile Arten voneinander zu unterscheiden, da uns Analysen des Genoms und der Weichteile in der Regel nicht zur Verfügung stehen. Von daher ist es völlig nachvollziehbar, dass wir annehmen, dass sich ein Quastenflosser in den letzten 66 Millionen Jahren nicht verändert hat, wenn sich nur wenige nennenswerte Unterschiede zwischen dem Skelett der heute lebenden und der fossilen Arten finden lassen. Aber bedeutet wenig Änderung, bezogen auf den fossil überlieferten Teil des Tieres (die Hartteile), auch automatisch einen Stillstand für die gesamte Entwicklung?

Keinesfalls. Denn die heutigen Quastenflosser leben in einem sehr speziellen Lebensraum. Sie kommen in Höhlensystemen in kaltem Wasser in Tiefen bis 500 Metern vor. Die harschen Bedingungen ermöglichen es nur wenigen Fischen, sich dort aufzuhalten, und die meisten von ihnen sind wesentlich kleiner als die rund zwei Meter langen Quastenflosser. Diese haben einen extrem langsamen Metabolismus entwickelt und bewegen sich äußerst wenig. Dadurch können sie auch mit der wenigen vorhandenen Nahrung überleben (und erreichen als Nebeneffekt meist auch ein hohes Alter). Ihre Augen sind, nicht zuletzt aufgrund ihrer Größe, gut an die schlechten Lichtverhältnisse in den Tiefen angepasst, und ihre Schuppen zeigen ein Muster, das sie für ihre Beute vor den muschelbesetzten Wänden des Höhlensystems fast unsichtbar macht. Im Vergleich dazu sind viele fossile Quastenflosser aus Sedimenten bekannt, die sich in flachem Wasser abgelagert haben und die dementsprechend auch eine wesentlich aktivere Lebensweise gehabt haben dürften, da ihr Lebensraum mehr Beute, aber auch mehr Räuber und höhere Wasserbewegungen aufwies. Die fehlenden Fossilien von Quastenflossern für den Zeitraum der letzten 66 Millionen Jahre werden in diesem Licht ebenfalls besser verständlich, da tiefmarine Gesteine deutlich seltener geologisch erhalten sind und meistens an Subduktionszonen ins Erdinnere abtauchen. Somit sind viel weniger Fossilien aus diesen Regionen der Meere erhalten. Die Vermutung liegt darum sehr nahe, dass die heutigen Quastenflosser in tiefere Bereiche abgewandert sind und so für 66 Millionen Jahre unter dem Radar der Paläontologie blieben. In diesem neuen Lebensraum entwickelten sie spezielle Anpassungen, die ihre Vorfahren aller Wahrscheinlichkeit nach noch nicht besessen haben dürften. Von daher müssen wir uns bewusst sein, dass große Ähnlichkeit im Skelett zwischen Fossilien und heute lebenden Arten nicht zwangsweise evolutionären Stillstand bedeutet. Doch diese Erklärung lässt sich längst nicht auf alle lebenden Fossilien anwenden. Der oben genannte Urzeitkrebs *Triops* hat beispielsweise weder sein Aussehen noch seinen Lebensraum stark geändert. Auch andere Aspekte deuten nicht darauf hin, dass sich heutige Vertreter in wichtigen Punkten von ihren Vorfahren unterscheiden. Bei der Gattung *Triops* scheint der Schlüssel für ihre langsame Entwicklung in der besonderen Widerstandsfähigkeit zu liegen. Der Grund, warum Urzeitkrebse von den Herstellern so beliebte Beigaben in Experimentierkästen und Zeitschriften sind, liegt darin, dass sie Zysten ausbilden («Dauereier»), die sich über mehrere Jahre auch unter widrigen Bedingungen halten können. Kommen sie irgendwann wieder mit Wasser in Kontakt, beginnt die Entwicklung der Embryonen (im Vergleich dazu wären Hühnereier als Beigabe wesentlich ungeeigneter). Die kleinen Kerlchen sind also relativ robust, und ihre Eier können auch mehrere Jahre ungünstiger Bedingungen überstehen (bedenken Sie das, wenn Sie gerade über die Anschaffung eines Hamsters nachdenken).

Ein weiterer, etwas größerer Vertreter der Gliederfüßer und ein wahres Paradebeispiel für ein lebendes Fossil ist der *Limulus* oder Pfeilschwanzkrebs (streng genommen handelt es sich hierbei nicht um einen Krebs, sondern einen Verwandten der Spinnen). Die äußere Form der Exemplare dieser sehr alten Gruppe hat sich seit dem Erdmittelalter kaum verändert. Und das, obwohl ihr Lebensraum, das Meer, durchaus deutlichen Umwälzungen unterlag und viele marine Organismen sich veränderten oder ausstarben. Die relative Stasis des Pfeilschwanzkrebses resultiert besonders aus seiner hohen Toleranz gegenüber extremen Umweltbedingungen: Er kann – im Gegensatz zu anderen Organismen – verschiedene Temperaturen und Salzgehalte gut wegstecken, und die große Anzahl an Eiern macht ihn weniger anfällig für plötzliche Katastrophen. Auch wenn der Lebensraum des *Limulus* Schwankungen unterliegt, ist seine Toleranz so groß, dass größere Anpassungen nicht notwendig waren. Abschließend lässt sich sagen, dass es «das typische» lebende Fossil nicht gibt und die jeweiligen Fälle sich bei näherer Betrachtung deutlich unterscheiden. Doch während der Begriff selbst, wegen seiner vagen Definition, nicht oft Verwendung findet, so werden die jeweiligen Tiere und Pflanzen umso intensiver studiert.

Porträt eines Fossils – woher weiß man, wie ausgestorbene Tiere ausgesehen haben?

Wenn Sie einmal in einem Naturhistorischen Museum waren, sind die Chancen hoch, dass Sie vor einem montierten Dinosaurierskelett gestanden haben. Die Chancen sind ebenfalls hoch, dass es sich hierbei teilweise oder gänzlich um Repliken handelte. Besonders dann, wenn das Skelett vollständig war, ist es nahezu sicher, dass Teile nachgemacht wurden.

Einer der Gründe für diese zugegebenermaßen enttäuschende Tatsache liegt darin, dass man bei seltenen Stücken als Kurator immer abwägen muss, ob man die notwendige Bearbeitung dem mitunter zerbrechlichen Fossil zumuten will (von dem Risiko, dass der kleine Kevin gerne mal auf einem Dino reiten will, ganz zu schweigen). Ein anderer, eher weniger bekannte Grund ist, dass einige ausgestorbene Lebewesen nur durch einzelne Teile, wie beispielsweise einige wenige Knochen, bekannt sind.

Dies ist auch bei vielen Dinosauriern der Fall. Wenn wir uns beispielsweise einen Sauropoden (die wir später noch besser kennenlernen werden) vorstellen, dann sehen wir vor unserem geistigen Auge ein mitunter sehr großes Tier mit einem sehr langen Hals, einem massiven Körper und einem kleinen Kopf. Wenn wir dieses Tier nun sterben und zersetzen lassen (ich weiß, eine schreckliche Vorstellung: «Das ganze leckere Fleisch!»), dann bleibt am Ende ein sehr langes Skelett übrig, bei dem der Schädel weit vom Körper entfernt liegt. Dadurch wird er leicht durch Aasfresser, Schwerkraft, Strömung und ähnliche Prozesse vom Rest des Körpers getrennt, bevor das Tier überhaupt zum Fossil wird. Und selbst wenn es die Jahrmillionen vollständig als Fossil überdauert, ist es sehr wahrscheinlich, dass der Schädel schnell verwittert, sobald er an die Oberfläche kommt. Im Gegensatz zu den massiven Elementen des Rumpfes besteht er nämlich aus relativ dünnen Knochen. Zu guter Letzt ist die Chance, einen großen Knochen, wie beispielsweise den Oberschenkelknochen, im Gelände zu entdecken, natürlich größer.

Sollten Sie diesen aus dem Gestein ragen sehen, ist der dazugehörige Kopf entweder schon vor einiger Zeit abgetragen worden, oder der Schädel befindet sich noch bis zu 20 Meter tief in der Felswand. Oder er fehlt eben ganz, da er gar nicht zusammen mit dem Körper eingebettet wurde. Diesen Umständen ist zu verdanken, dass wir insbesondere Sauropodenschädel sehr selten finden.

Wenn Sie jetzt skeptisch werden, wie viel Wissenschaft

und wie viel Phantasie letztendlich in den Skelett- und Lebendrekonstruktionen ausgestorbener Tiere steckt, dann möchte ich Sie in diesem Kapitel mit einigen Elementen der Wissenschaftstheorie vertraut machen. Wir werden uns mit dem Stammbaum des Lebens noch eingehender beschäftigen. Nur so viel schon vorab: Sämtliche Lebewesen stehen in engen oder weiter entfernten Verwandtschaftsbeziehungen zueinander. Wenn ich den Stammbaum der heutigen Lebewesen kenne und weiß, zu welchen Gruppen mein Fossil gehört, so hilft mir dies ungemein bei der Rekonstruktion dieses Tieres.

Ein Beispiel: Stellen wir uns einmal vor, Sie hätten noch nie einen Hund gesehen oder etwas von Hunden gehört. Jetzt finden Sie eines Tages einen Hundeschädel. Sie vergleichen den Schädel in einem Museum mit einem Fuchs und einem Wolf und kommen zu dem Schluss, dass Ihr Hund offensichtlich eng mit diesen verwandt gewesen sein dürfte. Anschließend werden Sie gebeten, einzuschätzen, wie der Rest des Tieres ausgesehen haben könnte. Wie sähe Ihre Rekonstruktion aus? Würden Sie aufgrund der Informationen über seine Verwandtschaft ein Skelett vermuten, das Wolf und Fuchs sehr ähnlich sieht, oder gäben Sie ihm stattdessen noch Flügel oder gar Flossen? Wenn Sie nichts davon halten, Ihren Hund mit Dingen wie Kiemen, Schnabel oder Flossen auszustatten, haben Sie, ohne es zu wissen, gerade ein Prinzip der Wissenschaftstheorie mit dem Namen Ockhams Rasiermesser angewandt (ansonsten haben Sie eine Schimäre erschaffen und sollten einen Neurologen aufsuchen). Dieses Prinzip, das auch als Sparsamkeitsprinzip bekannt ist, sagt aus, dass im Falle mehrerer gleichsam wahrscheinlicher Hypothesen, die als mögliche Erklärungen eines Phänomens in Betracht kommen, diejenige Hypothese zu bevorzugen ist, die mit den wenigsten Schritten auskommt. In unserem Beispiel schlussfolgern wir in etwa so: «Ich kenne Tiere mit ähnlichen Schädeln, also gehe ich davon aus, dass sich auch die Skelette ähnlich gesehen haben dürften.» Gegen Zusätze wie Flügel, Flossen oder Höcker spricht, dass wir einen weiteren Schritt benötigen, um diese Elemente zu unserer Rekonstruktion hinzuzufügen. Dieser Schritt kann natürlich nie hundertprozentig ausgeschlossen werden, da er theoretisch möglich ist. Aber solange wir keine entsprechenden Hinweise finden, macht er unsere Rekonstruktion nur unwahrscheinlicher.

Nur: Wie sieht das in der Praxis aus, wenn wir unseren oben angesprochenen, nur halb vollständigen Sauropodenfund für eine Museumsausstellung nach diesem System ergänzen wollen?

Zuerst müssen wir wissen, um welche Tierart es sich handelt. Dazu schauen wir uns die Knochen sehr detailliert an. Nachdem anhand von anatomischen Details die genaue Art bestimmt wurde, vergleichen wir das Exemplar mit seinen nächsten Verwandten, um zu sehen, wo es im Stammbaum hingehört. (Genauer gesagt: Jedes kleinste Detail wird mathematisch mit 0 oder 1 codiert, in eine riesige Matrix eingegeben, in der bereits alle näheren Verwandten in Form von Zahlenkolonnen vorhanden sind, und anschließend wird auf Basis verschiedener Algorithmen der Stammbaum berechnet ... Da dieses Buch ihnen aber ein unterhaltsames Bild der Wissenschaft vermitteln soll, gehen wir darauf besser nicht im Detail ein.)

Sollte von der gleichen Art bereits ein Schädel aus anderen Funden bekannt sein, so kann man dessen Kopie für unser Individuum verwenden, sofern die Größe übereinstimmt. Wenn von dieser Art noch kein Schädel bekannt ist, schaut man sich in der unmittelbaren Verwandtschaft um. Als heutiges Beispiel könnte man auf ein Tigerskelett auch einen Löwenschädel setzen. In diesem Fall hätten selbst Experten Schwierigkeiten, die Unterschiede auf den ersten Blick zu sehen. Sollte auch kein Löwenschädel bekannt sein, so wären andere, größenmäßig entsprechend angepasste Großkatzenschädel, wie zum Beispiel ein Jaguarschädel, zumindest eine gute Annäherung an die Wirklichkeit. Und selbst der Schädel einer Hauskatze würde, wenn die Größe angepasst ist, als Modell zumindest einen guten Eindruck von einem Tigerschädel vermitteln (denn wir reden hier nur von den Knochen und nicht vom ganzen Kopf). Wenn wir also für unseren gefundenen Sauropoden die liebe Verwandtschaft Modell stehen lassen, so wird es sicher Abweichungen von der Wirklichkeit geben, wir nähern ihr uns jedoch auf eine sinnvolle Weise so nah an wie möglich.

Generell lässt sich sagen, dass die Unsicherheit über die Rekonstruktion von Lebewesen zunimmt, je detaillierter diese wird. Nachdem wir alle fehlenden Knochen für unseren Sauropoden ergänzt haben, beschließt das Museum, auch das vollständige Tier neben dem Skelett abbilden zu wollen. Auf einmal sehen wir uns mit einer Reihe von Fragen konfrontiert: Welche Farbe hatte die Haut? Hatte das Tier besondere Weichteile wie große Ohren oder sogar einen Rüssel? Welche Struktur hatte die Haut? Wie viel Fleisch sollte auf den Knochen sein (ohne die Gefühle des Dinos zu verletzen)?

Betrachten wir die Punkte einzeln unter dem Aspekt von Ockhams Rasiermesser. Die einfachste Frage ist sicher die nach Ohren oder Rüssel. Für unseren lebenden Dinosaurier würden wir auf derartige Strukturen verzichten. Warum fällt die Antwort so deutlich aus? Wir können Ohren und Rüssel zwar nicht ausschließen, ohne dass ein Schädel mit sehr guter Weichteilerhaltung gefunden wurde, der die Sache eindeutig klärt. Solange dies aber noch nicht der Fall ist, richten wir uns bei unserer Rekonstruktion danach aus, wie naheliegend unsere Vermutungen sind. Weder finden wir Rüssel oder große Ohrmuscheln bei den heute lebenden Verwandten (in diesem Fall Vögel und Krokodile, mehr dazu später), noch gibt es sonstige Hinweise auf solche Strukturen bei den Weichteilfunden, die wir bisher von Dinosauriern haben. Dementsprechend positionieren wir uns bei dieser Frage ganz klar konservativ (ich hätte nie gedacht, dass ich diesen Satz einmal schreibe). Anders sähe die Sache aus, wenn man an einem Schädel raue Muskelansatzstellen finden würde, wie wir sie von heutigen Tieren mit Rüsseln kennen. Dann wäre eine Abbildung mit einem Rüssel mitunter die sparsamste Annahme.

Für die Hautstruktur greifen wir auf sehr gut erhaltene Funde zurück, die zumindest für die Sauropoden ein Muster aus rundlichen Schuppen zeigen. Die Frage nach dem Gewicht ist schon schwieriger. Eine erkennbare Tendenz ist, dass Dinosaurier seit den ersten Rekonstruktionen vom 19. Jahrhundert bis heute meist schlanker und schlanker wurden. Dies ist unter anderem auf die Erkenntnis zurückzuführen, dass die meisten Dinosaurier recht aktiv gewesen sein dürften. Außerdem ist im Falle unseres Sauropoden nicht zu vernachlässigen, dass das Tier imstande gewesen sein muss, sein Gewicht überhaupt noch tragen zu können. Auf der anderen Seite darf man auch nicht dazu verleitet sein, sich ausschließlich am Skelett zu orientieren und dem Tier lediglich «Haut überzuziehen». Solche sehr schlanken Exponate werden von den Künstlern und Paläontologen, die sich intensiv mit Rekonstruktionen befassen, mitunter scherzhaft als «Shrink wrapping» bezeichnet (was so viel bedeutet wie «enges Einschweißen in Folie»). Wir müssen den einzelnen Muskelpartien Rechnung tragen und davon ausgehen, dass die Körperkontur wahrscheinlich zu einem gewissen Teil von der jeweiligen Skelettform abwich.

Kommen wir also nun zur letzten Frage. Welche Farbe hatte unser Dinosaurier? Tja, wir wissen es leider nicht. Während die genauen Farben im Dunkeln bleiben müssen, könnten wir es aber mit der Frage versuchen, wie farbenfroh Dinosaurier ausgesehen haben dürften. Hier stoßen wir aber ebenfalls an die Grenzen von Ockhams Rasiermesser. Denn der Blick ins heutige Tierreich ist nicht eindeutig. Während ein Krokodil in seiner Färbung unauffällig und perfekt getarnt ist, sind viele Vögel bunt. Letzteres ist mit den Phänomenen der sexuellen Selektion zu erklären. Vereinfacht gesagt signalisiert dies: «Schaut mich an, ich bin in Form, ich kann mir den Luxus erlauben, mich auffällig zu schmücken.» (Diesen Zweck erfüllen bei uns heute zum Beispiel teure Sportwagen.) Für beide Hypothesen, Tarnung wie auch Schmuck, gibt es Argumente, die gleichberechtigt nebeneinanderstehen. Dementsprechend finden sich heutzutage vermehrt farbenfrohe Abbildungen von Dinosauriern in Fachbüchern und Museen. Es bleibt uns also selbst überlassen, wie wir unseren Sauropoden anmalen wollen. Ein Kompromiss zwischen beiden Annahmen wäre beispielsweise eine dezente, unauffällige Färbung (z. B. Grün- oder Brauntöne) für den größten Teil des Körpers und eine auffälligere Färbung (z. B. Rot) an einer markanten Stelle, wie beispielsweise der Seite des Halses.

Dennoch gelingt es Wissenschaftlern mitunter auch, genaue Farben aus der Zeit der Dinosaurier zu rekonstruieren. In den 1920er Jahren fanden Teilnehmer einer Expedition in die Wüste Gobi fossile Nester voller Dinosaurier-Eier. Diese waren etwa sechs Zentimeter lang und oval geformt. Dicht bei ihnen lagen die Überreste eines kleinen Raubsauriers. Er war etwa anderthalb Meter lang und hatte einen kurzen kräftigen Schnabel. Von den Wissenschaftlern wurden er und seine Verwandten Oviraptorosaurier, also Eierräuber, getauft. Lange Zeit wurde er fälschlicherweise verdächtigt, gezielt Nester geplündert zu haben. Erst in den 1990ern entdeckte man dann Fossilien von Dinosauriern, die bei ihrem Tod auf den Eiern gesessen hatten. So wandelte sich die Einschätzung: Aus dem Räuber wurde ein aufopfernd brütendes Tier. Und während die Farbe der Tiere selbst bis heute im Unklaren blieb, so haben molekulare Untersuchungen an den Eierschalen im Jahr 2015 zeigen können, dass sie bläulich bis grünlich gefärbt waren, um in den offenen Gelegen vor Räubern getarnt zu sein.

Besonders spannend werden Rekonstruktionen, wenn man Lebewesen anfangs nur über einzelne Teile ihres Körpers kennt. In solchen Fällen lassen sie sich zwar grob im Stammbaum einordnen, aber viele Details des Körpers bleiben im Unklaren. Eines dieser Mysterien waren lange Zeit die Conodonten (Kegelzähne).

Stellen Sie sich vor, Sie wären ein Paläontologe in der Mitte des 19. Jahrhunderts. Mit einem handgefertigten Mikroskop, das über Spiegel beleuchtet wird, schauen Sie sich Mikrofossilien an, die Sie zuvor aus marinen Sedimenten gelöst haben. Ihnen fallen einige winzig kleine Fossilien auf, die wie formenreiche «Zähne» aussehen. Obwohl Sie nicht wissen, zu welchem Tier sie gehören, begegnen sie Ihnen wieder und wieder in Gesteinen, die einen Zeitraum von mehr als 300 Millionen Jahren abdecken (okay, Letzteres wissen Sie eigentlich noch nicht, die Datierung steckte damals noch in den Kinderschuhen). Die kleinen Fossilien sind unglaublich vielfältig, und dennoch erinnern sie immer an Zähne. Aber das Beeindruckende ist, dass viele Formen sich bestimmten Gesteinsschichten und den damit verbundenen Zeitaltern zuordnen lassen (Stichwort Leitfossil). Dennoch finden Sie nie das ganze Tier. Mehr, als dass es sich wahrscheinlich um ein Wirbeltier oder einen näheren Verwandten handelt, können Sie nicht sagen. Und dann werden Sie alt und sterben nach einer langen Karriere als Wissenschaftler, aber ohne jemals die Antwort auf die Frage nach dieser spannenden Gruppe gefunden zu haben. Traurig, was? Eigentlich sollte ich an dieser Stelle die Erzählung aus dramaturgischen Gründen beenden, doch mein Lektor zwingt mich, die Geschichte zu Ende zu erzählen.

Es folgt die nächste Generation von Wissenschaftlern, immer neue Formen werden gefunden, und das Verständnis darüber, wo und in welchen Schichten welche Conodonten gefunden werden, wächst und wächst. Allein die Frage nach dem dazugehörigen Tier wird nicht gelöst. Weitere Generationen folgen, die «Zähne» werden chemisch analysiert, und immer mehr Details kommen ans Tageslicht. Auch Hypothesen, wie der Besitzer der Zähne ausgesehen haben könnte, bleiben nicht aus. Diese unterscheiden sich zum Teil deutlich, da die Position im Stammbaum lange Zeit sehr umstritten war.

Eine Generation von Wissenschaftlern nach der anderen muss sich mit dem unbefriedigenden Zustand abfinden, dass eine derartig große und formenreiche Tiergruppe weiter im Dunkeln bleibt. Bis zum Jahr 1983, in dem die Veröffentlichung eines Fundes aus Schottland endlich das Rätsel löst – nach über 125 Jahren. Es handelte sich um ein Exemplar in einer Fossillagerstätte, die die Weichteilerhaltung ermöglicht hatte. So sah man zum ersten Mal den Grund dafür, warum man all die Jahre nur Zähne des Tieres gefunden hatte. Es handelte sich um ein wenige Zentimeter langes aalartiges Lebewesen, vergleichbar mit einem Neunauge. Da er aber noch sehr urtümlich war und sich im Stammbaum der Wirbeltiere tief an der Basis befand, besaß er noch kein verhärtetes Skelett (wie es moderne Fische haben), das hätte erhalten bleiben können, sodass an den meisten Fundstellen nur Teile des Kieferapparates überliefert wurden. Bis heute sind nur wenige gut erhaltene Exemplare, die das gesamte Tier zeigen, bekannt.

Ironie der Geschichte: Das 1983 als erstes beschriebene Fundstück befand sich auf einer Schieferplatte, die bereits 1925 entdeckt und anschließend archiviert wurde. Offensichtlich hatte man das kleine Tierchen übersehen oder zumindest ohne eingehende wissenschaftliche Untersuchung die Conodonten-Zähne nicht bemerkt. So oder so: Des Rätsels Lösung lag viele Jahrzehnte unbemerkt in einer Schublade, während unzählige Wissenschaftler sich die Köpfe zerbrachen.

Auch bei der Rekonstruktion von Säugetieren kam es immer wieder zu Irrtümern und nachfolgenden Korrekturen. Ein Tier, das in mehrfacher Hinsicht korrigiert wurde, ist das *Deinotherium*. Erste Entdeckungen dieser mit den heutigen Elefanten verwandten Tiere gab es bereits vor einigen Jahrhunderten. Doch reichten die Funde nie aus, um sie einordnen zu können. Der berühmte Naturforscher Georges Cuvier (1769–1832) gelangte in den Besitz eines Backenzahns und schloss auf einen großen Tapirverwandten. Dieser Irrtum ist völlig nachvollziehbar, da die Zähne des *Deinotherium* tatsächlich auf den ersten Blick viel mehr Gemeinsamkeiten mit denen von heutigen Tapiren aufweisen als mit denen von Elefanten. Cuvier ist in die Falle der «konvergenten Evolution» getappt. Dies kann ihm jedoch kaum angelastet werden, da er vor Darwins revolutionären Veröffentlichungen lebte und so weder von Konvergenz noch Evolution gehört hatte (wir befassen uns mit diesen Begriffen näher im Kapitel «Der Stammbaum des Lebens»). Selbst Vermutungen, dass es sich bei dem Tier um eine Seekuh gehandelt haben könnte, kamen auf. Als man einen gebrochenen Unterkiefer mit Stoßzähnen fand, wurde klar, dass es sich wahrscheinlich um einen Verwandten der Elefanten handeln musste. Allerdings unterschied er sich deutlich von heutigen Elefanten, bei denen die Stoßzähne im Oberkiefer sitzen. Da der Unterkiefer in der Mitte in zwei Hälften gebrochen war, wurden Zeichnungen angefertigt, um zu zeigen, wie er unbeschädigt ausgesehen hätte. In diesen Abbildungen zeigten die Stoßzähne nach oben. Erst der Fund eines Schädels in zehn Millionen Jahre alten Sandablagerungen des Ur-Rheins offenbarte, wie das Tier tatsächlich ausgesehen hat (für die Stratigraphen unter uns: Wir befinden uns im oberen Miozän). Zur Verblüffung der Forscher war der Kiefer so gebogen, dass die Zähne nach unten und mit ihren Spitzen sogar leicht nach hinten zeigten. Neuere Untersuchungen an den Abnutzungsspuren lassen darauf schließen, dass die Stoßzähne zum Abschälen von Rinde und dem Herunterziehen von Zweigen genutzt wurden. Fast zweihundert Jahre nach ihrer ersten Beschreibung und unzählige umfangreiche Funde später haben wir ein sehr gutes Verständnis dieser Tiergruppe, die noch bis vor etwa einer Million Jahre gelebt hat. Dennoch bleibt *Deinotherium* eines der ungewöhnlichsten Tiere, die die Paläontologie wieder zum Leben erweckt hat. (Dies ist natürlich rein metaphorisch gemeint! Ich will hier nicht für weitere unsägliche Schlagzeilen in den Boulevardmedien sorgen, die es immer mal wieder über Fossilien gibt.)

Haben Sie einmal ältere Dinosaurierbilder gesehen, bei denen große Sauropoden bis zum Hals im Wasser standen? Bilder, auf denen Dinosaurier ihre Schwänze hinter sich auf dem Boden liegen haben? Oder Abbildungen eines zotteligen «Höhlenmenschen» mit einer Keule in der Hand und einem Gesichtsausdruck, der tiefgründige, philosophische Gedankengänge gänzlich vermissen lässt? Diese können die Lebewesen zwar rein optisch korrekt darstellen (was nicht heißen soll, dass das immer der Fall ist), dennoch unterscheiden sie sich oft in gravierenden Punkten von modernen Rekonstruktionen. Wenn ausgestorbene Lebewesen rekonstruiert werden, reicht es oft nicht aus, zu bestimmen, wie das Tier wahrscheinlich ausgesehen hat. Meistens stellen sich weitere Fragen: Wie hat es sich in seiner Umwelt verhalten? Wo hat es gelebt? Wie war seine Körperhaltung? Um derartige Fragen beantworten zu können, müssen die jeweiligen zugrunde liegenden Fossilien meist im Detail mit Methoden aus unterschiedlichen Disziplinen untersucht werden, um ihnen ihre Geheimnisse zu entlocken. Das Fachgebiet der Paläontologie, das sich mit der

Das *Deinotherium* war ein entfernter Verwandter der Elefanten. An seiner großen Nasenöffnung saß ein Rüssel. Die Stoßzähne entwickelten sich unabhängig zu denen der heutigen Elefanten und saßen anders als bei diesen im Unterkiefer. Sie waren nach unten gebogen, was bei der Entdeckung eines vollständigen Schädels für Überraschung sorgte. Die Backenzähne waren auf das Schneiden von Blättern und weicher Pflanzennahrung spezialisiert. Die ältesten Deinotherien sind ca. 22 Millionen Jahre alt, während ihre letzten Vertreter vor etwa einer Million Jahre ausstarben.

Lebensweise von ausgestorbenem Leben beschäftigt, nennt man Paläobiologie.

Um den Lebensraum eines Fossils zu bestimmen, hilft meist ein genauer Blick in das Gestein, in dem es gefunden wurde. Geologische Karten zeigen neben dem Alter des Gesteins auch an, wie es entstanden ist. Ob es sich zum Beispiel um Schichten aus einem ehemaligen küstennahen Sumpf handelt oder um Gesteine, die sich in einer Wüste im Inneren eines Kontinents abgelagert haben, erfährt man so oft mit einem Blick. Aber Vorsicht! Transport und Ablagerung können auch Tiere vom Ort ihres Todes entfernt haben, sodass sie später als Fossilien in Schichten auftauchen, in denen sie nicht gelebt haben. Der Fachmann unterscheidet zwischen autochthonen und allochthonen Fossilien. Allochthon bezeichnet zum Beispiel den Umstand, dass ein Tier einige Kilometer von der nächsten Küste entfernt gelebt hat und seine Knochen nach seinem Ableben mit einem Fluss ins Meer transportiert und dort in flachmarinen Sedimenten eingelagert wurden. Ob ein solcher Transport stattgefunden hat, lässt sich anhand einiger Kriterien feststellen: Ist das Fossil nahezu vollständig? Je vollständiger es ist, desto kürzer war der Transport. Finden sich Transportspuren? Genau wie Geröll in Flüssen werden Überreste wie Knochen oder Schalen beim Transport abgerundet. Autochthon bezeichnet dementsprechend, dass das Fossil dort eingebettet wurde, wo es ums Leben gekommen ist.

Auch hilft gesunder Menschenverstand oft weiter. Finden wir beispielsweise das vollständig erhaltene Skelett eines Urpferdchens in den Seesedimenten der Grube Messel, so ist es logisch, dass das Tier nicht im See, wohl aber in seiner unmittelbaren Umgebung gelebt hat. Neben dem

Zerfall von Tieren gehören auch diese Transportprozesse in den Forschungsbereich der Taphonomie. So wird beispielsweise untersucht, wie lange bestimmte Tiere an der Oberfläche treiben, um einschätzen zu können, wie weit ein Kadaver transportiert werden kann, bevor er zerfällt (Taphonomie ist eine spannende, aber bisweilen übel riechende Wissenschaft). Eine besonders skurrile Untersuchung ist mir im Gedächtnis geblieben: Um festzustellen, ob der Kadaver eines kleinen Säugetiers auch dann treibt, wenn er von einem Raubvogel über einem See fallen gelassen wurde, oder ob sich das Fell durch den Aufprall stärker mit Wasser vollsaugt und das Tier sinkt, wurde einmal ein leider verstorbener Maulwurf vom dritten Stock unseres Instituts durch eine Plexiglasröhre an einer Highspeedkamera vorbei in ein Wasserbecken geworfen (mit dem erwarteten Effekt, dass er schon bald wieder an der Wasseroberfläche trieb. Man bekommt als Paläontologe wirklich einiges zu sehen …).

Neben der Taphonomie helfen auch weitere Informationen wie die Auswertung von Pflanzenpollen im Gestein, die Analyse von Sauerstoffisotopen zur Bestimmung der Temperatur oder eine Faunenzusammenstellung aller zusammen gefundenen Arten. So kann man ein möglichst genaues Bild des Lebensraumes erstellen. Im Falle unseres Urpferdchens aus der Grube Messel zeichnete sich so beispielsweise das Bild eines Vulkansees inmitten eines subtropischen Regenwaldes ab. Hierbei sei auch angemerkt, dass nicht nur die geologischen Untersuchungen dabei helfen, den Lebensraum von Fossilien zu verstehen. Im Umkehrschluss können Fossilien dazu beitragen, ein besseres Verständnis über die geologischen Bedingungen zu gewinnen. Sofern man sich unsicher ist, ob die Gesteine sich in einem See oder im Meer gebildet haben, kann das Fossil eines Meeresbewohners Klarheit verschaffen.

Selbst Aussagen über die Jahresdurchschnittstemperatur können auf diese Weise teilweise getroffen werden. So zeugen Fossilien von Alligatoren in rund 55 Millionen Jahre alten Gesteinen der nordkanadischen Insel Ellesmere Island von einem – selbst in sehr weit nördlichen Breitengraden – äußerst milden Klima für diese Epoche.

Ein weiterer Punkt, der eine wichtige Rolle spielt, wenn ausgestorbene Lebewesen dargestellt werden sollen, ist ihre Haltung. Dies ist besonders spannend, wenn wir unsere eigene Geschichte untersuchen. Im Laufe der letzten plus/minus fünf Millionen Jahre entwickelten unsere Vorfahren einen aufrechten Gang. Und während dieser Prozess wie alle evolutionären Entwicklungen nicht schlagartig, sondern schrittweise ablief, stellt sich bei jeder neu gefundenen Art auf unserer Entwicklungslinie die Frage, wie aufrecht ihre Haltung war. Das lässt sich besonders durch die Untersuchungen von Oberschenkel- und Beckenknochen beantworten. An dieser Stelle brauche ich wohl kaum zu erwähnen, dass die meisten Funde von frühen Menschenformen lediglich aus Schädelelementen oder Zähnen bestehen (wenn es zu einfach wäre, wäre es ja langweilig).

Doch ein besonderer Fund konnte der Wissenschaft weiterhelfen. Hinter dem sympathischen Namen Lucy verbirgt sich das Teilskelett einer etwa ein Meter großen Frau der Gattung *Australopithecus*. Sie lebte vor etwa 3,2 Millionen Jahren im heutigen Äthiopien. *Australopithecus* war eine Gattung … tja, wie formuliere ich das jetzt am besten? Affenähnlicher Menschen? Menschenähnlicher Affen? Wissenschaftlich gesehen ist diese Unterscheidung zwischen Menschen auf der einen und Affen auf der anderen Seite sowieso nicht aufrechtzuerhalten. Am ehesten trifft es wohl zu, wenn man sagt, dass *Australopithecus* einer der menschenähnlichsten Primaten war, der nicht innerhalb der Gattung *Homo*, also der des eigentlichen Menschen, steht. Anhand seiner Eigenschaften können wir viel über unsere Entwicklung lernen. Und da kommt Lucy ins Spiel. Ein absoluter Glücksfall, bei dem besonders viele Knochen vorhanden waren! Unter anderem auch der Oberschenkel und Teile des Beckens, was uns zu unserer Frage nach dem aufrechten Gang zurückführt. Der Gang auf zwei Beinen unterscheidet sich biomechanisch deutlich von dem auf allen vieren. Zwar ist auch bei Letzterem die Aufgabenverteilung nicht genau gleich – so sorgen die Hinterläufe meist für den Vortrieb, während die Vorderläufe beispielsweise beim Beutefang eine Rolle spielen können –, dennoch sind sie bei der Verteilung des Gewichtes etwa gleich stark belastet. Beim aufrechten Gang verdoppelt sich die auf die Hinterbeine wirkende Belastung dementsprechend. Viele Tiere können sich zwar zeitweise auf die Hinterbeine stellen oder auch kurze Strecken darauf laufen, für eine dauerhafte Belastung dieser Art ist ihr Körperbau jedoch nicht ausgelegt. Stellen Sie sich vor, Sie würden einen Handstand machen: Das ist (im Regelfall) problemlos möglich, aber an die ungewohnte Belastung ist unser Körper nicht optimal angepasst. Die Gründe für die Entwicklung unseres aufrechten Ganges sind vielfältig und würden in diesem Kapitel zu weit führen. Wichtig für unsere Fragestellung ist, wie wir anhand der Knochen erkennen, ob sich ein Primat primär auf zwei oder auf vier Beinen fortbewegt hat. Das wahrscheinlich auffälligste Merkmal ist die Orientierung des Oberschenkels. Stellen Sie sich ohne Hose vor einen Spiegel (sollten Sie das Buch gerade auf der Arbeit oder in der Bahn lesen, warten Sie damit vielleicht, bis Sie zu Hause sind), schauen Sie sich Ihre Knie an und bewegen Sie den Blick am Oberschenkel hinauf bis zur Hüfte. Verläuft diese Linie exakt parallel zu der Mittelachse Ihres Körpers? Mit ziemlicher Sicherheit nicht. Viel wahrscheinlicher ist, dass Ihr Blick auf dem Weg nach oben leicht zur Seite wandert, da Ihre Knie mittig unter dem Körper liegen. Anders ausgedrückt kann man auch sagen: Ihre beiden Knie stehen unter Ihrem Körper deutlich dichter beieinander als die beiden Oberschenkelköpfe an der Hüfte. Selbstverständlich ist die Ausprägung variabel und individuell verschieden. Aber auch wenn manche unter uns stärker ausgeprägte X- oder O-Beine haben, so ist eine leichte X-Bein-Stellung der normale Zustand des Menschen. Anders sieht die Sache bei übrigen Menschenaffen aus. Bei Gorilla, Schimpanse und Orang-Utan sind die Oberschenkel absolut gerade, sodass sich das Knie in einer Linie unter dem Oberschenkelkopf befindet. Das ist energetisch günstig, wenn Sie sich auf allen vieren fortbewegen. Auf zwei Beinen hingegen ist die menschliche Orientierung vorteilhafter, da die Knie mittiger unter dem Körperschwerpunkt liegen. Auch Lucy zeigt diese anatomischen Eigenschaften. Zusammen mit weiteren Merkmalen des Beckens können wir also davon ausgehen, dass der *Australopithecus* sich primär auf zwei Beinen fortbewegt hat. Unterstützt wird dies durch gefundene Fußspuren, die etwa eine halbe Million Jahre älter sind als Lucy und die ebenfalls den aufrechten Gang von *Australopithecus* belegen. Selbstverständlich laufen solche Untersuchungen wesentlich komplexer ab, als wir sie hier besprechen können, aber ich denke, Sie merken bereits, wie viel Arbeit in jedem Fossil steckt, bevor man sich ein genaues Bild machen kann.

Die oben angesprochenen Dinosaurier, die zu Beginn des 20. Jahrhunderts noch mit dem Schwanz auf dem Boden abgebildet wurden, veränderten ihre Haltung in den Augen der Wissenschaftler durch ähnliche Erkenntnisse. Eine Reihe von Verfahren sorgte dafür, dass wir zum Beispiel ein wesentlich genaueres Bild von Dinosauriern bekamen: Biomechanische Studien betrachteten die Gewichtsverlagerung bei der Fortbewegung, zudem untersuchte man Freiheitsgrade wie die Beweglichkeit der Wirbelsäule. Nicht zuletzt bestätigte auch das Fehlen von Fährtenabdrücken, die zwischen den Beinen Schleifspuren aufwiesen, die neueren Annahmen. Diese Ergebnisse trugen mit dazu bei, dass wir uns Dinosaurier nicht mehr als tumbe Echsen, sondern als aktive Tiere vorstellen.

Doch verglichen mit der Verwandtschaft, dem Lebensraum oder der Körperhaltung sind Verhaltensweisen von ausgestorbenen Tieren deutlich schwerer zu rekonstruieren und meist mit größeren Unsicherheiten behaftet. Hierbei ist das Nahrungsspektrum noch relativ leicht festzustellen, sofern man die Zähne der Tiere kennt. Nehmen wir an, Sie finden die Schnauze eines Meeresreptils, sagen wir eines *Ichthyosaurus.* Sie ist länglich, weist viele spitze Zähnchen auf und erinnert an die Schnauze von Delfinen. Wenn Sie deshalb davon ausgehen, dass der *Ichthyosaurus* kein strenger Veganer war, dann haben Sie an dieser Stelle wahrscheinlich unbewusst das sogenannte Aktualismus-Prinzip angewandt. Mit diesem können wir ableiten, dass Gebisse, die heutzutage dazu geeignet sind, Fische zu fangen, wahrscheinlich auch vor 150 Millionen Jahren dazu geeignet waren. Und mit dieser Einschätzung liegen Sie auch absolut richtig.

Für Tiere, die sich von Fischen ernährten, waren spitze Zähne, die ihre glitschige Beute festhalten konnten, zu jedem Zeitpunkt in der Erdgeschichte ein evolutionärer Vorteil, sodass viele Tiergruppen unabhängig voneinander dieses typische Gebiss entwickelt haben (auch hier spielt wieder konvergente Evolution eine Rolle, mehr dazu finden Sie im Kapitel «Der Stammbaum des Lebens»).

Die Tatsache, dass es für jeden Nahrungstyp eine begrenzte Anzahl an sinnvollen Gebisstypen gibt, ermöglicht es uns also, die Art der Nahrung «an den Zähnen abzulesen». Dennoch können auch nah verwandte Arten mit sehr ähnlichen Gebissen durchaus Unterschiede in ihrem Nahrungsspektrum aufweisen. Sie können auf große oder kleine Beutetiere spezialisiert sein oder als Pflanzenfresser primär Gras- oder primär Blattfresser sein. Auch wenn die reine Form der Zähne (= Morphologie) einem oft weiterhilft, stößt diese Methode bei Detailfragen an ihre Grenzen. Doch Paläontologen haben auch hier die Möglichkeit, den Fossilien weitere Details zu entlocken. Anhand von Untersuchungen an heute lebenden Tieren (der Fachmann spricht hier von «rezenten» Arten) kann man unterschiedliche mikroskopische Abnutzungsspuren auf Zahnoberflächen analysieren und verschiedenen Nahrungstypen zuordnen. Dies kann am Mikroskop geschehen, indem charakteristische Beschädigungen wie kleine Kratzer gezählt werden; oder es können moderne Verfahren aus den Ingenieurwissenschaften eingesetzt werden, bei denen die mikroskopische Zahnoberfläche dreidimensional digital analysiert wird. Die Erkenntnisse, die mit diesen Methoden an heute lebenden

Tieren gewonnen werden, helfen uns, Gebisse von fossilen Arten so genau zu analysieren, dass wir auch hier die Nahrungspräferenzen von ausgestorbenen Arten oft gut bestimmen können. Wir sehen also, wie wichtig das Aktualismus-Prinzip für die Erforschung ausgestorbenen Lebens ist. Viele Paläontologen beschäftigen sich heutzutage mitunter sogar intensiver mit heute lebenden Tieren als mit ihren Fossilien. Aber wie oben schon erwähnt, ist die Bestimmung der Nahrung im Großen und Ganzen meist relativ einfach. Andere Fragen, die Lebensweise früherer Lebewesen betreffend, sind oft schwieriger. Ein gutes Beispiel stellen hier große Dinosaurier dar, deren schiere Masse die Forscher lange vor ein gewichtiges Problem gestellt hat.

Jeder kennt den angenehmen Effekt, wenn man in ein Schwimmbecken eintaucht. Eventuell haben Sie auch einmal Personen mit starkem Übergewicht gesehen, die im Rahmen von Wasseraerobic Bewegungen ausführten, die ihnen an Land kaum möglich gewesen wären. Wenn sich ein Körper im Wasser befindet, so wirkt auf ihn ein Auftrieb (Archimedes lässt grüßen), der die Gelenke entlastet. Bis in die Mitte des 20. Jahrhunderts waren die meisten Paläontologen davon überzeugt, dass die großen, langhalsigen Sauropoden ein Fall für Wasseraerobic-Kurse waren. Die Tiere stellten die Forscher nämlich vor ein Rätsel. Aufgrund ihrer Größe und des daraus berechneten Gewichts wären die Tiere eigentlich nicht in der Lage gewesen, ihr eigenes Körpergewicht zu tragen. Das Problem wurde scheinbar elegant gelöst, indem man vermutete, dass die Tiere ihr Dasein unter Wasser verbracht hatten und nur der lange Hals als Schnorchel herausschaute. Sie können noch heute ältere Bücher und Abbildungen daran erkennen, dass große Dinosaurier in tiefen Sümpfen und Seen dargestellt werden. In der zweiten Hälfte des 20. Jahrhunderts arbeiteten die einzelnen wissenschaftlichen Disziplinen jedoch verstärkt zusammen, und immer mehr Faktoren wurden bei der Analyse von Fossilien berücksichtigt. Der erste große Schlag gegen die bis dato vorherrschende Ansicht waren Berechnungen, die zeigten, dass der Wasserdruck, der auf dem Körper der Tiere gelastet hätte, zu groß gewesen wäre, als dass sie noch hätten atmen können. Darüber hinaus erkannte man die Leichtbauweise der Knochen von Sauropoden, und neuere komplexere Studien ergaben, dass Sauropoden für ihre Größe doch relativ leicht waren.

Abschließend lässt sich sagen, dass jede Abbildung von ausgestorbenem Leben immer mit Unsicherheiten behaftet sein wird. Obwohl sich die Bilder in der Zukunft mit neuen Erkenntnissen noch verändern, stellen gute Rekonstruktionen den aktuellen Stand der Wissenschaft dar. Sie enthalten meist sehr viele Erkenntnisse, die den Fossilien mühsam in vielen Jahren der Forschung abgerungen wurden.

Fossilienjagd im Fernen Osten

Jetzt, wo Sie so viel über das Arbeitsfeld der Paläontologie erfahren haben, möchte ich Sie gerne auf eine Ausgrabung mit nach China nehmen. Die Grabung fand im Rahmen einer Kooperation mit einer chinesischen Forschergruppe statt. Solche Kooperationen sind nicht ungewöhnlich. Oft kommt es vor, dass Fachleute für bestimmte Fossiliengruppen zu Rate gezogen werden (ein Dinosaurierexperte kann beispielsweise bei der Bestimmung fossiler Pflanzen durchaus auf Hilfe eines Paläobotanikers angewiesen sein). Auch können andere Wissenschaftler oder ganze Arbeitsgruppen mit eingebunden werden, wenn spezielle Grabungs- und Präparationserfahrung vonnöten ist. In unserem Fall bestand die Kooperation in der Durchführung mehrerer erfolgreicher gemeinsamer Grabungen. In der Nähe der chinesischen Stadt Ürümqi, einer 2,6-Millionen-Metropole in der Region Xinjiang und mitten in der Wüste, wurden verschiedene fossile Überreste gefunden. Die Information darüber erreichte zuerst unsere chinesischen Kollegen, die wiederum uns informierten. Glücklicherweise ist die Geologie der Region, nicht zuletzt durch Firmen, die vor Ort Bodenschätze abbauen, relativ gut untersucht. Dieses geologische Hintergrundwissen und eine erste Untersuchung ergaben für die Funde ein jurassisches Alter. Für unseren Schwerpunkt – frühe Säugetiere – ist dieser Zeitabschnitt äußerst interessant. Denn China war zu dieser Zeit – genau wie heute – Festland; und auch wenn es sich bei den meisten Fossilien um Fische und Schildkröten handelte, so war davon auszugehen, dass auch Fossilien von reinen Landbewohnern zu finden waren.

Bei einer der ersten Erkundungen des Geländes konnte ein sogenanntes Bone Bed gefunden werden, was die Grundlage unserer ganzen Arbeit darstellen sollte: Inmitten von Schichten aus Tonsteinen (Sedimentgestein, das Sandstein ähnelt, aber wesentlich feiner ist) existierte eine Schicht, die kleine Knochen und Zähnchen (einige Millimeter bis wenige Zentimeter Durchmesser) – und ihre Bruchstücke – in großer Anzahl enthielt. Solche Bone Beds, also mit Knochen und Ähnlichem angereicherte Schichten, entstehen beispielsweise dadurch, dass flache Ebenen überspült und die Überreste der Lebewesen zusammengetragen werden. Oft lagern sich auf diese Weise viele Fossilien mit ähnlicher Größe beieinander ab, da die Strömung sie an der gleichen Stelle fallen lässt. Ein ähnliches Phänomen lässt sich auch an Flussbiegungen beobachten, wo Geröll nach Größe sortiert wird, je nachdem, wo das Wasser schneller oder langsamer fließt. Da die Sedimente vor Ort alle sehr fein waren, mit einzelnen Körnern weit unter einem Durchmesser von 0,05 Millimetern, ließen sich die Fossilien anhand ihrer Größe leicht von dem sie umgebenden Gestein unterscheiden.

Hier machen wir noch einen ganz kurzen geologischen Exkurs: Einige Sedimentgesteine werden von Geologen anhand der Größe ihrer verfestigten Körner klassifiziert. So unterscheidet man Sandsteine mit einer Korngröße von 2 bis 0,063 Millimetern, Siltstein oder Schluffstein mit 0,062

bis 0,002 Millimetern und ganz feinen Tonstein mit einzelnen Partikeln, deren Durchmesser kleiner als 0,002 Millimeter ist. Während die exakte Korngrößenanalyse und Einteilung paläontologisch häufig eine untergeordnete Rolle
spielt (uns interessieren ja meist die Fossilien IM Gestein),
so kann man zumindest bei Lockersedimenten recht einfach bereits im Gelände zwischen Schluff und Ton unterscheiden: Wenn man darauf herumkaut und es so fein ist,
dass es nicht knirscht, ist es Ton. Diese Information führt
uns zu einer weiteren Erkenntnis: Irgendwann muss sich
ein Geologe tatsächlich gedacht haben: «Hmmm, ich frage
mich, was passiert, wenn ich auf diesen Sedimenten her-
umkaue …?»

Da es sich bei unseren Sedimenten aber um stark ver-
festigtes Material handelte, kam die Probe in diesem Fall
nicht in Frage. Deshalb können wir die Frage, ob es sich um
Siltstein oder Tonstein handelte, nicht abschließend klären.
Wichtig für uns ist nur, dass die Fossilien in einer sehr feinen Matrix eingebettet waren.

Halten wir also kurz fest: Am Grabungsplatz in China
war (fast) alles vorhanden, was wir brauchen, um die von
uns erhofften fossilen Säugetiere zu finden: enthusiastische
Arbeitsgruppen (die Aussicht auf ferne Orte, exotisches
Essen und tolle Landschaften versetzte unser Team in Begeisterung), Fossilien, das richtige Erdzeitalter und gute
geologische Rahmenbedingungen.

Wir flogen zu fünft in das Reich der Mitte: der Professor,
der Präparator, zwei Postdocs (gestandene Wissenschaftler,
die bereits ihren Doktor haben) und das Küken (ja, das
war mein Spitzname). Nach sehr genauen Kontrollen am
Zoll – die Zusätze *Prof.* und *Dr.* im Pass, die auf dem Ticket

fehlten, sorgten für Stirnrunzeln und lange Diskussionen unter den Beamten – ging es von Peking aus nach Ürümqi, die Hauptstadt der nordwestlichen Provinz Xinjiang. Dort wurden wir von unseren Kollegen vor Ort am Flughafen begrüßt, und unser Team vergrößerte sich um zwei lokale Fahrer und einen Dolmetscher.

Kurz darauf saß ich mit weit aufgerissenen Augen auf der Rückbank eines SUV und schloss innerlich schon mit meinem Leben ab. Chinesischer Großstadtverkehr hat seinen ganz eigenen Nervenkitzel, den keine Achterbahnfahrt toppen kann. Ganz wie in der Natur gilt hier das Prinzip «Survival of the fittest», bei dem Reflexe, PS und Masse über Erfolg und Niederlage entscheiden und Fußgänger ganz am unteren Ende der Nahrungskette stehen. Zum Rechtsabbiegen wurde beispielsweise beschleunigt, um noch schnell vor dem von links heranrauschenden, über Rot fahrenden Lkw abzubiegen. Passanten, die ihrerseits Grün hatten und die Straße überqueren wollten, wurden mit energischem Hupen beiseitegescheucht, was allerdings in der Kakophonie eines allgemeinen Hupkonzertes unterging. Generell ist mein Verdacht, dass eines der Hauptverschleißteile in chinesischen Fahrzeugen die Hupe ist, denn sie kommt ständig zum Einsatz.

Nachdem wir im Hotel angekommen waren (dies war eine der Grabungen, die den Luxus eines festen Dachs über dem Kopf mit sich brachte), trafen wir die lokalen Wissenschaftler und weitere wichtige Personen zum Abendessen. Unsere Kooperation wurde, wie es vor Ort üblich zu sein schien, mit mehreren Flaschen chinesischen Pflaumenschnapses begossen. Nachdem sich die chinesische Delegation von der Trinkfestigkeit (der Mehrheit) des deutschen Grabungsteams überzeugt hatte, gingen wir zu Bett, um am nächsten Tag mit den Vorbereitungen zu beginnen. Da es sich bei den Fossilien, die wir suchten, ja um zusammengeschwemmtes Material handelte, waren die Voraussetzungen etwas anders als bei «typischen» Grabungen, bei denen das Gestein vorsichtig freigelegt wird und vollständige Tiere oder Pflanzen geborgen werden. Wir wollten das Bone Bed wie eine Goldader abbauen, um das Gestein anschließend aufzulösen und die Fossilien mit Wasser auszusieben. Hierfür brauchten wir allerdings erst mal einiges an Equipment. Deshalb fuhren wir auf den Basar, um eine Pumpe sowie einen Dieselgenerator zu besorgen. Ürümqi als Stadt an der ehemaligen Seidenstraße besitzt mehrere Märkte, je nachdem, was man braucht. Wir fuhren zu dem, der sich scheinbar auf Pumpen und Generatoren spezialisiert hatte. Stand um Stand wurden Pumpen und das dazugehörige Equipment angeboten (was mich in der Wüste doch überraschte). Nachdem wir alles Nötige für die Grabung besorgt hatten, was wir nicht aus Deutschland hatten mitbringen können, bereiteten wir die kommenden Tage vor. Das Frühstück im Hotel war wesentlich reichhaltiger, als es hierzulande üblich ist – doch war dies in Anbetracht der vor uns liegenden Arbeit höchst willkommen. Anschließend fuhren wir zu der Fundstätte und hielten unterwegs an, um Instantnudeln und Fladenbrot zu kaufen. Letzteres wurde an die Innenwände runder Öfen geklatscht, bis es fertig war. Dieses Ritual – Frühstück, Abfahrt, Instantnudeln und Brot besorgen – wiederholte sich von da an jeden Morgen. Danach fuhren wir etwa zwei Stunden durch spärlich bewachsene, aber atemberaubende Landschaften. Die Straßen schlängelten sich durch hohe, dicht beieinanderstehende Hügel aus rot-grünen Sand- und

Tonsteinen. Rinnen an ihren Flanken zeugten von unregelmäßigen, aber starken Regenereignissen. Im Gegensatz zu dem Stadtverkehr waren diese Fahrten relativ entspannt, da uns nur gelegentlich ein Lkw entgegenkam. Nervös wurden wir nur an einigen engen und schlecht einsehbaren Kurven. Diese wurden von unserem Fahrer mit unverminderter Geschwindigkeit und lautem Hupen genommen. Zu unserem Glück kam uns aber in diesen Momenten nie ein Fahrzeug mit demselben Manöver entgegen.

An der Grabungsstelle angekommen, trugen wir unsere Ausrüstung etwa 20 Minuten querfeldein, wobei aus den Holzstielen der Schaufeln und Panzertape eine provisorische Trage für den Generator gebastelt wurde. Das Bone Bed selbst war eine dünne, grüne Schicht an der Flanke eines Hügels, in der die schwarzen Fossilienreste wie eingestreute Rosinen sichtbar waren. Die grüne Farbe des Gesteins beruht auf seinem Chemismus bei der Ablagerung. Die darüber- und darunterliegenden roten Bänder enthielten keine Fossilien, was mit ihrer Entstehung zu tun hatte. Die Schichten hatten bei ihrer Ablagerung viel Sauerstoff zur Verfügung, dieser führte durch Eisenoxidation zur Färbung (auch als Rost bekannt) und zur Verwesung der Lebewesen. Die grünen Schichten hingegen ließen in diesem Fall auf sauerstoffarme Bedingungen schließen, die das Fossilisationspotenzial erhöhten. Um aber die Schicht überhaupt abbauen zu können, mussten erst mal einige Meter darüberliegendes Gestein entfernt werden. Während der ersten Tage war immer einer des Teams damit beschäftigt, mit dem Hilti-Bohrhammer das darüberliegende Gestein zu lösen, während der Rest mit Händen und Schaufeln den Abraum beiseiteschaffte. Wenn dann ein größerer Teil des

Bone Beds freilag, wurde es abgebaut und die Gesteinsbrocken in Säcke verpackt. Die Arbeit wurde nur für eine
kurze Mittagspause unterbrochen, in der es die Fladenbrote
und Instantnudeln gab. Abends ging es zurück ins Hotel,
während sich jeder auf drei Dinge freute: Duschen, Essen
und Schlafen. Während Schlafen und Duschen keine Besonderheiten aufwiesen, war das Abendessen jedes Mal ein
Erlebnis. Wir gingen in gute lokale Restaurants, die für den
mitteleuropäischen Geldbeutel recht günstig waren, und
ließen uns von der Auswahl unserer chinesischen Kollegen
überraschen. Da das Mittagessen ja immer recht übersicht-
lich ausfiel, holten wir uns abends ausgehungert all die Ka-
lorien zurück, die wir im Laufe des Tages verbrannt hatten.
Hierfür wurden viele Gerichte nahezu gleichzeitig bestellt,
die dann nach und nach auf eine große Glasplatte inmitten
des runden Tisches geliefert wurden. Diese Platte wurde
immer weitergedreht, und jeder nahm sich etwas von dem,
was ihm gerade vor die Nase kam, oder holte sich das heran, was er mochte. Diese Symphonie aus exotischen Spei-
sen – von scharf über süß hin zu undefinierbar-interessant
und weiter zu himmlisch – war das Highlight am Ende eines
jeden anstrengenden, schweißtreibenden Grabungstages.

Nach einiger Zeit stapelten sich an der Grabungsstelle
die Säcke mit abgebautem Bone Bed, während die Abraum-
halde immer höher wuchs. Als wir so weit in die Hügelflan-
ke vorgedrungen waren, dass für jedes Kilo Bone Bed un-
verhältnismäßig viel aufliegendes Gestein abgebaut werden
musste, entschieden wir, dass es Zeit war, die Pumpe zum
Einsatz kommen zu lassen, um die Fossilien aus dem Gestein herauszuschlämmen. Doch dazu benötigten wir viel
Wasser. Wir mussten das abgebaute Material also erst ein-

mal zum nächsten Fluss fahren. Als Problem stellte sich heraus, dass jeder Sack etwa 35 bis 40 Kilo wog und wir über 50 Stück davon gefüllt hatten. Sie alle nur mit Muskelkraft über das unwegsame Terrain zu den Autos zu schleppen war keine Option. Die Sache wäre mit vielen Studenten vielleicht zu bewerkstelligen gewesen, aber da mit mir (dem Küken) nur ein einziger Student zugegen war, mussten wir auf das nächstbeste Transportmittel vor Ort zurückgreifen: Kamele. Wir waren zuvor bereits hin und wieder Herden dieser Tiere neben oder auch auf der Straße begegnet. Also heuerten wir einen lokalen Herdenbesitzer an, und dieser kam mit seinen Lasttieren vorbei. Mehrfach beluden wir die kleine Karawane und schauten ihr zu, wie sie über den Hügel in Richtung unserer Fahrzeuge verschwand, um einige Zeit später unbeladen wieder zurückzukehren.

Nachdem wir unser Gestein auf diese Weise zum nächsten Fluss gebracht hatten, begann die zweite Hälfte unserer Unternehmung. Jetzt wurde nicht mehr gegraben, sondern geschlämmt. Das Ganze lief etwa so ab: Wir kippten die abgebauten Gesteinsbrocken, die aus Fossilien und festem Ton bestanden, nach und nach in Plastikwannen. Anschließend wurde Wasser und Wasserstoffperoxid (H_2O_2) dazugegeben und einige Zeit gewartet. Das H_2O_2 löste die Matrix des Gesteins, doch griff es die Fossilien nicht an (dazu waren die Konzentration und die Dauer nicht ausreichend). Anschließend wurde der nun aufgeweichte Inhalt einer Wanne in ein großes Metallfass geschüttet, in dessen unteres Ende ein feines Sieb eingelassen war. Mit der Pumpe und einem Schlauch konnte Wasser aus dem Fluss oben in das Fass gepumpt werden, sodass der aufgelöste Teil des Gesteins ausgeschlämmt wurde. Der übrig gebliebene Inhalt wurde aus dem Fass auf große Planen geschüttet und dort zum Trocknen verteilt. Wenn das Material getrocknet war, wurde der ganze Vorgang wiederholt, nur mit dem Unterschied, dass diesmal am Uferrand per Hand gesiebt wurde (was jeden Beteiligten an die Zeiten im Sandkasten erinnerte). Übrig blieb ein Konzentrat aus Fossilien und gröberen Sedimentpartikeln.

Zum Ende der Grabung wurde die gröbste Fraktion (und damit ist nicht die CSU gemeint) vor Ort mit bloßem Auge durchgeschaut, um alle bestimmbaren Elemente einzusammeln. Das bedeutet, dass Fragmente herausgepickt wurden, die so gut erhalten waren, dass man erkennen konnte, um welche Knochen es sich handelte und/oder zu welchen Tieren sie gehörten. Ein Fund ist mir gut im Gedächtnis geblieben. Während um mich herum der Rest des Teams Sedimente auflöste, siebte und verteilte, machte ich mich daran, die grobe Fraktion durchzuschauen. Langgestreckt neben der Plastikplane, auf der das Konzentrat trocknete, schaute ich die Bruchstücke durch, als mir das charakteristische Glänzen von Zahnschmelz auffiel. Die Form des Zahns sprach für ein Säugetier (also genau für das, wofür wir hergekommen waren), aber er war überraschend groß. Als ich ihn meinem erfreuten Chef zeigte, erklärte er mir, dass es sich bei dem Fund um einen Tritylodontier handelte. Diese Tiere waren etwas größer als Säugetiere, mit ihnen aber nahe verwandt und ihnen sehr ähnlich. Obwohl das Stück interessant war, war es bei weitem kein Sensationsfund. Dennoch freute es mich damals; und selbst jetzt, während ich diese Zeilen schreibe, muss ich lächeln, wenn ich daran denke, wie ich den Zahn herauspickte, ihn betrachtete und mich fragte, was ich da wohl gerade gefunden hatte.

Nachdem die grobe Fraktion durchgeschaut war, wurde die feine Fraktion eingesammelt und nach Hause verschickt, um sie unter dem Mikroskop zu untersuchen. Dort sollten wir später auch endlich die erhofften Backenzähne früher Säugetiere, darunter auch einiger zuvor unbekannter Arten, finden. Am Ende der Grabung verstauten wir unser Equipment bei unseren chinesischen Kollegen für zukünftige Kooperationen, gingen ein letztes Mal sehr gut essen und machten uns auf eine 20-stündige Heimreise.

Das Paläontologendasein spielt sich also keineswegs nur in schlecht gelüfteten Büros und Laboren ab, sondern auch in der großen weiten Welt. Und es ist auch kein einsamer Beruf, im Gegenteil: Man lernt ständig neue Menschen und Länder kennen. Das ist das wirklich Besondere an diesem Beruf – man lernt neben den vergangenen Zeitaltern eben auch die heutige Welt kennen.

Ein Blick in den Werkzeugkoffer

Sie haben in diesem Buch bereits zwei paläontologische Grabungsstätten besichtigt, aber welche Vorstellung hatten Sie vor der Lektüre? Sofern Ihnen beim besten Willen nichts einfällt, könnten Sie auch noch einmal *Jurassic Park* schauen. Was sehen Sie? Sie sehen ein paar (wahrscheinlich sehr schmutzige) Personen über ein halb sichtbares Skelett gebeugt. In den Händen der Leute befinden sich Pinsel, die bereits munter eingesetzt werden …

So leid es mir tut, aber hierbei handelt es sich um einen der größten Irrtümer in Bezug auf Paläontologie (und auf Archäologie ebenfalls, aber das gehört hier nicht hin). Pinsel sind – wenn überhaupt – in der Werkzeugkiste auf Ausgrabungen ganz weit unten versteckt. Die Wirklichkeit sieht viel robuster aus. Es ist wesentlich wahrscheinlicher, dass der Paläontologe im Gelände («Gelände» steht ganz einfach für «draußen») einen Geologen-Hammer dabeihat. Dieser sieht martialischer aus als ein Pinsel und mag im ersten Moment nicht so recht zu einer Wissenschaft passen, die mit zerbrechlicher und sehr, sehr alter Materie hantiert. Das Ganze ergibt aber Sinn, wenn wir bedenken, worin sich die Fossilien befinden. Haben Sie schon mal versucht, einen Felsen wegzupinseln? Die Wissenschaft ist vielleicht nicht das schnellste Geschäft … aber so langsam arbeiten wir dann doch nicht.

Wenn ein Paläontologe im Gelände unterwegs ist, hat er fast immer einen Hammer dabei, um sich auf direkte Weise Zugang zu den Objekten seiner Begierde zu verschaffen. Sofern die Bedingungen schon bekannt sind, ist der Hammer nicht zwingend erforderlich; aber sobald es sich um unbekanntes Gelände handelt, die sprichwörtliche Terra incognita, ist er ein unverzichtbarer Begleiter.

Zusätzlich gibt es Unmengen an Werkzeug, die ich in zwei Gruppen einteilen möchte: Präparationswerkzeuge und Grabungswerkzeuge. Oder anders ausgedrückt: Sind Sie eher Freund feinfühliger Präzisionsarbeit, oder sagt Ihnen eine robuste Tätigkeit mit Abrisspotenzial zu? Der Grund für diese Unterteilung ist einfach: Es wird im Gelände niemals präpariert!

Werfen wir jetzt einen genaueren Blick in die Kiste mit Grabungswerkzeug. Einige Werkzeuge sind uns eben schon in China begegnet. Die Kiste kann, je nach Ort und Art der Grabung, aber völlig unterschiedlich gefüllt sein. Typisch ist jedoch meistens schweres Gerät, mit dem Gestein bewegt werden kann. Hierbei handelt es sich oft um Spitzhacken, Vorschlaghämmer und sehr große Meißel oder möglicherweise sogar um einen Abbruchhammer mit dazugehörigem Generator (dies hängt meist von der Menge des zu bewältigenden Gesteins, dem Budget und der Verfügbarkeit von Skla…, studentischen Helfern ab). Für etwas präzisere Arbeiten, beispielsweise zum Spalten von Gesteinsschichten, eignen sich Flachmeißel in Kombination mit dem bereits erwähnten Geologenhammer. Ein weiteres wichtiges Hilfsmittel, das auf keiner Grabung fehlen darf, sind mehrere robuste Schaufeln. Ja, was meinen Sie denn, wie man sonst den ganzen Schutt beiseiteschaffen kann?

Nicht direkt ein Werkzeug, aber dennoch unverzichtbar ist Verpackungsmaterial. Je nachdem, was Sie suchen, kann es sich hier um alles Mögliche handeln: von kleinen Plastiktütchen bis zu mehreren hundert Kilo Gips. Was für einen gebrochenen Arm gilt, lässt sich nämlich auch auf Fossilien übertragen: Eingegipst können auch fragile Exemplare den Transport heil überstehen. Darüber hinaus hängt die Art des Werkzeugs meistens sehr davon ab, was man wo sucht. Exemplarisch möchte ich Ihnen hier die Werkzeugliste unserer Grabung in China zeigen. Bei dieser Jagd nach Säugetieren, die noch im Schatten der Dinosaurier gelebt haben, kamen etliche verschiedene Dinge zum Einsatz – das meiste haben wir direkt vor Ort erworben. So haben Sie, sollten Sie jemals eine vergleichbare Grabung planen, einen Orientierungspunkt.

- *Abbruchhammer Modell Hilti*
- *tragbarer Dieselgenerator*
- *drei Schaufeln*
- *diverse Meißel*
- *Geologenhämmer*
- *stabile Säcke*
- *Pumpe*
- *Schläuche*
- *ein großes Metallfass mit einem eingebauten Sieb*
- *Plastikwannen*
- *Wasserstoffperoxid (auch sehr «beliebt», um schnell eine Verletzung zu desinfizieren)*
- *Siebe*
- *Dolmetscher (nicht gerade ein Werkzeug, aber sehr wichtig in China)*

- *Mittel gegen Durchfall (auch kein Werkzeug, aber noch wichtiger!)*
- *Lupen*
- *Verpackungsmaterial*
- *große Planen zum Trocknen des Sediments*
- *flüssiger Klebstoff (falls Fossilien vor dem Transport brüchig sind)*
- *Zeichenpapier und Stifte (falls man zusammenhängende Skelette birgt, kann man so vorher die genaue Lage präzise zeichnen)*
- *Maßstab (jedes fotografierte Fossil wird mit einem Maßstab daneben abgebildet)*

Mit dieser exemplarischen Auflistung verlassen wir jetzt das Gelände und werfen einen Blick in die Werkstatt eines paläontologischen Präparators. Sofern Sie in einer größeren Stadt in den USA wohnen, können Sie dies mit etwas Glück ganz real machen, da viele Museen ihre Präparatoren mittlerweile hinter Glasscheiben sichtbar für das Publikum arbeiten lassen. Sofern Sie keine Zeit haben oder auch keinen Präparator in Ihrer Nähe – kein Problem. Schauen wir uns an, was es zu sehen gibt.

Wir befinden uns in einem Raum mit großen Tischen, die voll mit halb präparierten Fossilien sind. Lediglich die Arbeitsplatten sind leidlich freigehalten. Ein geschlossener Abzug, wie man ihn aus Chemielaboren kennt, ist in der Ecke montiert. Ein großes Objekt, das wie ein Kühlschrank aussieht, aber als Trockenschrank seinen Inhalt aufwärmt, steht an der hinteren Wand. Das obligatorische Mikroskop befindet sich halb verborgen hinter der Gesteinssäge.

Als kleine Kuriosität am Rande sei hier Folgendes erwähnt: Obwohl es ähnlich laut und schnell wie das einer Kreissäge ist, kann man das rotierende, glatte Sägeblatt der Gesteinssäge, während es Stein wie Butter teilt, problemlos anfassen, ohne sich zu verletzen (das gilt zumindest für unser Modell, aber testen Sie dies bitte unter keinen Umständen an anderen Geräten aus!). Gehen wir nun an den Tisch und schauen unserem Präparator über die Schultern, um zu sehen, womit er gerade arbeitet. Er hält in diesem Moment das vielleicht typischste Präparationswerkzeug überhaupt in der Hand. Es ist ein Werkzeug, das Sie an etwas Unangenehmes erinnern dürfte. Die Rede ist von einem Stichmeißel, der sich optisch und besonders in seinen Geräuschen kaum von einem Zahnarztbohrer unterscheidet. Der Stichmeißel ist ein mit Druckluft betriebener, feiner Meißel und hilft dabei, das Fossil sehr präzise freizulegen. Hier ist es von Vorteil, dass zwischen dem Fossil und dem Gestein häufig eine Schwächezone existiert, sodass das Gestein meist genau am Fossil abspringt. Und obwohl der Stichmeißel das beliebteste Werkzeug für diese Aufgabe sein dürfte, so finden tatsächlich auch echte Zahnarztbohrer vereinzelt Anwendung bei der Präparation. Dies ist möglich, da unser Zahnschmelz sich in seiner Härte mit vielen Gesteinen messen kann (Härtegrad 5 auf der Härteskala nach Mohs, sofern es jemand genau wissen möchte). Dennoch kommt es, ähnlich wie beim Zahnarzt, immer wieder mal vor, dass der Präparator zu tief bohrt. Er bekommt, anders als der Zahnarzt, jedoch keine Rückmeldung vom Fossil, sodass er sehr vorsichtig vorgehen muss. Von daher liegt ein Fossil in der Regel auch länger beim Präparator als Sie beim Zahnarzt. Gröbere Stücke werden meist mit der Gesteinssäge zurechtgeschnitten, während sehr feinen Objekten mit den griffbereit liegenden Präpariernadeln und sogar mit einem Skalpell zu Leibe gerückt wird (Sie merken, noch immer ist weit und breit kein Pinsel zu sehen).

Ein genauer Blick in den Abzug zeigt uns anhand der dort stehenden Fläschchen mit vielfältigen Warnhinweisen, dass auch Chemikalien zum Einsatz kommen. Besonders hilfreich sind Säuren oder Wasserstoffperoxid, wenn die Fossilien widerstandsfähiger als das sie umgebende Gestein sind. Gerade bei Mikrofossilien ist es wesentlich praktischer, das Gestein aufzulösen und die Fossilien in Sieben aufzufangen, als zu versuchen, sie einzeln herauszupräparieren (dies wäre aufgrund ihrer Größe auch eher eine passende Aufgabe für einen Neurochirurgen als einen Präparator).

Jetzt legt unser Präparator das Stück, an dem er gearbeitet hat, beiseite und wendet sich einigen der eben erwähnten Mikrofossilien zu, indem er zum Trockenschrank geht und Schälchen zum Mikroskop trägt, die voll von Millionen Jahre altem Plankton sind. Sofern Sie sich fragen, was die Fossilien im Trockenschrank zu suchen hatten, lautet die Antwort: Das Gestein, in dem sie sich befanden, wurde, wie eben beschrieben, mittels Säuren aufgelöst. Anschließend wurde alles mit Wasser durchgesiebt, um Gesteins- und Chemikalienreste loszuwerden. Der Trockenschrank dient in diesem Fall als Hilfsmittel, die Fossilien zeitnah untersuchen zu können.

Der Präparator stellt sie unter sein Mikroskop – und da … schauen Sie nur, was er aus seiner Schublade holt: einen Pinsel! Sieh mal einer an … Pinsel haben also tatsächlich ihre Aufgabe. Nur sieht der Pinsel anders aus als erwartet. Es handelt sich um einen sehr feinen Zeichenpinsel. Die Pinselspitze schiebt der Präparator vorsichtig in die Schale mit den Mikrofossilien, während er sie sich durch die Okulare des Mikroskops anschaut. Jetzt tippt er so lange mit dem Pinsel vorsichtig auf ein einzelnes Stück, bis es sich in den feinen Haaren verfängt. Anschließend kann er es in ein separates Plastikschächtelchen überführen, ohne dass die Gefahr besteht, das Stück auf dem Weg zu zerbrechen oder auf den Boden fallen zu lassen. Hierbei sei angemerkt, dass besonders ungeschickte Paläontologen – wie ich – durchaus in der Lage sind, Kleinstfossilien, die eben noch auf der verdammten Pinselspitze waren, zu verlieren. Sollte das passieren, gibt es zwei Möglichkeiten:

1. Das Fossil war nicht sehr wichtig, und Sie haben noch sehr viele dieser Sorte: Pfeifen Sie unauffällig laut ein Liedchen, wirken Sie besonders fröhlich und tun Sie so, als sei nichts passiert.
2. Das Fossil war wichtig: Ergreifen Sie schnellstmöglich zwei weitere Werkzeuge – Handfeger und Kehrschaufel – und hoffen Sie, dass Sie es schnell wiederfinden und nicht ausgerechnet Ihr Chef in dem Moment das Labor betritt, in dem Sie auf allen vieren hektisch den Boden fegen. (Wobei es immer noch besser ist, Fossilien vom Pinsel zu verlieren und sie am Boden suchen zu müssen, als sie zu verschlucken. Was angeblich einem Kurator im ehrwürdigen Londoner Natural History Museum mit einem Zahn passiert ist. Das Stück wurde nach einigen Tagen intensiven Siebens jedoch wiedergefunden.)

Zusätzlich zu den technischen Werkzeugen haben in den letzten Jahrzehnten digitale Hilfsmittel mehr und mehr Einzug in die Paläontologie gehalten. Genau wie Smartphones das alltägliche Leben beeinflussen, haben 3-D-Rekonstruktionen von Fossilien für unzählige neue Möglichkeiten gesorgt. Ähnlich wie bei Computern war die Technologie selbst schon lange bekannt und verfügbar, ihre Anwenderfreundlichkeit hat sich vor etwa 20 Jahren aber derart gesteigert, dass sie zu etwas Alltäglichem geworden ist. So wie Sie in den 80ern vielleicht mal am Rande etwas von Atari-Computern mitbekommen haben und sich heute mit Google Maps auf Ihrem Smartphone orientieren, so verhält es sich mit den ersten digitalen 3-D-Modellen von Fossilien. Inzwischen haben viele Institute ihren eigenen Computertomographen im Keller. Dieser erstellt vereinfacht gesprochen einen Stapel an Röntgenbildern, die dann am Rechner zusammengesetzt und markiert werden können. Hierfür steht den Paläontologen je nach Budget Freeware oder teure Spezialsoftware zur Verfügung (was nicht heißen muss, dass eine 5000-Euro-Software einen mit Fehlermeldungen nicht in den Wahnsinn treiben und verzweifeln lassen könnte ...). Die Möglichkeiten sind an dieser Stelle schier grenzenlos. So können Dinge sichtbar gemacht werden, die bisher verborgen waren, da sie sich innerhalb des Fossils befanden. «Verborgen» ist dabei relativ zu betrachten: Sofern Sie bereit waren, Ihre Fossilien zu opfern, konnten Sie auch schon vor 100 Jahren ihr Inneres betrachten (aber ähnlich dem aufgeschlagenen Sparschwein bestand immer die Möglichkeit, dass der Inhalt nicht den Erwartungen entsprach). Anders als einfache Röntgenbilder ermöglichen die digitalen 3-D-Modelle außerdem zusätzliche präzise Messungen und komplexe Untersuchungen.

Wie könnte nun so eine Untersuchung an einer früher unzugänglichen Struktur in der Praxis aussehen? Um Ihnen eines von unzähligen möglichen Beispielen zu liefern, müssen wir einen kurzen Ausflug in die Sportwelt machen. Haben Sie mal einen Boxkampf gesehen, bei dem einer der Kämpfer dicht am Ohr getroffen wurde? Oft ist ein so getroffener Kämpfer vollauf damit beschäftigt, auf den plötzlich sehr wackligen Beinen zu bleiben. Neben einer möglichen Gehirnerschütterung sind Treffer in der Ohrregion auch besonders wirksam, weil sie sich auf das Gleichgewichtsorgan im Innenohr auswirken. Dieses besteht aus drei halbkreisförmigen Bögen, von denen sich jeder in eine der drei Raumrichtungen erstreckt. Sie sind mit Flüssigkeit gefüllt, deren Beschleunigung uns etwas darüber verrät, wie wir uns im Raum bewegen. Dieses Organ (sofern nicht von Schlägen durchgeschüttelt) ist die meiste Zeit dazu in der Lage, uns mit allen nötigen Informationen zu versorgen. Denn wir bewegen uns in der Regel recht entspannt auf dem Erdboden.

Die Sache sähe anders aus, wenn wir noch von Baum zu Baum springen würden. Selbstverständlich können wir auch mit solchen Situationen klarkommen, aber wenn Sie Ihr ganzes Leben im Geäst verbringen müssten, dann bräuchten Sie ein Gleichgewichtsorgan, das Sie nicht doch einmal im falschen Moment im Stich lässt. Zwischen baum- und bodenlebenden Tieren finden sich dementsprechend Unterschiede im Durchmesser der Bogengänge, sodass die Flüssigkeit unterschiedlich schnell fließt und damit unterschiedlich sensibel reagiert. Bei einem Fossil ist die Frage, wie das Tier gelebt hat, für uns Paläontologen außerordentlich spannend. Seltene, gut erhaltene Fossilien möchte man in der Regel aber nicht aufsägen. Mit einem Computertomographen ist dies zum Glück auch nicht mehr nötig: Anhand der entstandenen Röntgenaufnahmen lassen sich die Durchmesser der Gehörgänge von Fossilien mittels 3-D-Modellen digital messen und mit heute lebenden Tieren vergleichen. So lassen sich mitunter aus einem bruchstückhaft erhaltenen Schädel Aussagen darüber treffen, wie das Tier gelebt hat (Sherlock Holmes wäre stolz).

Dies ist nur eines von unzähligen Beispielen, wie moderne Verfahren mit Blick in die Fossilien für neue Möglichkeiten gesorgt haben. Wie wichtig dieser Zweig mittlerweile in der Paläontologie geworden ist, zeigt sich daran, dass immer mehr Fossilien mit Hilfe von Teilchenbeschleunigern (sozusagen ein CT auf Steroiden) gescannt werden, um immer höher auflösende Aufnahmen zu erzeugen.

Allerdings sollte an dieser Stelle auch nicht der Fluch der Technik unerwähnt bleiben. Jeder kennt das Gefühl, wenn man etwas Wichtiges erledigen muss und der Computer den Dienst einstellt. Ähnlich frustrierend ist es, wenn ein teurer Computertomograph ausgerechnet dann streikt, wenn der Kollege aus den USA mit seltenen Fossilien zu Besuch ist und man von der Firma gesagt bekommt, dass der Techniker «bald» vorbeikommt und das Gerät dann bestimmt auch «bald» wieder funktioniert. Außerdem kann ein solches Gerät nicht mal eben, wie Computer, Scanner oder Bildschirm, aufgestellt werden – in unserem Institut musste es aufgrund der schweren, schützenden Bleiplatten (Radioaktivität, Sie wissen schon) mit einem Kran in den Keller befördert werden.

Neben dem Blick durch das Gestein und in die Fossilien ist der Blick auf die Details ebenfalls etwas, von dem der Paläontologe nie genug bekommen kann. So steht in beinahe jedem Büro ein Mikroskop. Und während moderne Mikroskope sehr hochaufgelöste Bilder liefern, kann sich doch keines von ihnen in puncto Vergrößerung (oder umständlichem Handling …) mit dem Raster-Elektronen-Mikroskop (REM) messen. Haben Sie irgendwann mal ein unangenehm großes Bild einer Ameise gesehen, bei dem Sie selbst feinste Details wie die einzelnen Borsten ausmachen konnten? Dabei handelte es sich mit sehr hoher Wahrscheinlichkeit um eine REM-Aufnahme (warum es sich bei diesen Bildern immer um Ameisen handeln muss, ist mir allerdings ein Rätsel). Im Gegensatz zu einem Lichtmikroskop funktioniert das Rasterelektronenmikroskop mittels Elektronen (wer hätte das gedacht?), die als Strahl durch ein Vakuum auf das Objekt gefeuert werden. Damit das Objekt gut reflektiert, wird es zuvor meist mit einem extrem dünnen Film aus leitendem Material (häufig Gold) bedampft.

Geräte wie CT-Scanner oder Raster-Elektronen-Mikroskope haben ihren Preis, und so sind längst nicht alle paläontologischen Institute mit solchen Geräten ausgestattet. Oftmals wird hier auf Geräte anderer Einrichtungen zurückgegriffen. Deshalb hatten bereits viele Krankenhäuser Dinosaurier und andere fossile Patienten zu Besuch zum CT-Termin. Raster-Elektronen-Mikroskope hingegen sind da schon seltener zu finden. Der hohe Anschaffungspreis macht dieses Gerät zu einem großen Schatz vieler Institute. Weil sie so teuer sind und so enorm wichtig für viele Forschungsbereiche, haben diese Geräte oft eine lange Laufzeit, sodass mitunter die Software älterer Mikroskope nur noch mit Windows XP funktioniert. Das Gerät selbst wird dazu häufig – wie ein klassischer Oldtimer – über Ersatzteile seiner verstorbenen Kameraden am Leben gehalten, und ein Röhrenmonitor, der fast größer als das eigentliche Mikroskop ist, rundet das Bild ab.

Die hier genannten Beispiele sind natürlich nur eine kleine Auswahl der vielfältigen Methoden, die in der Paläontologie verwendet werden. Und die Zukunft wird sicherlich noch viele neue Technologien hervorbringen, um den alten Fossilien ihre Geheimnisse zu entlocken.

Was hat es mit Evolution auf sich?

Hypothese, Theorie, Naturgesetz – eine kleine Begriffsklärung

Nachdem wir einen Einblick in die Arbeitsweise der Paläontologie bekommen haben, wollen wir in den folgenden Kapiteln verstehen, was Fossilien über unsere Herkunft verraten. Dafür schauen wir uns an, wie Evolution funktioniert und wie sie im Laufe der Jahrmillionen neue Arten hervorbringt. Zuerst müssen wir jedoch kurz ein paar sprachliche Missverständnisse ausräumen, die häufig für Verwirrung sorgen.

Einmal unterhielt ich mich mit meiner Tante über Forschung im Allgemeinen. In diesem Zusammenhang erwähnte ich Evolution und den Umstand, dass sie, entgegen absolutem Konsens innerhalb der Biologie und Paläontologie, von Laien mitunter aus Unwissenheit oder ideologischen Gründen abgelehnt wird. Da entgegnete Sie mir: «Na ja, es ist ja halt auch nur eine Theorie und kein Naturgesetz.» Dieser Einwand ist so einleuchtend und naheliegend wie falsch.

Viele Leute haben den Eindruck, dass ein Naturgesetz, allein schon wegen des Namens, die höchste, in Stein gemeißelte Form der wissenschaftlichen Erkenntnis sei. Von daher müsse eine Theorie ja zwangsweise «schwächer» sein. Dies stimmt aber nicht, denn Naturgesetze und Theorien decken völlig unterschiedliche Bereiche ab. Eine Theorie im wissenschaftlichen Kontext kann niemals zu einem Naturgesetz «aufsteigen», und ein Naturgesetz kann niemals zu einer Theorie «degradiert» werden. Ein Naturgesetz beschreibt einen Vorgang. Beispielsweise erkannte Isaac Newton, dass Massen sich gegenseitig anziehen, und leitete daraus das Newton'sche Gravitationsgesetz ab. Anhand dieses Gesetzes kann man einen Vorgang berechnen und wiedergeben: beispielsweise, dass der Apfel herabfällt und nicht nach oben wegfliegt. Eine solche Erklärung erläutert jedoch nicht, warum die Dinge so sind, wie sie sind. Newton hat deshalb die Gravitationstheorie aufgestellt, die, basierend auf den Naturgesetzen, Phänomene wie die Entstehung von Gezeiten erklären konnte. Später wurde sie durch die bekannte Relativitätstheorie umfassend erweitert. Naturgesetze sind also erst einmal «nur» mathematische Formeln. Erst eine Theorie beschreibt, warum etwas passiert.

Wie Sie eventuell bereits bemerkt haben, hat eine Theorie in der Wissenschaft nicht die gleiche Bedeutung wie eine alltägliche Theorie. Das, was man im normalen Sprachgebrauch Ideen, Einfälle oder eben Theorien nennen würde, bezeichnet man im wissenschaftlichen Sprachgebrauch als Hypothesen. Sie werden täglich in der Wissenschaft aufgestellt, überprüft, belegt oder wieder verworfen. Wissenschaftliche Theorien haben eine weitaus größere Dimension. Sie entstehen aus einer oder mehreren Hypothesen und unterscheiden sich von diesen in zwei Dingen: Zum einen sind sie durch Beobachtungen zu einem hohen Grad gestützt, was bei einer Hypothese nicht der Fall sein muss. Zum anderen erklären sie größere Zusammenhänge und Phänomene wesentlich besser und schlüssiger, im Vergleich zu den bisher bestehenden Erklärungsversuchen. So wurden durch die Gravitationstheorie von Newton zum ersten Mal elegant die Umlaufbahnen von Planeten, die Gezeiten und auch andere Effekte erklärt.

Viele der bekannten großen Theorien haben sich gegen Versuche, sie zu widerlegen, so lange gehalten, bis sie de facto als Tatsachen anerkannt wurden. Dies spiegelt sich auch darin wider, dass der Zusatz «Theorie» oft nur verwendet wird, wenn man speziell «die Erklärung an sich» meint. Redet man von den Phänomenen selbst, wird er meist weggelassen. So sagen wir in der Regel, dass etwas «durch Gravitation» zu erklären ist und nicht «durch die Gravitationstheorie». Die Existenz von Atomen wird selbstverständlich angenommen, und man verweist nicht mehr extra auf die Atomtheorie. Und wenn Sie den Fernseher anschalten und Werbung für Febreze und andere Hygieneprodukte sehen, die eine besonders effiziente Keimabtötung versprechen, dann finden Sie noch ein anschauliches Beispiel, bei dem eine Theorie in der Praxis längst als Tatsache gehandhabt wird. Denn die Existenz von Keimen geht auf die in der Renaissance aufgestellte und von dem Franzosen Louis Pasteur wissenschaftlich entwickelte Keimtheorie zurück. Aus paläontologischer und biologischer Sicht spricht man in wissenschaftlichen Artikeln deshalb auch meistens schlicht von Evolution.

Jetzt merke ich schon, wie Sie sich fragen: «Ja, warum sagt man dann nicht einfach Tatsache, wenn es so eindeutig ist?» Dies liegt daran, dass Wissenschaft niemals abgeschlossen ist. Jede Studie, jedes Experiment, jedes neue Fossil kann weitere Erkenntnisse bringen, die bestehendes Wissen verändern und erweitern können. Stellen Sie sich Wissenschaft wie einen Prozess vor Gericht vor. Der Angeklagte gilt als unschuldig, bis das Urteil feststeht. Während des Prozesses werden immer mehr Hinweise ausgewertet und das Bild setzt sich nach und nach zusammen. Oft lässt sich der Prozessausgang nach einer gewissen Zeit erkennen. Dennoch wartet man mit der Urteilsverkündung, bis alle Zeugen gehört und alle Gutachten präsentiert wurden. So ähnlich läuft es in der Wissenschaft ab, nur mit dem Unterschied, dass sie niemals ein Ende hat. Eine unendliche Beweisaufnahme sozusagen. Deshalb wird auch formell nie ein endgültiges Urteil gefällt, ganz egal, wie eindeutig die Sachlage ist. Aus diesem Grund fehlen auch Begriffe wie «Tatsachen» oder «Beweise» im formellen Sprachgebrauch der Wissenschaft (mit Ausnahme der Mathematik). Wenn Sie das nächste Mal also lesen: «Wissenschaftler haben bewiesen, dass ...», dann wissen Sie, dass dieser Satz wahrscheinlich nicht von einem Wissenschaftler stammt.

Genetik und natürliche Auslese

Wenn man hört, dass in der Natur Tiere um ihr Überleben kämpfen, denkt man wahrscheinlich sofort an ein Raubtier, das seiner Beute nachstellt. Diese Form des Überlebenskampfes ist aber nur eine von vielen, die in der Natur Tag für Tag aufs Neue stattfindet. Bei jedem Spaziergang durch den Wald bewegen Sie sich durch ein Schlachtfeld, und Sie werden, ohne es zu bemerken, Zeuge eines gnadenlosen Kampfes, der an unglaublich vielen Fronten gleichzeitig tobt. Dort drüben, wo ein alter Baum umgekippt ist, dringt seit kurzem etwas Licht durch das sonst so dichte Blätterdach. Hier sind viele Pflanzen und Triebe junger Bäume zu sehen, die alle dem Licht entgegenwachsen. Aber nur wenige von ihnen werden sich durchsetzen – den anderen wird das Licht ausgehen, bis sie schließlich verkümmern. Rehe fressen die Triebe der aufstrebenden Pflanzen, und die umstehenden älteren Bäume werden in ihrem Inneren von Pilzen angegriffen, die versuchen, genug Energie aus dem Baum zu gewinnen, um Sporen ausbilden zu können.

Was wie ein friedliches, lebendiges Bild wirkt, ist aus der Sicht der beteiligten Pflanzen ein Wettlauf auf Leben und Tod. Wer hier schneller wachsen kann, hat einen gewaltigen Vorteil. Auch die Insekten nehmen am täglichen Kampf um das Überleben teil. Raupen beispielsweise fressen an Blättern und hinterlassen ihre charakteristischen Spuren (die man übrigens auch fossil finden kann). So schwächen sie die Pflanzen und vermindern deren Überlebenschancen. Diese wiederum besitzen mitunter Giftstoffe, um Insekten fernzuhalten, was dafür sorgen kann, dass Individuen, die nicht rechtzeitig einen passenden Baum finden, verhungern. Auch Viren und Bakterien versuchen, zu überleben (ob man bei Viren schon von Überleben sprechen kann, ist Definitionssache) und sich zu vermehren und stellen so die Immunsysteme sämtlicher Lebewesen im Wald auf eine Probe, die viele tagtäglich nicht bestehen.

Ebenso stehen Individuen ein und derselben Art miteinander in Konkurrenz. Es kann gut sein, dass von den Jungvögeln, die in dem Nest hoch oben in der Astgabel lautstark um Futter betteln, der schwächste so weit bei den Fütterungen von seinen Geschwistern abgedrängt wird, dass er letzten Endes auf der Strecke bleibt. Auch bei Wildschweinen können mehr Frischlinge zur Welt kommen, als die Mutter Zitzen besitzt. Nur wer sich also rechtzeitig einen Platz sichert, kommt durch (sozusagen eine äußerst drastische Variante von «Reise nach Jerusalem»). Neben dem Konkurrenzkampf des Nachwuchses kann bei vielen Tieren der Wettstreit um ein Revier über Leben und Tod entscheiden.

Es lässt sich also sagen, dass alle nur denkbaren Ressourcen in der Natur begrenzt und somit heiß umkämpft sind. Und warum erzähle ich Ihnen das? Weil vor knapp 200 Jahren ein Mann namens Charles Darwin die gewaltigen Auswirkungen dieses Umstands auf das Leben und seine Entwicklung erkannte.

Aber lassen Sie uns schrittweise vorgehen. Behalten Sie die Beobachtung im Hinterkopf, dass in der Natur jedes Lebewesen ständig Druck aus allen Richtungen ausgesetzt ist. Wenn wir uns eine beliebige Tier- oder Pflanzenart im Detail anschauen und ihre Individuen einzeln betrachten, so stellen wir fest, dass jedes von ihnen sogenannte Merkmale besitzt. Dies sind alle Eigenschaften, die dazu dienen können, Individuen voneinander zu unterscheiden. Als Beispiele fallen darunter spontan Körpergröße, Haarfarbe, Teint, aber auch weniger direkte Dinge wie Sehfähigkeit, Veranlagung zur Fetteinlagerung oder auch Verhaltensweisen wie die Tendenz zu aggressivem oder passivem Verhalten. Die Liste lässt sich beliebig fortsetzen und ist nicht darauf beschränkt, nur Individuen einer Art voneinander zu trennen. So sind beispielsweise die Kopfform, die Art der Muskulatur oder das Gebiss Merkmale, die beim Vergleich von Schimpansen und Menschen unterschiedlich ausfallen. In der Regel ist die Ausprägung dieser Merkmale (beispielsweise blonde oder braune Haare) durch die Gene vorgegeben. Teilweise sind diese Merkmale aber auch durch die Umwelt und die individuelle Entwicklung des Lebewesens

Charles Robert Darwin (1809–1882) war ein britischer Biologe und Geologe. 1831 begab er sich auf eine mehrjährige Forschungsreise, aus der eine intensive Beschäftigung mit der Entstehung der Arten resultierte. Bereits vorher hatten Wissenschaftler die Vermutung geäußert, dass Arten wandelbar sind. Doch war es Charles Darwin, der erkannte, dass die natürliche Zuchtwahl die treibende Kraft hinter der Entstehung neuer Arten ist. Mit seinem Kollegen Alfred Russel Wallace gilt Darwin als Begründer der Evolutionstheorie und hatte damit einen revolutionären Einfluss auf die Biologie und Paläontologie.

beeinflusst. Ob man als Kind oft hungern musste oder nicht, hat beispielsweise Einfluss auf die Körpergröße. Doch trotz dieser äußeren Einflüsse hängen die meisten Merkmale größtenteils oder sogar vollständig von der genetischen Veranlagung ab (Sie können als Kind so viel essen, wie Sie wollen: Wenn Ihre Gene sagen, dass bei 1,60 Meter Schluss ist, dann werden Sie nie zwei Meter erreichen … höchstens in der Breite). Hier folgt jetzt der zweite Punkt, den Sie bitte für später im Hinterkopf behalten: Die Eigenschaften eines Individuums werden weitestgehend von seinen Genen bestimmt.

Wenn Ihre Eltern besonders groß waren, ist die Chance sehr hoch, dass Sie auch überdurchschnittlich groß werden. Dass der genetische Bauplan von den Eltern vererbt wird, machen sich Züchter seit Jahrtausenden zunutze. Wenn sie Nutztiere mit bestimmten Merkmalen wünschen, dann kreuzen sie vermehrt Individuen mit diesen Eigenschaften, während Individuen mit unerwünschter Genetik aussortiert werden (sprich: auf dem Teller landen). Dies ist auch schon der dritte Punkt: Eltern vererben ihre Merkmale wahrscheinlich auf ihre Kinder.

Neben der Vererbung durch die Eltern gibt es noch einen zufälligen Faktor. Dies sind Mutationen, die die Gene über das elterliche Erbe hinaus beeinflussen können. Sie treten dauernd auf, sind rein zufällig und haben oft keinen Effekt, sind negativ (was meist «tödlich» bedeutet) oder sind in seltenen Fällen positiv für das Individuum. Dies stellt einen kleinen Zusatz zum dritten Punkt dar (sozusagen 3.1). Wir können Mutationen erst mal vereinfacht als Gewürze im genetischen Eintopf der Eltern betrachten.

Keine Angst, viele Punkte folgen nicht mehr. Lediglich zwei relativ offensichtliche Beobachtungen sind noch notwendig. Dies wäre zum einen, dass jedes Merkmal in einer Population an Individuen mit einer gewissen Regelmäßigkeit verteilt ist (Punkt vier). Wenn wir Größe als Beispiel nehmen, dann stellen wir fest, dass viele Personen nahe am Durchschnitt liegen, während einige klein oder groß sind und sehr wenige riesig beziehungsweise winzig (ich hoffe, ich habe mich hier nicht politisch unkorrekt ausgedrückt). Das Gleiche gilt für die Neigung zu gewissen Krankheiten, die Dichte der Körperbehaarung und so weiter und so fort.

Der letzte Punkt ist, wenn man darüber nachdenkt, ziemlich offensichtlich: Die Ausprägung eines Merkmals kann die Überlebenschancen eines Individuums positiv, negativ oder nahezu gar nicht beeinflussen. Falls ein Merkmal die Möglichkeit hat, das Überleben zu beeinflussen, dann hängt es jeweils davon ab, an welchem Ende der Skala man sich mit der Ausprägung dieses Merkmals befindet. Ich habe vorhin das Beispiel mit den Vögeln im Nest genannt, die zirpend um die Aufmerksamkeit der Mutter buhlen, um mehr Nahrung als ihre Geschwister zu bekommen. In so einem Fall sind solche Individuen besser dran, die genetisch so ausgestattet sind, dass sie schneller wachsen, lauter rufen und sich dominanter verhalten. Also besagt Punkt fünf, dass die Ausprägung einzelner Merkmale das Überleben positiv oder negativ beeinflussen kann.

An dieser Stelle fassen wir noch einmal zusammen:

- Alle Lebewesen kämpfen täglich ums Überleben.
- Jedes Individuum hat unzählige Eigenschaften, sogenannte Merkmale, die genetisch (meist) vorgegeben sind.
- Die genetischen Grundlagen werden von den Eltern auf ihre Kinder weitervererbt (und mitunter durch Mutationen noch leicht verändert).
- Die Merkmale innerhalb einer Population sind (meistens!) mit einer gewissen Regelmäßigkeit verteilt, bei der die Extreme selten sind, der Durchschnitt häufig ist (Gauß'sche Normalverteilung).
- Je nachdem, wie ein Merkmal ausgebildet ist, kann es die Überlebenschancen verbessern oder verschlechtern, indem es dem Individuum einen Vorteil oder Nachteil seiner Umwelt gegenüber verschafft.

So, damit haben Sie alles in der Hand, um Evolution zu verstehen. Betrachten wir, um das Wissen gleich anzuwenden, eine Wolfspopulation und schauen uns ihre Beinlänge an. Einige wenige Individuen haben sehr kurze Beine, ein paar haben leicht kürzere, die meisten haben durchschnittlich lange Beine, einige besitzen längere und wiederum sehr wenige ganz lange Beine. Diese Unterschiede spielen bei der Nahrungsbeschaffung eine wichtige Rolle. Denn bei einigen Wolfpopulationen besteht ein Großteil der Nahrung aus Tieren, die gut und lange laufen können. Für einen Wolf ist es daher notwendig, dass er mit seiner Beute Schritt halten kann. In diesem Zusammenhang sind lange Beine von Vorteil, da sie es den Tieren mit längeren Gliedmaßen ermöglichen, bei größeren Strecken weniger Energie zu verbrauchen. Selbstverständlich gilt dies nur bis zu einem gewissen Grad, denn zu lange Beine können beispielsweise bei unwegsamem Terrain und schnellen Richtungsänderungen hinderlich werden. Dementsprechend liegt es nahe, dass die optimale Beinlänge bei unserer Population ziemlich genau im Durchschnitt zu finden sein dürfte. Und: Solange die Umweltbedingungen stabil bleiben, wird sich hier auf die gesamte Population bezogen nicht viel verändern. Tiere mit besonders kurzen oder langen Beinen haben einen Nachteil gegenüber ihren Artgenossen, da sie mehr Energie bei der Jagd verbrauchen beziehungsweise eher Verletzungen erfahren. Dies muss selbstverständlich nicht jeden der «Außenseiter» dahinraffen, aber es reicht, um eine genügend große Menge an Individuen mit extremen Merkmalen an der Fortpflanzung zu hindern, sodass sich am Durchschnitt nichts ändert. Die Änderung (= Evolution) tritt dann ein, wenn sich die Umweltbedingungen wandeln. Stellen wir uns vor, ein Teil unserer Wolfspopulation wird durch einen Anstieg des Meeresspiegels auf einer neu gebildeten Insel vom Festland abgeschnitten. Hier finden sich keine Tiere, die lange Strecken laufen, sondern viel mehr kleine, flinke Beute. Die neuen Bedingungen stellen ganz andere Herausforderungen und geben den Individuen einen Vorteil, die besonders kurze Beine haben und sich so im Unterholz besser fortbewegen können. Was wird also von Generation zu Generation passieren? Langbeinige Individuen werden im Schnitt eher sterben, bevor sie sich fortpflanzen können, da sich die Jagd für sie sehr schwierig darstellt, während ihre kurzbeinigen Verwandten relativ gut dastehen. Natürlich sterben auch von diesen einige durch andere Faktoren wie Krankheit, Durst etc., und es werden auch noch viele langbeinige Individuen lange genug leben, um ihre Gene weiterzugeben. Aber von Generation zu Generation wird sich die durchschnittliche Länge der Beine weiter und weiter nach unten verschieben. Lassen wir einige hunderttausend Jahre verstreichen, und aus unseren großen Wölfen sind Tiere geworden, die in ihrem Habitus Füchsen oder Wildhunden ähnlicher sein dürften. Sollte der Meeresspiegel wieder sinken, so würden sich die Individuen der ehemaligen Wolfspopulation in ihrem Verhalten und Aussehen derartig von ihren Verwandten auf dem Festland unterscheiden, dass eine Paarung und damit erneute Vermischung nahezu ausgeschlossen wären. So können durch die schrittweise Veränderung der Lebewesen (= Evolution) im Laufe der Zeit neue Arten entstehen.

Und wo sind jetzt die Fossilien abgeblieben?

Obwohl Fossilien beinahe sinnbildlich für Evolution stehen, sind sie für das Verständnis des Prozesses an sich interessanterweise nicht zwingend erforderlich. Wir haben gerade nachvollzogen, wie Umweltveränderungen Eigenschaften von Lebewesen beeinflussen können und sich Populationen so durch natürliche Zuchtwahl verändern, ohne ein einziges Fossil zu Hilfe genommen zu haben. Nichtsdestotrotz spielen sie im Rahmen der Evolutionsforschung eine sehr große Rolle. Denn sie bieten einen direkten Nachweis und ermöglichen es uns, eine wichtige Komponente der Evolution, nämlich die Zeit, direkt zu erfassen. Hier möchte ich als Beispiel die Entwicklung der Wale nennen. Wale sind Säugetiere. Sie bringen lebende Junge zur Welt, säugen diese mit Milch und atmen Luft.

Eine kleine Bemerkung am Rande: Letzteres ist übrigens (in den meisten Fällen) kein vorteilhaftes Merkmal, wenn Sie vollständig im Wasser leben. Eine «Umbauphase» hin zu einer anderen Atmung würde allerdings schrittweise über viele Generationen erfolgen müssen. Hier ist das Problem, dass die einzelnen Zwischenschritte mit hoher Wahrscheinlichkeit erst einmal keine Vorteile, möglicherweise sogar Nachteile mit sich bringen würden. Dementsprechend kann eine solche Linie evolutionär mitunter gar nicht eingeschlagen werden, da nicht nur das vorteilhafte «Endergebnis» (auch wenn man evolutionär nie von einem Ende sprechen kann) vorhanden sein muss, sondern auch die Entwicklung als solche zu erhöhten Überlebenschancen führen sollte. So spielt neben der Umwelt auch der genetische Bauplan, den

Lebewesen mitbringen, eine große Rolle. Diese Einschränkungen nennt man «Constrains». Sie erklären, warum viele theoretisch denkbare Wege evolutionär nicht eingeschlagen werden.

Aber zurück zur Entwicklung der Wale. Lange war ihre genaue Stellung innerhalb des Stammbaums der Säugetiere unsicher. In den 90er Jahren zeigten dann genetische Untersuchungen, dass Wale einen Zweig innerhalb der Paarhufer darstellen, zu dem unter anderem auch Kamele, Schweine, Flusspferde, Schafe, Rinder und Hirsche gehören. Diese Erkenntnis aus dem Bereich der Genetik ließ die Paläontologen aufhorchen. Denn sämtliche Paarhufer haben eine besondere anatomische Eigenschaft. Sie alle besitzen ein Sprungbein (der Teil, der immer dick wird, wenn man mit dem Fuß umknickt) mit zwei Gelenkrollen. Dies ist ein Merkmal, das sich alle Paarhufer teilen und das nur auf sie beschränkt ist (vergleichbar mit der kuriosen Eigenschaft sämtlicher Katzen, sich von einem Pappkarton magisch angezogen zu fühlen, völlig egal, ob es sich um den heimischen Stubentiger oder einen zwei Meter großen Löwen handelt). Man hatte bereits zuvor in älteren Gesteinsschichten häufiger zusammengeschwemmte Knochen von frühen Walen gefunden, bei denen auch besagte Paarhufer-Sprungbeine vorhanden waren. Ursprünglich wurde vermutet, dass es sich um eingeschwemmte Überreste von Paarhufern des Festlandes handelte. Nach den genetischen Untersuchungen begann man, diese Funde in einem anderen Licht zu sehen und gezielt nach vollständigen Skeletten früherer Wale zu suchen, um den direkten Nachweis zu finden. Wurden schon vorher Teilskelette früher Wale gefunden, die zeigten, dass die ersten Wale noch Vorder- und Hinterbeine besaßen, so fehlten bis zur Jahrtausendwende vollständige Skelette, die auch die Hinterfüße umfassten. Im Jahr 2000 fand ein Forscherteam in Pakistan in rund 47 Millionen Jahre altem Sediment das Skelett eines frühen Wales, dessen Hinterläufe jeweils ein Sprungbein mit zwei Gelenkrollen besaßen. Hier hielten die Paläontologen nun den handfesten Nachweis für eine Hypothese in der Hand, die die Genetiker zum damaligen Zeitpunkt seit rund zehn Jahren postuliert hatten. Dem Fossil wurde der passende Name *Artiocetus* gegeben, was sich aus den wissenschaftlichen Fachbegriffen für Wale «Cetacea» und Paarhufer «Artiodactyla» zusammensetzt. In den folgenden Jahren wurden viele weitere Walskelette gefunden. Ihre ältesten Vertreter (knapp 50 Millionen Jahre alt) waren noch nahezu vollständig an das Leben an Land angepasst. Mit abnehmendem Alter zeigen die Skelette jedoch zunehmend Anpassungen an eine aquatische Lebensweise. Eine Übergangsart ist beispielsweise *Ambulocetus natans*, was übersetzt so viel wie «schwimmender Laufwal» bedeutet. Den Namen gaben ihm die Forscher, da sein Skelett zwar eindeutige Anpassungen an eine Lebensweise im Wasser zeigte, seine Hinterbeine jedoch noch recht gut entwickelt waren. Daher vermutete man, dass die Tiere, die sich vor rund 47 Millionen Jahren entwickelten, amphibisch – also sowohl an Land als auch im Wasser – lebten. Nachfolgende detailliertere Untersuchungen der Skelettanatomie legen allerdings nahe, dass *Ambulocetus* bereits vollständig im Wasser gelebt hat und dort wie ein Krokodil auf Jagd gegangen sein dürfte. Nach dem Übergang ins Wasser folgte die Betonung des Schwanzes als Fortbewegungsmittel, und damit einhergehend wurden die Hinterläufe reduziert (Körperteile, die nicht länger benötigt werden, stellen in der Regel eine unnötige Ressourcenverschwendung dar und verschwinden nach und nach). Der relativ berühmte, rund 35 bis 40 Millionen Jahre alte *Basilosaurus* (anders als sein Name vermuten lässt, handelt es sich hier natürlich nicht um einen Saurier) war mit seinem fast 15 Meter langen, schlangenförmigen Leib bereits ein vollständig ans Leben im Wasser angepasster Wal, dessen Hinterbeine zu kurzen Stummeln reduziert waren. Vor rund 34 Millionen Jahren begannen die frühen Wale, sich in die beiden heutigen Gruppen Zahnwale und Bartenwale aufzuspalten. Fossilien früher Bartenwale zeigen, dass sie anfänglich noch Zähne besaßen und sich die Barten erst nach und nach entwickelten, während die Bedeutung des Gebisses immer mehr abnahm. Auch die Embryonen heutiger Bartenwale bilden noch Zähne aus, die aber anschließend wieder abgebaut werden.

Wir werden im weiteren Verlauf des Buches noch viele Beispiele kennenlernen, anhand derer wir die Veränderung des Lebens durch die Zeit und die Entstehung neuer Arten nachvollziehen können. In einigen Fällen sind die schrittweisen anatomischen Veränderungen durch viele Fossilfunde sehr gut im Detail belegt, in anderen Fällen sind weniger Fossilien überliefert, sodass wir Paläontologen die Veränderungen in gröberen Schritten nachvollziehen. Dies ist vergleichbar mit modernen Filmen, die dank einer hohen Bildrate pro Sekunde für das menschliche Auge nahtlos ablaufen, während alte Filme teilweise ruckelig und daumenkinoartig wirken. Dennoch sind auch bei Letzteren die Bewegungen klar als solche erkennbar. Ganz ähnlich verhält es sich mit den Fossilien. Mal haben wir einen Abschnitt, der sehr «flüssig» läuft, mal haben wir nur wenige Bilder. Und doch können wir die fließende Veränderung der Lebewesen durch die Zeitalter hindurch erkennen und sie im Stammbaum des Lebens ausmachen.

Welche Rolle spielt der Zufall?

Eventuell sitzen Sie gerade etwas skeptisch vor dem Buch und denken sich: «Okay, für Dinge wie Größe oder Länge von Extremitäten kann ich mir das ja vorstellen. Aber wie sieht es mit komplexen Organen aus? Das kann doch nicht alles Zufall sein?!» Der letzte Satz begegnet Paläontologen (oder Biologen) häufig, wenn man auf die Evolution angesprochen wird. Dieser scheinbare Widerspruch – Zufall und Entstehung von komplexen Lebewesen – löst sich jedoch relativ schnell auf, wenn man versteht, dass die treibende Kraft hinter der Evolution die natürliche Auslese (Selektion) ist. Allein der Begriff Selektion zeigt schon, dass hier der Zufall in Bahnen gelenkt wird. Dies lässt sich vielleicht am besten an genetischen Mutationen verdeutlichen. Diese Veränderungen am Genom sind zufällig und können dazu führen, dass Sie gegenüber Ihren Eltern beispielsweise ein geringeres Risiko besitzen, bestimmte Krankheiten zu bekommen. Oder mit etwas Pech erkranken Sie durch die neue Mutation an einer Krankheit, von der Ihre Vorfahren bisher verschont geblieben sind. Ob und wie ein bestimmter Teil Ihres Genoms mutiert, ist weitestgehend zufällig. Auch ob sich die Mutation neutral, positiv oder negativ auswirkt, ist zufällig, wobei positive Mutationen am seltensten auftreten. Während all dies dem Zufall unterliegt, sind die Chancen der betroffenen Individuen, zu überleben und ihrerseits Nachkommen zu zeugen, keineswegs zufällig.

Sehr viele der negativen Mutationen sind tödlich und verhindern, dass sich der Embryo überhaupt entwickeln kann. Andere sind nicht direkt tödlich, bringen aber sehr starke Einschränkungen mit sich. Ein Reh beispielsweise, das durch eine zufällige Mutation ohne funktionierende Beine geboren wird, hat keine Chance, seine Gene weiterzugeben. Also wird diese Mutation auch keine Auswirkungen auf die Entwicklung der jeweiligen Population haben. So bleiben nur Mutationen übrig, die kleinere Nachteile mit sich bringen, beispielsweise schlechtere Sehfähigkeit oder die Veranlagung zu bestimmten Krankheiten. Diese konkurrieren mit leicht positiven Mutationen wie besonders guter Sehfähigkeit oder einem besseren Immunsystem. Hierbei ist die Entwicklung des einzelnen Individuums ebenfalls erneut zufällig. So kann ein Lebewesen mit starker Kurzsichtigkeit seine Gene vielleicht erfolgreich weitergeben, während ein Individuum mit einem besonders guten Immunsystem ohne weiteres von einem Auto überfahren werden kann. Rein statistisch betrachtet und auf einen langen Zeitraum und viele Individuen bezogen, verschieben sich die Fortpflanzungschancen zwischen den an sich zufällig negativen und positiven Mutationen zugunsten letzterer. So werden diese vermehrt weitervererbt und können die Eigenschaften einer Population langfristig beeinflussen.

Zur Entwicklung komplexer Organe

Längere Beine sind eine Sache, aber wie sieht es mit komplexeren Dingen aus? Ein menschliches Auge wirkt beispielsweise (Achtung, Wortspiel!) auf den ersten Blick zu komplex, als dass man sich vorstellen könnte, dass es sich aus einfachen Lichtsinneszellen entwickelt haben könnte. Doch auch wenn die Evolution komplexer Strukturen länger dauert als einfachere Veränderungen wie die Größenzu- oder abnahme beispielsweise ganzer Organismen oder einzelner Knochen, stellt sie dennoch kein wirkliches Problem dar. Die Veränderung geht über einen langen Zeitraum in vielen kleinen Schritten einher. Die einzige Voraussetzung ist, dass jede dieser winzigen Verbesserungen für die jeweilige Generation von Vorteil ist. So gewinnen einzelne Elemente im Laufe der Jahrmillionen nach und nach an Komplexität.

Schauen wir uns einfach unser Auge an. Auch wenn die Fossilien hier natürlich nur wenig weiterhelfen, so sind viele der unterschiedlichen Entwicklungsstufen, die es durchlaufen hat, heute noch im Tierreich zu finden (erwähnte ich bereits, dass Biologie und Paläontologie eine Liebesheirat eingegangen sind?). Stellen Sie sich vor, Sie seien ein kleines wurmartiges Tier und besäßen nur ein paar Sinneszellen vorn am Körper. Damit könnten Sie gerade zwischen hell und dunkel unterscheiden – immerhin eine kleine Hilfe. Wenn plötzlich ein Schatten vor Ihnen auftaucht, schwimmen Sie sicherheitshalber in die andere Richtung. Sie haben also mit Ihrem sogenannten Flachauge einen Vorteil gegenüber den Artgenossen, die keine oder weniger Sinneszellen besitzen. Einer der nächsten Schritte wäre (wir vereinfachen das Ganze und nehmen sehr viele Schritte auf einmal), dass Individuen einen Vorteil besitzen, deren Sinneszellen nicht alle genau in einer Reihe liegen, sondern etwas nach innen gebogen sind, beispielsweise weil die Oberfläche des Kopfes leicht uneben ist. Denn sie können mit den Sinneszellen am Rand bereits eine Richtung erkennen. Licht oder Schatten von rechts wird dann nur von den linken Zellen wahrgenommen. Diese einfache Struktur nennt sich Grubenauge. Wenn sich dieser Trend fortsetzt, haben wir es bald mit einem einfachen Lochkamera-Auge zu tun – hier kann das Licht nur noch über eine kleine Öffnung eindringen. Parallel kommen im Laufe der Millionen Jahre weitere Vorteile hinzu, die das Ganze verbessern und gleichzeitig komplexer machen. So ist beispielsweise ein offener Hohlraum immer weniger von Vorteil, je tiefer das Auge wird. Aus dem umgebenden Gewebe entwickeln sich also nach und nach durchsichtige Elemente, die das Auge «füllen» und von außen abdichten. Allmählich kommen weitere vorteilhafte Elemente hinzu wie eine Linse, die das Licht bricht. Muskeln, die ursprünglich andere Aufgaben hatten, übernehmen sukzessive die Kontrolle über die Linse und verbessern sie so. Am vorläufigen Ende dieser Entwicklung steht ein hochkomplexes Gebilde wie das menschliche Auge – entstanden aus einem simpleren Ausgangssystem.

Das ist natürlich nur eine sehr einfache Übersicht der gesamten Entwicklung, doch vermittelt sie hoffentlich das Prinzip dahinter. Und wenn Sie nun dem Stammbaum folgen, so sehen Sie immer wieder einfache Tiere, deren Augen auf simpleren «Zwischenstufen» zu den komplexeren Augentypen stehen, während ihre etwas «weiter entwickelten» Verwandten mit den schicken neuen Modellen daherkommen.

Okay – nehmen wir einmal an, Sie wollen den Anwalt des Teufels spielen. Erstens: Wenn die Tiere alle heute leben, dann hatten sie doch ähnlich viel Zeit, komplexe Augen zu entwickeln. Warum blicken manche von ihnen dann noch durch einfachere Formen in die Welt? Und zweitens: Könnte es nicht doch alles von einem Schöpfer (wie beispielsweise dem fliegenden Spaghettimonster) designt worden sein?

Fangen wir mit der ersten Frage an. Nahezu jede Veränderung kommt ja, auch wenn sie Vorteile bringt, mit einem gewissen Preis. Wenn Sie einem einfachen Wurm, der die meiste Zeit sowieso diffusen Lichtverhältnissen ausgesetzt ist, ein System wie unser Auge geben würden, dann täten Sie ihm keinen Gefallen. Das arme Ding würde nicht die nötige Gehirnkapazität besitzen, die ganzen über die Nerven hereinkommenden Informationen zu verarbeiten. Es hätte, im wahrsten Sinne des Wortes, mit einer permanenten Reizüberflutung zu kämpfen. Ein komplexeres Auge braucht auch einen leistungsstärkeren «Prozessor», der wiederum mehr Energie (sprich Nahrung) benötigt. Einige Populationen sind diesen Weg gegangen, weil ihre Umweltbedingungen dies positiv beeinflussten. An die Umweltbedingungen, unter denen unser armes Würmchen sein Dasein fristet, ist sein Auge aber nicht nur völlig ausreichend, sondern – was die Kosten-Nutzen-Rechnung angeht – sogar optimal angepasst.

Die zweite Frage wird Paläontologen auch des Öfteren gestellt, doch möchte ich hier ungern eine Gretchenfrage daraus machen. An dieser Stelle werde ich aber versuchen zu erklären, warum man aus wissenschaftlicher Sicht nicht davon ausgeht, dass die Komplexität des Lebens designt worden ist. Zum einen haben wir uns in diesem Kapitel angesehen, wie Komplexität auch ohne äußere Steuerung entstehen kann. Darüber hinaus gibt es aber auch noch viele Punkte im «Bauplan» der Lebewesen, die die Fähigkeiten eines Designers – oder seine geistige Gesundheit – ganz einfach in Frage stellen würden. Denn Systeme wie unser Linsenauge tragen oft «evolutionären Ballast» mit sich herum. Eventuell sind Sie mit dem blinden Fleck vertraut. Ein kleiner Punkt, an dem wir nichts sehen können. Wir bemerken ihn normalerweise nicht, weil unser Gehirn diesen Ausfall kompensiert. Dennoch haben Sie genau jetzt am Rand Ihres Blickfeldes einen Punkt, von dem aus Sie keine Information erreicht (im Internet finden sich diverse Anleitungen, dies zu testen). Dies liegt daran, dass an einer Stelle unser informationsleitender Sehnerv die Schicht aus Lichtrezeptoren (die das Licht auffangen) durchdringt. Warum er das macht? Weil die Nervenzellen, die die Reize der Rezeptoren weiterleiten, «genialerweise» *vor* diesen liegen. Also nicht, wie man es für sinnvoll erachten würde, dahinter. In letzterem Fall könnte das Licht einfach auf die Rezeptoren treffen, die dann die Informationen an die hinter ihnen liegenden Nervenzellen gäben, die wiederum als Sehnerv gebündelt (wie ein Stromkabel) alle Reize zum Gehirn transportierten. Aber nein, dieser logische Aufbau Rezeptoren-Nervenzellen-Sehnerv-Gehirn ist bei uns nicht gegeben. Unsere Nervenzellen liegen *vor* den Rezeptoren und damit zwischen ihnen und dem einfallenden Licht. Zwar sind sie transparent und lassen das Licht zu den Rezeptoren durch, die dann die vor ihnen liegenden Nervenzellen informieren, doch leider müssen die Nervenzellen ja noch irgendwie eine Verbindung zum Gehirn aufbauen, um die Informationen, die sie bekommen, weiterzuleiten. Ungünstigerweise liegt da aber die Schicht Rezeptoren zwischen ihnen und dem Gehirn. So bündeln sie sich und dringen als Sehnerv durch die Rezeptoren. Und dort, an der einen Stelle, wo der Sehnerv zum Gehirn führt, ist natürlich kein Platz für Rezeptoren. Dies ist die Ursache für unseren blinden Fleck. Im Vergleich zu unserem Auge haben Tintenfische ebenfalls unabhängig ein Linsenauge entwickelt. Ihr Auge ist unserem sehr ähnlich, mit dem bemerkenswerten Unterschied, dass bei ihnen die Nervenzellen hinter den Sinneszellen liegen. Da der Anfang der Augenentwicklung bei den Kopffüßern mit einer Einstülpung auf der Kopfaußenseite und nicht wie bei den Wirbeltieren mit einer Ausstülpung des Gehirns begann, konnten die Tintenfische die ungünstige Abzweigung, die unser Auge in seiner Entwicklungsgeschichte nahm, vermeiden.

Auch wenn man nicht pauschal sagen kann, dass das eine System besser als das andere ist (dazu müssten zu viele, rahmensprengende Faktoren berücksichtigt werden), lässt sich eines mit Sicherheit festhalten: Das logischere Auge hat der Tintenfisch.

Abschließen möchte ich mit einem letzten Beispiel. Nehmen wir an, Sie bestellen einen Elektriker, um ein Stromkabel von der Hauptleitung zu einer ein Meter entfernten Steckdose verlegen zu lassen. Er beginnt mit seiner Arbeit, bohrt ein Loch in den Keller, zieht das Kabel von der Hauptleitung nach unten, wickelt es dort um einen Heizkörper, bohrt ein zweites Loch in die Kellerdecke und führt das Kabel von dort zur Steckdose. – Wie würden Sie auf dieses Verhalten reagieren? Die Evolution geht, anders als ein Designer, so wie der verrückte Elektriker in unserem Beispiel nicht logisch planend vor. Sie kann auch suboptimale Ausgangsbedingungen nicht einfach umbauen. Der Stimmnerv ist ein Nerv, der zwischen dem Gehirn und dem Kehlkopf die Verbindung herstellt. Eine kurze Strecke, sollte man meinen. Generationen von Medizinstudenten standen in ihren Anatomievorlesungen vor der Überraschung, dass dieser Nerv jedoch nicht vom Gehirn einen direkten Weg nimmt, sondern erst einmal bis in den Brustkorb führt, sich dort um den Aortenbogen schlingt und schließlich wieder aufwärts zum Kehlkopf führt. Was schon bei uns ein komischer Umweg ist, bedeutet bei einer Giraffe eine ganz schöne Strecke, die völlig sinnlos überbrückt werden will. Der Grund hierfür findet sich in unserer evolutionären Vergangenheit. Bei den ersten Wirbeltieren, den frühen Fischen, war das Problem mit dem Hals noch gar nicht gegeben. Genau wie noch bei den heutigen Fischen liegt der Nerv auf Höhe der Kiemen und ist recht kurz. Dass er an der Aorta vorbeiführt, stört nicht weiter. Erst als sich aus Fischen Landwirbeltiere entwickelten, für die Hälse ein bedeutender Vorteil waren, musste der Nerv immer länger werden, da ein Umbau nun nicht mehr möglich war. Und um genau dieses Verhältnis von Landwirbeltieren zu Fischen – und ihre Einordnung in den Stammbaum – geht es im nächsten Kapitel.

Der Stammbaum des Lebens

Auf dem Speicher meines Großvaters liegt eine große Rolle Papier. Rollt man sie aus, erstreckt sich vor dem Auge des Betrachters ein engmaschiges Netz aus Namen, Linien und Jahreszahlen, das bis ins 17. Jahrhundert zurückreicht. Mein Großvater hat diese Informationen mit einigen entfernten Verwandten zusammengetragen, um die Geschichte der Familie zu erhalten (und vielleicht in der Hoffnung, auf namhafte Vorfahren zu stoßen). Ahnenforschung kann natürlich großen Spaß machen, besonders, wenn man fertige Listen vor sich findet, in denen man nach berühmten Persönlichkeiten und Feldherren suchen kann, mit denen man verwandt ist. Die Stammbäume zusammenzutragen ist aber erst einmal langwierige Archivarbeit, und man ist froh, wenn es jemand anderen gibt, der die Mühe auf sich nimmt. Nicht selten verschwindet diese umfangreiche Arbeit dann aber auf dem Dachboden, und erst der Urenkel gräbt sie begeistert wieder aus und fängt an zu stöbern.

Ähnlich verhält es sich bisweilen auch mit der Wissenschaft: Man arbeitet mühselig und detailliert, aber am Ende kann es vorkommen, dass die Ergebnisse kaum Beachtung finden. Jahrzehnte später werden sie dann mehr oder weniger zufällig wieder ausgegraben mit den Sätzen: «Oh, da schau her! Genau das, was wir gesucht haben! Gut, dass sich damit schon mal jemand beschäftigt hat!» Selbstverständlich ist man zu diesem Zeitpunkt schon in Rente oder bereits tot.

Der Stammbaum der Familie meines Großvaters barg zu meiner Enttäuschung weder Raubritter noch Feldherren, noch sonst irgendwen, der weit über den Rang eines Knechtes hinausging (was mich zu der deprimierenden Erkenntnis führt, dass meine Vorfahren die meiste Zeit wahrscheinlich am falschen Ende eines Schwertes zugebracht haben dürften). Neben der Hoffnung, einen bedeutenden Namen in der Familie zu finden, dürfte meinen Großvater auch einfach die Frage nach der eigenen Herkunft angetrieben haben. Lebte meine Familie schon immer in dieser Region? Wo hatten meine Ahnen ihre Wurzeln, wer waren sie?

Vergleichbar mit der familiären Ahnenforschung sind auch einige Fragestellungen der Paläontologie, nur dass hier die zeitliche Dimension, gelinde gesagt, etwas größer ist und wir die Urkunden auf dem Dachboden durch Fossilien und anatomische Untersuchungen ersetzen müssen. Außerdem wird nicht der Stammbaum einer bestimmten Familie, sondern der Stammbaum des Lebens insgesamt erforscht. Das macht es natürlich ungleich komplizierter. Trotzdem ist es selbst als Laie noch relativ einfach, eine grobe Übersicht darüber zu bekommen, wie alle Lebewesen auf diesem Planeten miteinander in Verbindung stehen. Und das versuchen wir jetzt mal.

Stellen Sie sich vor, Sie sitzen mit Ihren Großeltern beim Picknick im Park und zwei Hunde spielen auf der Wiese neben Ihnen. Sollte ich Sie nun bitten, aufzuzeigen, welche der Lebewesen in dieser Szene nahe miteinander verwandt sind, sollte das noch nicht weiter schwerfallen. Sie sind mit Ihrer Großmutter und Ihrem Großvater näher verwandt als

146

diese miteinander (wir hoffen es zumindest!), und die beiden Hunde, auch wenn es sich nicht um die gleiche Rasse handelt, treffen sich verwandtschaftlich spätestens auf halbem Weg zurück zum Wolf.

Wenn wir Ihre Großeltern – dank der Familienstammbäume auf dem Dachboden – nun noch etwas genauer untersuchen und zum Beispiel bemerken, dass ihre jeweiligen Familien immer im selben Dorf gelebt haben, stellen wir fest, dass ihre Linien vor einigen hundert Jahren vielleicht einmal zur gleichen Großfamilie gehört haben, und können so ihre Verwandtschaft belegen.

Jetzt erweitern wir diese Szene und lassen eine kleine Eidechse über einen Stein krabbeln. Sollten wir diese zu uns und den Hunden in Relation setzen, so ist sehr leicht festzustellen, dass wir mehr mit unseren hechelnden Freunden gemein haben als mit der Eidechse. Beispielsweise sind Dinge wie Haare/Fell oder die Versorgung des Nachwuchses mittels Muttermilch typisch für alle Säugetiere. Anhand dieser «Alleinstellungsmerkmale» (Synapomorphien) können Gruppen zusammengefasst werden. So sind in diesem Beispiel Haare eine Synapomorphie der Säugetiere. Wichtig bei diesen Merkmalen ist, dass es sich um ein gemeinsames Erbe handelt. Das heißt, dass unsere Haare und die der anderen Säugetiergruppen uns allen von einem gemeinsamen Urahnen vererbt wurden. Sollte ein solches Merkmal zweier Gruppen auf einen gemeinsamen Vorfahren zurückzuführen sein, nennt man es homolog. Oder einfach ausgedrückt: Die Brust- und Bauchflossen heutiger Fische sind mit unseren Beinen homolog. Es handelt sich evolutionär um die gleiche Struktur, da sich unsere Beine aus Flossen entwickelt haben.

Auch wenn sich unsere Linien und die unserer treuen Vierbeiner erst vor vielen Millionen Jahren in der Vergangenheit treffen, ist es doch offensichtlich, dass wir im Gegensatz zur Eidechse eine gemeinsame Entwicklungslinie teilen.

In unserer idyllischen Szene fliegt nun ein Rotkehlchen heran und fängt an zu zwitschern. Dieser Piepmatz stellt uns allerdings vor ein paar Probleme. Eventuell ist er uns sympathischer als die Eidechse, aber sein Aussehen und seine Eigenschaften lassen seine Verwandtschaft nicht ganz so einfach erkennen. Man könnte zwar einwenden, dass der Vogel doch ebenfalls endotherm, also warmblütig sei wie wir, aber dann würde man in eine evolutionäre Falle tappen: Ähnliche evolutionäre Anforderungen führen oft zu ähnlichen Anpassungen, die aber unabhängig voneinander entstanden sind. So sind beispielsweise die Flügel von Vögeln, Fledermäusen und Flugsauriern ähnliche Strukturen – im Detail unterscheiden sie sich jedoch in elementaren Punkten. Die Knochen, die den Flügel aufbauen, weichen in den drei Gruppen gewaltig voneinander ab. In diesem Falle spricht man von sogenannter Konvergenz. Hierbei handelt es sich um das Gegenteil der oben genannten Homologie. Paläontologische Ahnenforscher suchen immer nach Homologien, um Gruppen voneinander abzugrenzen, und sie versuchen gleichzeitig, die Fallen, die konvergente Entwicklungen stellen, zu vermeiden. Letzteres liegt auch in unserem Beispiel mit der Warmblütigkeit vor. Dies zeigt sich jedoch erst, wenn man sich im Detail mit dem Stoffwechsel von Vögeln und Säugetieren beschäftigt.

Wir stellen also fest, dass der Vogel uns einige Schwierigkeiten macht und wir mit der oberflächlichen Betrachtung nicht mehr weiterkommen. Um die Vogelanatomie besser zu verstehen, geht es dem Piepmatz im Rahmen unserer Ahnenforschung leider an den Kragen (Sie dürfen selbstverständlich auch das Brathähnchen aus dem Picknickkorb untersuchen, sofern Ihnen das moralisch vertretbarer erscheint). Wir haben jetzt den Vogel, die Eidechse und einen der Hunde seziert. Die Weichteile sind vorerst entfernt, die Knochen liegen vor uns. Nun stellen wir fest, dass wir auch hier noch nicht wirklich weiterkommen. Einige Merkmale der Skelette gleichen sich, andere sind unterschiedlich. Lassen wir die Szene, die sich innerhalb weniger Zeilen von einem gemütlichen Picknick in einen Horrorfilm verwandelt hat, nun hinter uns, und schauen wir uns die versteinerten Skelette von Raubsauriern (beispielsweise eines Verlociraptors, *Jurassic Park* lässt grüßen!) an. Das Skelett eines Raptors weist sehr viele Ähnlichkeiten zu den Vögeln auf, hat aber auch Gemeinsamkeiten mit der Eidechse aus unserem Beispiel. Das bringt uns zu der These, dass sich in unserer Szene zwei Gruppen gegenüberstehen: die Säugetiere (Großeltern, Hunde) und die Reptilien und Vögel (Eidechse, Rotkehlchen). Beide Gruppen könnte man dann wiederum den Landtieren (Tetrapoda = Vierfüßer) zuordnen, die sich beispielsweise von den Fliegen abgrenzen, welche nun anfangen, um die sezierten Kadaver zu schwirren …

Unser Beispiel beschreibt den Kern der biologischen und paläontologischen Ahnenforschung: Man versucht, möglichst viele Gemeinsamkeiten zwischen Gruppen zu erkennen und rein oberflächliche Gemeinsamkeiten zu vermeiden. Wenn zwei Gruppen sehr viele Gemeinsamkeiten aufweisen, so ist es wahrscheinlich, dass sie diese von einem gemeinsamen Vorfahren geerbt haben. Im Gegensatz zur

Paläontologie hat die moderne Biologie einen gewaltigen Vorteil. Neben dem mühsamen Vergleichen anatomischer Details kann der genetische Code betrachtet werden. Das Prinzip ist dasselbe, nur werden in diesem Fall die anatomischen Merkmale durch charakteristische Abschnitte im Genom ersetzt. Da unser Genom sehr, sehr viele Abschnitte enthält, kann man potenziell besser abgesicherte Aussagen über die Verwandtschaft von Lebewesen treffen. Eine ähnliche Methodik wird mit sehr hoher Treffergenauigkeit beispielsweise beim klassischen Vaterschaftstest angewandt.

Möchte man also den Stammbaum des Lebens vollständig im Detail erfassen, müsste man gleich mehrere wissenschaftliche Felder meistern. Die Biologie ist hier sozusagen der Ausgangspunkt, um das heutige Leben überhaupt klassifizieren zu können. Mittels Genetik lassen sich anschließend die Verwandtschaftsbeziehungen verstehen. Zusätzlich wird der Stammbaum des Lebens durch die Funde der Paläontologie weiter aufgefüllt, und die Chemie wird dort relevant, wo die Genetik so genau hinschaut, dass man sich auf rein molekularer Ebene befindet. Letzteres ist übrigens auch spannend, wenn man selbstreproduzierende Moleküle untersucht (wie beispielsweise die DNA), um den Anfang des Lebens an sich besser zu verstehen. Hierbei zerfließen dann die Grenzen von Chemie und Biologie.

Eine leicht parteiische Reise durch den
Stammbaum des Lebens

Wir werden uns nun ansehen, wie heutige Tiere miteinander verwandt sind, um uns dann der Frage zu nähern, wie die Fossilien ausgestorbener Gruppen die Zwischenräume im Stammbaum des Lebens füllen. Dabei liegt der Schwerpunkt auf den Wirbeltieren. Oder wie einer meiner früheren Dozenten sagen würde: «den Sympathietierchen».

Begleiten Sie mich nun in ein Land lange vor unserer Zeit. Die ältesten Fossilien sind nur schwierig sicher zu bestimmen. Dies liegt daran, dass die ersten drei Milliarden Jahre der Erdgeschichte von Einzellern geprägt waren und komplexere, mehrzellige Organismen erst innerhalb der letzten Milliarden Jahre auftraten. Die ältesten Fossilien sind meist die chemischen Spuren, die große Gruppen von Einzellern hinterlassen haben. Besonders prominent sind die sogenannten Stromatolithen. Bei ihnen handelt es sich um knollenartig gewachsene Strukturen im Gestein, die durch Matten von Einzellern gebildet werden. Sie wachsen, indem Partikel auf den Mikrobenmatten hängenbleiben – und durch ihre eigenen chemischen Ausscheidungen. Ihr Aussehen und ihre Entstehung sind sehr gut untersucht, da sie auch heute noch weltweit in salzhaltigen Lagunen und Salzseen vorkommen. Fossil lassen sie sich durch die gesamte Erdgeschichte wiederfinden, bis in Gesteine mit einem Alter von rund 3,5 Milliarden Jahren.

Innerhalb der ersten Milliarden Jahre gab es einige evolutionäre Meilensteine wie etwa die Fähigkeit zur Fotosynthese. Diese löste übrigens die sogenannte Sauerstoffkrise aus, eine Krise, vor der jeder Börsencrash vor Neid erblassen würde. Zu Beginn gab es sehr wenig Sauerstoff auf dem Planeten, und der Stoffwechsel der meisten Lebewesen basierte nicht darauf. Bei der Fotosynthese entsteht Sauerstoff jedoch als Abfallprodukt (Biounterricht 9. Klasse, klingelt was?). Dieses Konzept war offensichtlich so erfolgreich, dass die Menge von Sauerstoff innerhalb der Atmosphäre vor etwa 2,4 Milliarden Jahren rapide anstieg. Dieses Er-

Stromatolithen gehören zu den ältesten Zeugen des Lebens auf der Erde. Sie entstehen durch feine Lagen aus Mikrobenmatten im flachen Wasser. Durch chemische Prozesse der Mikroorganismen und weil Sedimentpartikel auf diesen Matten leichter haften bleiben, sammelt sich Kalk an. Da die Mikroben auf Sonnenlicht angewiesen sind, «wächst» die Struktur langsam nach oben, und es bilden sich nach und nach sehr feine Kalklagen. So entstehen diese runzeligen blumenkohlartigen Gesteine / Fossilien seit über 3 Milliarden Jahren. Das abgebildete Stück aus Australien bildete sich vor über 800 Millionen Jahren und ist im Querschnitt poliert, um die einzelnen Lagen sichtbar zu machen (es befindet sich im Goldfuß-Museum der Universität Bonn).

eignis trägt den passenden Namen «Die große Sauerstoff-katastrophe». Einige wenige Bakterien, deren Stoffwechsel so ausgerichtet war, dass sie Sauerstoff nutzen konnten, profitierten von dieser Entwicklung, während sich die Bedingungen für viele Linien radikal verschlechterten. Unser Dank gilt den Cyanobakterien, die sehr früh Fotosynthese betrieben. Denn sie vergifteten die damalige Atmosphäre dermaßen, dass unsere Vorfahren im evolutionären Rennen einen entscheidenden Vorsprung bekamen. Dieser Prozess ging jedoch nicht ohne Turbulenzen vonstatten, sondern verlief über einen längeren Zeitraum, der viele ursprüngliche Bakterien dahinraffte. Außerdem trug der viele Sauerstoff durch chemische Prozesse wahrscheinlich mit dazu bei, dass es vor 2,3 Milliarden Jahren erst einmal zu einer gewaltigen Eiszeit kam. Es wird darüber hinaus vermutet, dass die spätere Entwicklung von «höheren Lebewesen» erst durch die freie Verfügbarkeit von Sauerstoff möglich wurde: Er lieferte, anders als andere verfügbare Moleküle, das nötige Maß an Energie, das für größere Organismen vonnöten ist.

Die genaue Datierung des ersten Auftretens komplexerer Lebensformen ist nach wie vor sehr schwierig. Hier spielen drei Faktoren eine Rolle:

• Sedimente, die größere Fossilien überliefern konnten, sind nicht für alle Zeitabschnitte vorhanden.
• Die ersten größeren Fossilien, die vor rund 580 Millionen Jahren auftraten, lassen sich aufgrund ihres ungewöhnlichen Aussehens nicht mit Sicherheit bestimmten heute bekannten Gruppen zuordnen. Es besteht sogar die Möglichkeit, dass es sich um Lebensformen handelt,

die keinem heute noch existierenden Stamm (Pflanzen, Tiere, Pilze oder Einzeller) zugehörig sind.

• Außerdem ist es sehr wahrscheinlich, dass die ersten Tiere noch keine harten Schalen oder Skelette besaßen und daher nicht fossil überliefert wurden.

Diese Punkte lassen den exakten Ursprung von komplexen Lebewesen (noch) im Dunkeln der Erdgeschichte. Das ist übrigens ein generelles Phänomen in der Paläontologie: Das Auftreten von Fossilien gibt in der Regel nur ihr Mindestalter an. Das exakte Auftreten einer Art oder einer Linie kann neben den direkten Fossilfunden meist über die Bestimmung von Verwandtschaftsverhältnissen eingegrenzt werden.

Die Party des Lebens kam, soweit wir dies als Wissenschaftler erfassen können, vor etwa 540 Millionen Jahren im Zeitalter des Kambriums so richtig in Schwung. In geologisch gesehen kurzer Zeit traten damals zum ersten Mal frühe Vertreter der heute bekannten Tiergruppen in Erscheinung: Tiere mit Panzerung tauchen ebenso auf wie erste Lebewesen, die als «Räuber» angesehen werden. Dieses Phänomen wird als Kambrische Explosion bezeichnet. Wobei nach wie vor heiß diskutiert wird, inwieweit hier die Evolution wirklich aufs Gaspedal getreten hat (beispielsweise durch ein Wettrüsten zwischen gepanzerter Beute und immer größeren Räubern) und wie viel davon besseren Überlieferungsbedingungen zuzuschreiben ist.

Wir schauen uns jetzt den Stammbaum der Tiere an, in dem wir ihm von unten nach oben folgen:

Ganz an der Basis im Tierreich stehen die Schwämme (ja genau, die Dinger, die sie in der Badewanne benutzen), sie treten bereits rund 100 Millionen Jahre vor der Kambrischen Explosion auf. Viele Schwämme bilden feste Elemente, sogenannte Schwammnadeln, aus, die sehr früh im Fossilbericht nachgewiesen sind (als Fossilbericht bezeichnen Paläontologen die gesamte Menge der wissenschaftlich beschriebenen Fossilien in ihrem zeitlichen Zusammenhang). Diese kleinen Strukturen aus Silicium oder Calcit können viele verschiedene Formen annehmen. Meistens sehen sie jedoch aus wie kleine Haken oder spitze Tetraeder.

Schwämme unterscheiden sich von den meisten Tieren dadurch, dass sie noch keine unterschiedlichen Gewebetypen (Muskeln, Nerven etc.) ausbilden, also ihre Zellen noch keine klare Aufgabenteilung aufweisen. Sie stehen damit in einem Schwesterverhältnis zu den restlichen Tieren, den sogenannten Gewebetieren (Metazoa). Innerhalb der Gruppe der Gewebetiere hat sich eine Linie sehr früh abgespaltet und ist seitdem mit einem einfachen wie effizienten Bauplan ein evolutionäres Erfolgsmodell (sozusagen das Billy-Regal der Evolution): Die Rede ist von den Nesseltieren, deren bekannteste Vertreter, die Quallen, schon so manchen Badeurlaub ruiniert haben.

Den Quallen gegenüber steht eine Gruppe «weiterentwickelter» Tiere, deren gemeinsame Verwandtschaft auf verblüffend einfache Weise offensichtlich wird. Alle Vertreter dieser Gruppe (wir Menschen gehören dazu) sind bilateral symmetrisch, das heißt, ihre linke Hälfte sieht genauso aus wie ihre rechte. Quallen hingegen weisen eine Drehsymmetrie auf. Wenn man sie also von oben betrachtet, dann kann man sie in gewissen Abständen drehen und sie sehen immer gleich aus. Letzteres funktioniert bei den meisten anderen Tieren und auch bei uns nicht. Weil wir die besagte Bilateralsymmetrie entwickelt haben, lassen wir uns entlang unserer Mittellinie spiegeln (sofern Sie jetzt kritisch vor dem Spiegel stehen und sich symmetrische Gesichtszüge wünschen, seien Sie getröstet: Es kann niemals so schlimm sein, als dass man Ihnen Ihre Position im Stammbaum aberkennen würde).

Innerhalb der symmetrischen Tiere zweigen mehrere Linien an wirbellosen Tieren ab, von denen ich auf zwei näher eingehen möchte, die in der Paläontologie eine wichtige Rolle spielen.

Eine dieser beiden Gruppen sind die Mollusken, also die Weichtiere. Entgegen ihrem Namen besitzen viele Vertreter dieser Gruppe, wie beispielsweise die Muscheln, äußerst harte Schalen. Dies erhöht das Fossilisationspotenzial gewaltig. So ist es auch nicht weiter verwunderlich, dass wir seit ihrem ersten Auftreten im Kambrium besonders gute Kenntnisse über die Entwicklung der hartschaligen Tiere besitzen und viele ihrer Fossilien beinahe schon Symbolcharakter entwickelt haben.

Ebenfalls häufig vorkommende Vertreter mit einer harten Schale sind Ammoniten. Sie gehören innerhalb der Weichtiere aber zu den Kopffüßern, also den Verwandten der Tintenfische und nicht, wie man bei ihrem gewundenen Gehäuse vermuten könnte, zu den Schnecken. Das noch heute existierende Perlboot *(Nautilus)* gibt einen ungefähren Eindruck eines Ammoniten. Letztere traten im Devon-Zeitalter vor etwa 400 Millionen Jahren in Erscheinung und waren sehr artenreich, bis sie dann schließlich zeitgleich mit den großen Dinosauriern ausstarben. Ihre Vielfalt, Erhaltungsfähigkeit und Häufigkeit macht sie zu Paradebeispielen für Leitfossilien. Zur anderen wirbellosen Linie, die hier erwähnt werden soll, gehören die Arthropoda, auch Gliederfüßer genannt. Auch wenn dieser Name den meisten unter Ihnen nicht geläufig sein sollte, kann man immerhin etwas mit den Begriffen Krebstiere und Insekten anfangen. Diese Gruppe, zu denen auch die Spinnentiere und Tausendfüßler zählen, zeichnet sich durch eine Segmentierung des Körpers und der Beine aus. Und tatsächlich, sobald man sich eine Languste oder einen anderen Krebs zusammen mit einem Insekt vorstellt, fallen einem die vielen Gemeinsamkeiten deutlich auf. Beide besitzen ein Exoskelett aus Chitin (das jeder nur zu gut kennt, der im Urlaub einmal nachts barfuß im Hotelzimmer auf eine Schabe getreten ist), sie beschränken sich nicht auf vier Beine (eine Tatsache, die ihnen häufig zum Vorwurf gemacht wird), und ihr Körper lässt sich in mehrere Segmente unterteilen.

Sofern wir ein Beobachter in einem kambrischen Ozean vor 530 Millionen Jahren wären, würden wir sehr viele frühe Vertreter dieser sympathischen Gruppe finden. Trilobiten waren krebsartige Tiere und bevölkerten in großer Zahl den Meeresboden. Ihre Panzerung schützte sie vor großen, ebenfalls gepanzerten Räubern wie dem *Anomalocaris* (stellen Sie sich ein bis zu ein Meter großes, frei schwimmendes Tier vor, das einer Garnele ähnlich sieht, Stielaugen und zwei lange, scherenartige Mundwerkzeuge besitzt).

Inmitten dieser gepanzerten und stacheligen Welt aus Gliederfüßern, Mollusken und Co. wirkte eine kleine, wurmähnliche Kreatur, die lediglich eine verstärkte Struktur im Rücken besaß, beinahe verloren. Und es sollte auch noch eine ganze Weile dauern, bis sich aus ihren Nachkommen Wirbeltiere entwickelten.

In der Zwischenzeit würde ich aber gern noch auf eine der skurrilsten Abzweigungen innerhalb der Geschichte des

Lebens eingehen, die eine, sagen wir, etwas gewöhnungs-
bedürftige Pointe bereithält.

An dieser Stelle sei noch einmal angemerkt, dass das
Auftreten der angesprochenen Tiergruppen im Kambrium oder in jüngeren Erdzeitaltern *nicht* den Zeitpunkt

Bei diesem Trilobiten aus dem Goldfuß-Museum der Universität Bonn
handelt es sich um einen ausgestorbenen Vertreter der Gliederfüßer.
Trilobiten verließen sich, ähnlich wie heutige Krebse, auf den Schutz ihrer
Panzer und lebten meist am Meeresgrund als Räuber und Aasfresser.
Sie besaßen eine große Formenvielfalt. Aufgrund ihrer zahlreichen Funde
sind sie zum einen beliebte Leitfossilien, zum anderen Untersuchungs-
objekte für Fragestellungen zu evolutionären Prozessen. Die ältesten
Funde datieren in das Kambrium vor rund 521 Millionen Jahren, während
die letzten Vertreter dem großen Massenaussterben am Ende des Perms
zum Opfer fielen.

markiert, an dem sich die Linien evolutionär voneinander trennten. Die Abzweigung großer Gruppen im Stammbaum geschah deutlich früher, als die Lebewesen noch wesentlich einfacher gebaut waren. Auch die Bilateria (die bilateral symmetrischen Tiere) waren sehr einfach gebaute Organismen (eine Röhre mit einem simplen Ein- und Ausgang beschreibt die Situation wohl am besten). Eine ihrer Linien weist einen bemerkenswerten Vorgang auf: Aus der Region, die ursprünglich die Nährstoffe aufnahm, dem Urdarm, brach eine Öffnung hervor; gleichzeitig wurde die ursprüngliche Mundöffnung zum After. Diese Umkehr ist bei komplexeren Lebewesen nicht mehr möglich, aber bei sehr simpel gestrickten Organismen kann diese Umwälzung mit relativ überschaubaren genetischen Mutationen geschehen. Die Gruppe, die diese evolutionäre Veränderung durchlief, nennt man Deuterostomia (Neumünder). Sie essen evolutionär betrachtet mit einer Öffnung in ihrem Urdarm und nutzen ihren Urmund als After. Zu ihnen zählen neben Seesternen und Seeigeln auch die Wirbeltiere und … ja, damit sind Sie gemeint. Herzlichen Glückwunsch, lieber Leser! Sie essen mit Ihrem Urdarm und tragen Ihren Urmund auf das stille Örtchen. Jetzt können Sie natürlich gerne einwenden, dass ich doch eben noch gesagt habe, dass diese frühen Veränderungen vor dem Kambrium stattfanden, vor den ersten überhaupt auffindbaren, fossil überlieferten Tieren. Woher will ich dann als Paläontologe das Wissen darüber nehmen, dass unsere Vorfahren evolutionär den Ein- und Ausgang getauscht haben?

Ich gestehe, ich wollte Ihnen dieses faszinierende Detail unserer eigenen Geschichte nicht vorenthalten, darum habe ich ganz schamlos in der Biologie gewildert. Die oben genannten Eigenheiten unserer Linie erkennen wir im Embryonalstadium. Hier kann man die beschriebene Änderung in den Körperöffnungen der Neumünder im Vergleich zu den Prostomia (Urmünder) nachvollziehen. Und da Ontogenie Phylogenie rekapituliert (Biologie-Leistungskurs, 11. Klasse) – die Entwicklung des Embryos vollzieht die evolutionären Veränderungen der Stammesgeschichte nach –, können wir daraus darauf schließen, was vor mehr als 530 Millionen Jahren mit unseren Vorfahren geschehen ist. Neumünder umfassen, wie bereits erwähnt, die Gruppen der Wirbeltiere und Stachelhäuter (Seeigel, Seesterne etc.). Wenn wir jetzt auf unser Gedankenexperiment mit dem Picknick zurückkommen, dann dürfte es uns sehr schwerfallen, Ähnlichkeiten zwischen uns und Seesternen zu finden. Dies liegt daran, dass die Stachelhäuter nach der Bilateralsymmetrie zusätzlich eine fünfstrahlige Symmetrie entwickelt haben, die vieles wieder durcheinanderwürfelt. Aber falls Sie jemals in die Verlegenheit kommen sollten, sich bei einem Invertebraten (einem Wirbellosen) Geld leihen zu müssen, so haben Sie wesentlich bessere Chancen, bei einem Seeigel verwandtschaftliche Verpflichtungen geltend zu machen als beispielsweise bei einem Insekt.

Folgen wir aber nun wieder der weiter oben erwähnten kleinen, wurmähnlichen Kreatur (mit dem niedlichen Namen *Haikouichthys*), die ganz ohne Außenskelett durch ein urzeitliches Meer voller Stacheln und Panzer schwimmt. Auf den ersten Blick wirkt dieses Tierchen etwas verloren in dem urzeitlichen Ozean, doch es besitzt verborgene Eigenschaften, die ihm beim Überleben helfen und die seine Nachkommen weiterentwickeln werden. In seinem Rücken hat sich bereits eine elastische Stützstruktur (die sogenannte Chorda dorsalis) gebildet, an der Muskeln Halt finden und die sich nach vielen Millionen Jahren Evolution zu unseren Bandscheiben weiterentwickeln wird. (An dieser Stelle scheint die Wiederholung eines wichtigen Begriffes sehr passend: Unsere Bandscheiben sind homolog zur Chorda dorsalis von *Haikouichthys* – es handelt sich evolutionär um dasselbe Element.) Auch besaß unser kleiner Vorfahre bereits knorpelige Schädelelemente sowie einfache Augen und ein primitives Gehirn. Aus ihm gingen im Laufe der Millionen Jahre die Fische hervor. Zuerst noch teilweise stark gepanzert und mit nur einem knorpeligen Innenskelett (wie es heute noch bei Haien und Rochen der Fall ist), später dann mit einem vollständig verknöcherten Skelett (wie jeder schmerzhaft lernen musste, der schon einmal beinahe an einer Gräte erstickt wäre). Innerhalb der Fische hat eine Linie, zu der unter anderem die heutigen Lungenfische (ja, Fische mit Lungen) gehören, vor etwa 375 Millionen Jahren im Devon-Zeitalter einige bemerkenswerte Anpassungen hervorgebracht, die ihr ermöglichen sollte, im wahrsten Sinne des Wortes auf eigenen Beinen zu stehen.

Der Landgang – ein Fisch auf dem Trockenen

Ein häufiger Irrtum besteht darin, dass der Landgang der Wirbeltiere in irgendeiner Weise mit der Intention ablief, das Land zu «erobern». Da, wie wir ja bereits gelernt haben, Evolution weder zielgerichtet noch planend abläuft, sondern lediglich die Eigenschaften bevorzugt, die für die jeweilige Generation selbst am besten sind, lässt sich die Entwicklung von Beinen nicht mit dem Ziel erklären, neue Lebensräume zu erschließen. Viel eher kam der Landgang unserer Vorfahren (über viele Generationen) schrittweise dadurch zustande, dass einige Fischpopulationen immer wieder mit schwankendem Wasserspiegel und vollständiger Austrocknung von Gewässern zu kämpfen hatten. Auch heute sind viele Fische, wie der oben angesprochene Lungenfisch, in der Lage, sich kurze Zeit auf Land fortzubewegen, sofern die Umweltbedingungen dies erfordern. Die Individuen, die unter diesen Umständen am besten zurechtkamen, hatten höhere Chancen, ihr Erbgut an die nächsten Generationen weiterzugeben. Dementsprechend gibt es eine Reihe von Fossilien mit einem Alter von 375 Millionen bis 365 Millionen Jahren, wie den in Nordkanada gefundenen *Tiktaalik* oder die bereits sehr amphibienartigen *Ichthyostega*, die eine schrittweise Veränderung von Flossen hin zu Beinen zeigen. Denn anders als in Disneys *Arielle* war der Übergang vom Wasser zum Land ein sehr langsamer Prozess, der sich (wie jeder Schritt in der Evolution) über kleine, stetige Veränderungen und sehr, sehr viele Leichen erstreckte (was wohl auch der Grund ist, warum Disney eher Märchen- als Wissenschaftsstoffe verfilmt).

Diese ersten Landwirbeltiere waren jedoch noch sehr stark an das Wasser gebunden. Ihre nächsten heute noch lebenden Verwandten, die Amphibien, zeigen diese Abhängigkeit dadurch, dass sie in den meisten Fällen Gewässer für die Eiablage benötigen und häufig – wie viele Fische – ein Larvenstadium durchlaufen. Während die Vorfahren der heutigen Amphibien sich nicht vom Wasser lösten, spezialisierten sich unsere eidechsenähnlichen Urahnen immer mehr auf ein vollständiges Leben auf dem Land.

Vor rund 300 Millionen Jahren, am Ende des Karbon-

Zeitalters, lebten zwei Gruppen dieser schuppigen kleinen Tiere Seite an Seite. Optisch waren sie sich bis auf einige anatomische Details sehr ähnlich. Beide waren durch ihre Schuppen vor Austrocknung geschützt, und ihre Eier mussten nicht mehr ins Wasser gelegt werden. Doch die Geschichte ihrer Nachkommen sollte völlig unterschiedlich verlaufen. Während von einer dieser beiden Linien sämtliche heute lebenden Reptilien abstammen, spezialisierten sich die Nachkommen der anderen langsam immer mehr auf eine aktivere Lebensweise. Im darauffolgenden Zeitalter des Perms, als alle Kontinente zu dem großen Superkontinent Pangäa verschmolzen waren, dominierten viele Vertreter dieser sogenannten Synapsiden in Form von kleinen, agilen Räubern, massiven Pflanzenfressern und großen Raubtieren die Landschaft dieser großen, zusammenhängenden Welt.

Doch am Ende des Perms, vor rund 251 Millionen Jahren, war die Blüte der Synapsiden vorerst vorbei. Denn lange vor dem Meteoriten, der die Ära der Dinosaurier beenden sollte, wurde das Leben bereits von einer gewaltigen Katastrophe getroffen. Wie diese Zäsur genau ausgesehen hat, werden wir noch näher betrachten.

Nach den Umwälzungen am Ende des Perms erholte sich das Leben, doch die Bedingungen waren nun ganz andere. Nur wenige Synapsiden überdauerten das Massenaussterben. Und anschließend konnten sie für eine lange Zeit nicht zu ihrer alten Vielfalt zurückkehren. Diese «Schwäche» nutzte einer anderen Gruppe. Und so begann mit dem Erdmittelalter das Zeitalter der Reptilien.

In der Trias begannen einige von ihnen, die sogenannten Archosaurier, zu denen auch die Krokodile gehören, ebenfalls mit einer aktiven Lebensweise zu experimentieren.

Die Pterosaurier erhoben sich in die Lüfte und waren die ersten Wirbeltiere, die den aktiven Flug entwickelten und den Himmel eroberten. Doch noch tiefgreifender war die Entwicklung ihrer nächsten Verwandten.

Stellen wir uns die Welt vor 230 Millionen Jahren vor, dann sehen wir vielleicht einen Wald aus Schachtelhalmen, Palmfarnen, Ginkgos und Farnen. Im Unterholz rennt ein kleines Reptil einer Libelle hinterher. Es ist etwa 30 Zentimeter hoch und misst von Kopf bis Schwanz ein wenig mehr als einen Meter. Doch anders als alle anderen Bewohner dieses Waldes rennt es nicht auf allen vieren, sondern auf seinen kräftigen Hinterbeinen. Die Arme hat es eng an den Körper gezogen, und sein schmaler Kopf schnappt nach dem Insekt, während es ihm agil durch das Dickicht folgt. *Eoraptor* war einer der ersten Dinosaurier und verkörpert den Prototyp der Tiere, die die Erde für die kommenden 170 Millionen Jahre dominieren sollten. Einige seiner Nachfahren werden die agile Lebensweise wieder verlieren, andere spezialisieren sich auf die aktive Jagd auf zwei Beinen.

Wir könnten dem Stammbaum der Reptilien und der Synapsiden noch weiter folgen. Ganz genau so, wie wir jeder anderen Abzweigung, der wir begegnet sind, weiter folgen könnten. Dass in den nächsten Kapiteln unsere Vorfahren und die Dinosaurier erscheinen, ist rein dem Interesse der meisten Leser geschuldet; im Stammbaum des Lebens gibt es nämlich keine «höchste Gruppe» (nein, auch wir nehmen diesen Platz nicht ein).

Was ist eigentlich mit den Dinos passiert?

Der Krieg um die Knochen

Hatten Sie schon mal einen Rivalen? Jemanden auf der Arbeit, beim Sport oder im Freundeskreis, den Sie nicht besonders mochten, der aber immer mit Ihnen mithalten konnte, ja, der sogar mehr Erfolg hatte, obwohl er nicht mehr leistete? Die Chancen stehen gut, dass die meisten Leute so etwas mehr oder weniger ausgeprägt erlebt haben.

Angenommen, Sie wären ein Paläontologe am Ende des 19. Jahrhunderts in den USA. Der Bürgerkrieg ist vorbei. Bundesstaaten wie Wyoming und Colorado, die Teile der Great Plains und der Rocky Mountains umfassen – und damit ausgedehnte Formationen aus Sedimentgestein –, sind erst vor kurzem Teil der Vereinigten Staaten geworden (nachdem den dort lebenden Ureinwohnern systematisch eine besonders intensive Form der «Freiheit» nähergebracht wurde). Für Sie als angesehenen Paläontologen an einer großen amerikanischen Universität an der Ostküste könnte die Welt völlig in Ordnung sein ... gäbe es da nicht diesen einen Kollegen an einer anderen Universität. Sie können mit ihm persönlich nicht besonders viel anfangen, er vertritt offensichtlich falsche Ansichten und, am allerschlimmsten, er ist ähnlich hoch angesehen wie Sie. Wie könnten Sie es diesem unangenehmen Zeitgenossen zeigen? Richtig! Sie sorgen dafür, dass Sie mehr wissenschaftlichen Ruhm erlangen als Ihr Konkurrent, indem Sie mehr neue Arten entdecken und bedeutendere Veröffentlichungen hervorbringen. Und sollten Ihrem Kollegen ein paar Missgeschicke unterlaufen, geschieht ihm das nur recht!

In einer solchen Position befanden sich um das Jahr 1870 herum zwei Männer: Othniel Charles Marsh und Edward Drinker Cope begannen eine Rivalität, die später als «Bone Wars» bekannt werden sollte. Infolge der Auseinandersetzung haben beide Männer eine Vielzahl neuer Arten bestimmt, darunter mehr als 100 neue Dinosaurierarten (von denen viele in späteren Jahren als Synonyme wieder zusammengefasst wurden, sodass die Zahl letztendlich deutlich geringer war). Außerdem waren beide Kandidaten am Ende der «Bone Wars», passend zum Namen, wirtschaftlich am Ende. Ihr Ruf hatte, trotz aller wissenschaftlichen Entdeckungen, ebenfalls Schaden genommen.

Marsh war der erste Direktor des neu gegründeten Peabody Museum of Natural History der berühmten Yale Universität, während Cope im Laufe seiner Karriere an der Universität von Pennsylvania unterrichtete. Am Anfang ihrer Laufbahn schienen beide Wissenschaftler noch ein gutes Verhältnis gehabt zu haben, doch dieses verschlechterte sich zunehmend. Die genauen Umstände, wie es dazu kam, sind umstritten. Neben Konkurrenzdruck bei Ausgrabungen könnten Unterschiede im Charakter sowie wissenschaftliche Differenzen eine Rolle gespielt haben. So war Cope beispielsweise ein Vertreter der Lamarck'schen Evolutionslehre, nach der ein Individuum in seinem Leben durch Anpassung Veränderungen erwirbt, die das Erbgut beeinflussen und in die Folgegeneration weitergegeben werden. (Das klassische Beispiel war das der Giraffe: Ihr Hals hätte sich seit Generationen auf der Suche nach den besten Blättern im Baum langgestreckt.)

Marsh hingegen vertrat die Position von Charles Darwin, bei der die natürliche Auslese die treibende Kraft für die Veränderung von Lebewesen ist. Eine häufig zitierte Version für die Entstehung ihrer Feindschaft ist, dass Marsh Cope öffentlich demütigte, als er belegte, dass dieser bei der Rekonstruktion des Meeresreptils *Elasmosaurus* den Kopf an das falsche Ende, also an den Schwanz, gesetzt hatte. Diese Anekdote ist allerdings mit Vorsicht zu genießen, denn die Behauptung, dass ihm dieser Fehler zuerst auffiel, wurde von Marsh selbst aufgestellt – und das erst 20 Jahre später, als die Fehde der beiden in vollem Gange war. Fakt ist zwar, dass Cope den Fehler machte und das Tier in seiner ersten Beschreibung tatsächlich «falsch herum» rekonstruierte. Ein wahrscheinlicherer Grund für die Feindschaft ist jedoch die Tatsache, dass beide Männer um das Jahr 1872 Expeditionen zu denselben Fossillagerstätten unternahmen. Der zuerst Angekommene hatte so immer das Gefühl, dass der andere in seinem Revier «wilderte». Dazu kam das Problem, dass sich die Funde teilweise überschnitten und so derjenige den Ruhm erntete, der eine neue Art als Erster benannte (wissenschaftlich ist in der Regel der Name der ersten Beschreibung einer Art gültig). So waren beide Männer bestrebt, die Veröffentlichungen des jeweils anderen für ungültig zu erklären. Marsh konnte bei den Exkursionen meistens auf die größeren finanziellen Reserven zurückgreifen. Später ließ er seine Angestellten für sich sammeln und beschränkte sich auf das Bearbeiten der geborgenen Funde. Grabungen führten die beiden Forscher weit nach Westen in teils wenig erschlossene Gebiete. So wurde Marsh zeitweise von dem berühmten Scout und Jäger Buffalo Bill begleitet. Auch kam es zu Kontakten mit den Sioux. Mit der Entdeckung reichhaltiger Schichten im heutigen Wyoming wurden von beiden Seiten Grabungsteams angeheuert und regelrechte Steinbrüche für die Fossiliensuche errichtet. Die Männer beider Lager standen in ständigem Konkurrenzkampf – es kam zu Spionage, Sabotage und sogar dem bewussten Zerstören von Fossilien, die nicht geborgen werden konnten. Der Name «Bone Wars» traf die Sache jedenfalls sehr gut.

Auch an der Heimatfront tobte der Kampf. Keiner der beiden ließ es aus, vermeintliche und tatsächliche Fehler seines wissenschaftlichen Gegners öffentlich zu machen und hervorzuheben. Hierbei beschränkten sie sich nicht nur auf die akademische Arbeit, sondern nutzten auch politische Anschuldigungen, um Druck auf den jeweils anderen auszuüben. Die Wellen schlugen so hoch, dass selbst die Öffentlichkeit die Schlammschlacht in Form von Zeitungsartikeln verfolgen konnte. Die Konfrontation dauerte bis zum Tod Copes im Jahr 1897. An ihrem Ende standen zwei Männer, die sich finanziell ruiniert und ihre herausragenden wissenschaftlichen Leistungen mit ihren Methoden überschattet hatten. Gleichzeitig brachten die «Bone Wars» aber die Dinosaurier in das Bewusstsein der amerikanischen Öffentlichkeit, und viele der heute bekanntesten Dinosaurier gehen auf Funde der beiden Streithähne zurück. Während Marsh das Gros der Dinosaurierpublikationen für sich beanspruchen konnte, hat Cope wichtige Beiträge in vielen anderen Fachbereichen der Paläontologie hinterlassen.

Was ist ein Dinosaurier?

Diese Frage ist nicht so leicht zu beantworten. Schauen Sie sich ein Krokodil an, und Sie sehen die nächsten lebenden Verwandten der Dinosaurier. Schauen Sie sich einen Vogel an, und Sie sehen einen Dinosaurier. Aber lassen Sie uns zunächst einen Schritt zurücktreten und dort ansetzen, wo wir im Kapitel «Der Stammbaum des Lebens» aufgehört haben.

Am Anfang der Dinosaurier vor rund 230 Millionen Jahren standen kleine zweibeinige Tiere, die so gar nicht in das Bild der «trägen» Reptilien passen wollten. Die größten Landraubtiere ihrer Zeit (der Trias) waren dagegen Verwandte der heutigen Krokodile. Stellen Sie sich ein Krokodil vor, das die Beine unter dem Körper anstatt zur Seite ausgestreckt hat, wesentlich ausdauernder und agiler an Land ist und einen Schädel besitzt, der eher an einen großen Raubdinosaurier erinnert. Sympathisch, nicht wahr? Erst als diese großen Lebensformen im Laufe der Trias nach und nach wieder ausstarben, konnten ihre Konkurrenten, die Dinosaurier, zur dominierenden Gruppe an Land aufsteigen, denn anfangs waren sie reine Landtiere. Die anderen berühmten «Saurier», die Flug- und Meeressaurier, gehören zu anderen Zweigen im Stammbaum des Lebens. Während Flugsaurier noch sehr eng mit den eigentlichen Dinosauriern verwandt sind, sind Meeressaurier eine ziemlich bunt zusammengewürfelte Gruppe verschiedener Reptilien, die sich mehrfach unabhängig voneinander auf eine marine Lebensweise spezialisiert haben und nicht näher miteinander verwandt sind. Stellt sich die Frage: Wie genau werden Dinosaurier definiert?

Da sich ein Dinosaurier wissenschaftlich durch mehrere spezielle Skelettmerkmale auszeichnet, die zu erklären einen kleineren Anatomiekurs voraussetzen würde, möchte ich mich hier auf ein recht leicht verständliches Merkmal beschränken: Innerhalb der Hand (bzw. des Vorderfußes) ist die Anzahl der Zehenglieder des vierten und fünften Strahls reduziert (also verringert), bei späteren Formen können diese auch vollständig fehlen (beispielsweise bei Raubsauriern). Anhand dieses Merkmales können Sie Dinosaurier von ihren näheren Verwandten abgrenzen. So besitzen Krokodile zum Vergleich noch «vollständige» Zehenglieder an allen Strahlen im Vorderfuß. Für die Anatomen unter uns sind hier noch einige weitere Merkmale aufgelistet, falls Sie in die Verlegenheit kommen sollten, ein potenzielles Dinosaurierskelett aus der Trias zu untersuchen: Das Acetabulum ist durchbrochen, der Femurkopf ist rund, es liegen mindestens drei Sacralwirbel vor, das Postfrontale fehlt, das Glenoid ist nach caudal orientiert … Und wenn ich jetzt nicht aufhöre, dann schalten wahrscheinlich alle übrigen Leser geistig genauso ab wie Studenten in Anatomievorlesungen …

Für unsere Zwecke reicht es, wenn wir wissen, dass Dinosaurier nah mit Flugsauriern und Krokodilen verwandt sind und am Anfang ihrer Entwicklung aktive zweibeinige Tiere standen, die ihre Gliedmaßen, anders als ihre Reptilienvorfahren, energetisch günstig unter dem Körper angeordnet hatten. Bereits kurz nach der Entwicklung der Dinosaurier spaltete sich ihr Stammbaum in zwei Linien auf. Unterschieden werden diese anhand der Ausrichtung ihrer Beckenknochen. Sie teilen die Dinosaurier in die Echsenbecken- (Saurischia) und die Vogelbeckendinosaurier (Ornithischia). Die Namen resultieren aus der Ähnlichkeit der jeweiligen Becken zu Reptilien beziehungsweise Vögeln. Und jetzt raten Sie mal, aus welcher der beiden Linien sich die Vögel entwickelten …

Es ist einer der großen, ironischen Zufälle der Paläontologie, dass ausgerechnet die Vogelbeckendinosaurier nicht die Vorfahren der heutigen Vögel darstellen, sondern sich diese aus den Echsenbeckendinosauriern entwickelt haben. Dieser scheinbare Widerspruch lässt sich dadurch erklären, dass die Namensgebung im 19. Jahrhundert auf einer relativen Ähnlichkeit basierte – ein weiterer Fall von konvergenter Evolution. Darüber hinaus befinden wir uns zum Zeitpunkt der Aufspaltung dieser beiden Gruppen noch rund 80 Millionen Jahre vor der Entwicklung der Vögel.

Sofern Sie sich jetzt denken, dass Sie mit den Begriffen Echsenbecken- und Vogelbeckendinosaurier wenig anfangen können, schauen wir uns einmal an, welche bekannten Vertreter diese beiden Linien im Laufe des Erdmittelalters hervorbringen werden. Aufseiten der Echsenbeckendinosaurier stehen zwei Gruppen, die bereits Erwähnung gefunden haben: die langhalsigen Sauropoden mit Riesenformen wie *Brachiosaurus* und *Argentinosaurus* oder auch kleinere Inselformen wie der in Niedersachsen gefundene *Europasaurus*. Außerdem die fleischfressenden Theropoden, deren bekanntester Vertreter zweifellos das Haushuhn (*Gallus gallus domesticus*) sein dürfte, dicht gefolgt vom *Tyrannosaurus rex* und dem aus *Jurassic Park* bekannten *Velociraptor*.

Aufseiten der Vogelbeckendinosaurier finden sich unter anderem die Horndinosaurier mit einem ihrer größten Vertreter, dem *Triceratops*, mit Stacheln bewehrte Stegosaurier, gepanzerte Ankylosaurier und Entenschnabeldinosaurier mit ihren verbreiterten Schnauzen.

Helden der Kinderzimmer:
Vogelbeckendinosaurier

Folgen wir nun zuerst der zweiten Gruppe, den Vogelbeckendinosauriern, in ihrer Entwicklung. Am Anfang standen noch schnelle zweibeinige Formen, die sich jedoch bereits weitestgehend auf pflanzliche Nahrung spezialisiert hatten. Erst ab dem Jura-Zeitalter, vor rund 199 Millionen Jahren, als die Dinosaurier das Land vollständig dominierten, traten vermehrt große vierbeinige Pflanzenfresser auf den Plan. Da sie, im Gegensatz zu den gigantischen Sauropoden, aber keine Größen erreichten, die als alleiniger Schutz ausgereicht hätten, entwickelte sich innerhalb der Vogelbeckendinosaurier ein reichhaltiges Arsenal an Verteidigungswaffen: Hörner, Schwanzstacheln, wuchtige Keulen am Schwanzende und dolchartige Klauen an den Daumen ermöglichen es heute Kindern weltweit, spannende Kämpfe in Kinderzimmern auszufechten. Ein weniger offensichtlicher, aber für Forscher ebenfalls interessanter Aspekt der meisten Vogelbeckendinosaurier waren ihre Zahnbatterien, die sie von Sauropoden und Raubdinosauriern unterschieden. Vogelbeckendinosaurier waren, ähnlich wie Säugetiere, dazu ihn der Lage, ihre Nahrung bereits im Maul zu zerkleinern und so besser aufzubereiten. Anders als unsere haarigen Vorfahren spezialisierten sich *Stegosaurus* und Co. jedoch nicht auf ein präzises Ineinandergreifen der Zähne, sondern folgten dem Motto «Masse statt Klasse». In ihren Kiefern befanden sich teilweise ganze Zahnbatterien, die permanent abgekaute Vorgänger ersetzten. Während einige Arten wahrscheinlich eher einzelgängerisch veranlagt waren, gibt es Belege für Sozialverhalten und Herdenbildung, beispielsweise in Form von gemeinsamen Nestern. So zeigten Nestfunde des Enten-schnabeldinosauriers *Maiasaura*, dass Jungtiere noch relativ unentwickelt schlüpften und eine Zeit im Nest verbrachten, wo sie von den Eltern gefüttert wurden. Dieses Verhalten ist vergleichbar mit Nesthockern bei Vögeln und setzt ein hohes Maß an Fürsorge der Eltern voraus. Ein besonders ungewöhnliches Verhalten dürfte *Oryctodromeus* an den Tag gelegt haben. Dieser etwa zwei Meter große, zweibeinige Dinosaurier wurde in etwa 95 Millionen Jahre alten Sedi-menten im heutigen US-Bundesstaat Montana gefunden. Die Skelette eines erwachsenen Individuums und zweier Jungtiere befanden sich in einem mit Sediment ausgefüllten Grabgang. Er wurde von den Tieren aller Wahrscheinlichkeit nach selber angelegt, möglicherweise zum Schutz vor Fress-feinden und zur Aufzucht der Jungen. Die Annahme, dass sie selber graben konnten, wird unter anderem von Skelett-anpassungen in den Vorderläufen gestützt. An dieser Stelle sei angemerkt, dass unsere Erkenntnisse über die Vielfalt an Lebensweisen von Dinosauriern in den letzten Jahrzehnten durch neue Fossilfunde deutlich zugenommen haben. Ein Phänomen, das uns noch im nächsten Kapitel bei unseren frühen Vorfahren wiederbegegnen wird.

Auf die Größe kommt es an: Sauropoden

In großen naturhistorischen Museen wiederholt sich Tag für Tag ein faszinierendes Schauspiel. Erwachsene Besucher betreten die Ausstellung und schauen durch die Gegend, um sich erst mal zu orientieren, Schulklassen stürmen die

Hallen unter wildem Kampfgeschrei, um sämtliche Sicherheitsvorkehrungen für zerbrechliche Ausstellungsstücke auf Herz und Nieren zu testen.

Doch ganz egal ob Rentner, junge Pärchen oder der hyperaktive Timmy, der gerade seine Lehrerin an den Rand des Nervenzusammenbruchs treibt – alle verhalten sich gleich, wenn sie einen Raum betreten, in dessen Mitte ein großes Dinosaurierskelett steht. Je größer, desto deutlicher wird das Phänomen. Egal was sich noch an Stücken im Raum befindet, sie verblassen. Die Besucher werden die ersten Minuten von dem Riesen völlig in den Bann gezogen. Von allen Gründen, die Dinosaurier zu den beliebtesten ausgestorbenen Sympathietierchen machen, ist die Größe einiger Arten wahrscheinlich der bedeutendste. Wenn es um große Dinosaurier geht, dann müssen wir schauen, auf welche Arten wir uns beziehen. Bei den Raubsauriern (Theropoden) erreichten die größten Formen wie *Spinosaurus* oder *Giganotosaurus* Längen von bis zu 15 Metern. Die eben angesprochenen Entenschnabeldinosaurier stellten mit *Shantungosaurus*, der eine Länge von ebenfalls rund 15 Metern erreichen konnte, die größten Vertreter der Vogelbeckendinosaurier. Doch all diese Arten waren Zwerge im Vergleich zu den Dimensionen, die die Sauropoden im Laufe ihrer Evolution erreichten. *Argentinosaurus* ist mit über 30 Meter Länge und einem Gewicht, das jenseits der 60 Tonnen gelegen haben dürfte, das größte uns bisher bekannte Tier, das je an Land gelebt hat. Doch wieso wurden die Tiere so groß? Und noch viel schwieriger: Wieso wurden andere Tiere nicht so groß?

Die Frage nach dem «Warum» ist hierbei noch relativ leicht zu beantworten. Solange genug Nahrung zur Verfügung steht, kommt Größe mit vielen Vorteilen daher.

Zum einen ist man innerhalb der eigenen Art durchsetzungsfähiger, wenn es um Paarungskämpfe und Revierstreitigkeiten geht, zum anderen kann man sich gegen Räuber besser verteidigen (ähnlich wie bei einem Türsteher hilft es auch in der Natur, allein durch seine Größe die Botschaft «Such dir lieber einen leichteren Gegner» zu senden). Nach dem bereits erwähnten Paläontologen Edward Drinker Cope ist die sogenannte Cope'sche Regel benannt, nach der die Evolution dazu führt, dass Linien immer größere Formen entwickeln. Auch wenn diese Regel nur als sehr grobe Richtlinie verstanden werden sollte und es unzählige Linien gibt, die ihr nicht folgen, lässt sich jedoch festhalten, dass Größenzunahme ein sehr typisches Phänomen ist. Als Ironie der Evolution sei hier noch eingeworfen, dass gerade Linien, die mehr und mehr Großformen hervorbringen, ein höheres Aussterberisiko haben. Dieser scheinbare Widerspruch löst sich mit Blick auf die größeren Zusammenhänge auf. Durch die erhöhten Überlebenschancen des einzelnen Individuums aus den oben erwähnten Gründen pflanzen sich von Generation zu Generation mehr große Individuen fort. Wenn sich dann aber die Umweltbedingungen in sehr kurzer Zeit dramatisch verändern, beispielsweise die Nahrungsressourcen knapp werden, dann sind große Arten oft am stärksten betroffen. Dieser Trend ist ein gutes Beispiel dafür, dass Evolution nicht planend wirkt.

Eigenschaften, die die Chance zur Fortpflanzung erhöhen, also einen Vorteil darstellen, werden häufiger weitervererbt. Ob diese Eigenschaften in einigen tausend Generationen dazu führen, dass die Linie bei Umweltveränderungen schlechter dasteht, ist hierbei irrelevant. So gesehen funktioniert Evolution nach dem Motto «Nach mir die Sintflut».

Oder anders formuliert: Sie würden auch nicht auf Sex verzichten, nur weil ihre Erbinformationen für Menschen eine Million Jahre in der Zukunft suboptimal sein könnten!

Die Tendenz, Riesenformen hervorzubringen, beobachten wir in vielen Linien innerhalb der Dinosaurier. Aber warum haben nur die Sauropoden derart gewaltige Ausmaße erreicht? Der erste Gedanke, dass dies mit dem Nahrungsangebot zusammenhängt, liefert leider keine befriedigende Erklärung. Fossilien großer Sauropoden finden sich über einen Zeitraum von mehr als 100 Millionen Jahren in verschiedenen Ökosystemen. Sie lebten gleichzeitig mit den ebenfalls pflanzenfressenden Entenschnabeldinosauriern, deren größte Vertreter mit einem Maximalgewicht von 16 Tonnen nur einen Bruchteil von Sauropoden auf die Waage brachten. In diesem Bereich liegt auch das größte Landsäugetier *Paraceratherium*, ein rund 30 Millionen Jahre alter Verwandter der Nashörner, mit einer Schulterhöhe von etwa vier Metern und einem Gewicht von rund 20 Tonnen. Interessanterweise war wahrscheinlich eine ganz bestimmte gemeinsame Eigenschaft einer der Gründe dafür, warum pflanzenfressende Vogelbeckendinosaurier, genau wie (Land-)Säugetiere, nie an die Größe von ebenfalls vegetarisch lebenden Sauropoden heranreichen konnten. Und zwar ihre Fähigkeit, zu kauen. Ja, Sie haben richtig gelesen: Kauen schränkt das evolutionäre Wachstum ein. Bevor Sie sich jetzt fragen, ob Sie Ihren Kindern weiterhin sagen können: «Iss tüchtig und kau gut, damit du groß und stark wirst», so lautet die Antwort: Ja, das können Sie (wobei ich mich auf die medizinische Richtigkeit nicht festlegen will). Was die evolutionäre Entwicklung angeht, ist eine Spezialisierung wie das Zerkleinern von Nahrung im Maul zwar mit vielen Vorteilen verbunden, setzt doch die Fähigkeit zu kauen dem Wachstum irgendwann Grenzen … Um das nachvollziehen zu können, müssen wir erst mal ein paar Fakten festhalten:

- Je größer der Körper, desto höher ist der Energieverbrauch.
- Je höher der Energieverbrauch, desto mehr Nahrung muss ich zu mir nehmen.
- Falls ich kaue, muss ich dementsprechend auch immer mehr Nahrung zerkauen.
- Je mehr gekaut werden muss, desto mehr Muskulatur ist dafür nötig.
- Je mehr Muskulatur vorhanden ist, umso mehr Platz ist für ihre Befestigung am Schädel notwendig. (Bewegen Sie Ihren Unterkiefer etwas hin und her, beißen sie zu und drücken dabei mit den Fingerspitzen vor und oberhalb Ihrer Ohren in Ihren Kopf. Dabei können Sie spüren, wo Ihre Kiefermuskulatur ansetzt.)
- Je mehr Platz für die Kiefermuskulatur vorhanden sein muss, desto größer (und damit schwerer) muss der Schädel sein.

Und hier liegt des Dinosauriers Kern: Wenn die Größe eines Organismus zunimmt, dann steigt sein Volumen und damit auch sein Energieverbrauch in der dritten Potenz (Volumen wird in cm³ angegeben). Die Oberfläche, an der die Kiefermuskulatur ansetzen kann, steigt aber lediglich in der zweiten Potenz, da es sich ja «nur» um eine Oberfläche handelt (die Oberfläche wird also in cm² angegeben). Wenn das Tier aber mit zunehmendem Wachstum in der dritten

Potenz mehr Nahrung verarbeiten muss, bedeutet dies bei einem kauenden Tier Folgendes: Es braucht so viel Platz (also mehr Oberfläche) für seine Kaumuskulatur, dass der Schädel überproportional wachsen müsste (was am Ende dazu führen würde, dass er größer als der gesamte Rest des Tieres wäre). Dementsprechend sind dieser Entwicklung Grenzen gesetzt, und Größe wird für kauende Tiere irgendwann unvorteilhaft, denn der Energieverbrauch, der nötig ist, um die ganze Muskulatur zu betreiben und den schweren Schädel zu tragen, steigt schneller als die Energiezufuhr.

Aber Moment! Wenn Größe ein Vorteil ist, warum verlieren die Tiere nicht die Fähigkeit, zu kauen, um größer werden zu können? Auch hier lautet die Antwort: Weil Evolution nicht planvoll abläuft. Wenn Arten sich auf die Zerkleinerung von Nahrung spezialisiert haben (weil es ja Vorteile bringt), dann ist jede davon abweichende genetische Veränderung für die Individuen im Konkurrenzkampf erst mal ein Nachteil. Die Tatsache, dass ihre Nachkommen x Generationen später eventuell Vorteile durch ihre Größe erhalten können, hilft den Tieren im Überlebenskampf nicht. Dementsprechend wird eine bereits weit entwickelte Eigenschaft nicht zurückgebildet, nur um Platz für andere zukünftig sinnvolle Eigenschaften zu machen.

Gut, jetzt haben wir also einen Grund kennengelernt, der Größenwachstum einschränkt. Aber das kann doch nicht alles sein, schließlich gibt es ja viele Tiere, die nicht kauen. Hier bewegen wir uns nun mitten im Bereich aktueller Forschung. Wir sprachen bereits davon, dass die ersten Generationen von Paläontologen das Gewicht der Tiere meist zu hoch angesetzt haben und daraus schlossen, dass Sauropoden teils unter Wasser gelebt hätten, was jedoch physikalisch unmöglich ist. Stattdessen wurde mit der Zeit nach und nach die Leichtbauweise dieser Riesen erkannt. Denn der Satz «Ich bin nicht dick, ich hab nur schwere Knochen» wurde von den Sauropoden ins Gegenteil verkehrt. Viele Knochen im Skelett, wie beispielsweise ihre Wirbel, zeigen Löcher und Vertiefungen. Innerhalb dieser Hohlräume erstreckten sich Teile der Lunge, was dazu führte, dass die Knochen wesentlich leichter waren als die anderer Tiere.

Wenn Sie sich jetzt fragen, was zur Hölle die Lunge in den Wirbeln zu suchen hat, dann kann ich Ihnen versichern, dass Ihre Anatomiekenntnisse Sie nicht betrügen. Wenn unsere Lunge Ausflüge in unsere Wirbel machen würde (entsprechende Hohlräume vorausgesetzt), dann dürfte man unseren Zustand mit Fug und Recht als ungesund bezeichnen. Doch die Lunge von Sauropoden entsprach nicht unserer Säugetierlunge, sondern der Vogellunge.

Die Lunge von Vögeln weist große Unterschiede zu unserer auf. Sie besitzt mehrere sogenannte Luftsäcke, die sich in verschiedene Regionen des Körpers erstrecken und sich dort an Bereiche des Skeletts anschmiegen. Auch wenn die Lungen selbst nicht fossil erhalten sind, lassen sich die eindeutigen Hohlräume und Vertiefungen, in die sich die Luftsäcke verzweigten, bei Raubsauriern, Sauropoden und frühen Vögeln wie *Archaeopteryx* wiederfinden. Diese spezielle Anatomie ermöglicht nicht nur eine leichte Bauweise, sondern löst auch durch das Volumen der Luftsäcke und eine kontinuierliche Versorgung des Blutes mit Sauerstoff das Problem des Totraumes, das sich bei «klassischen» Lungen bei derart langen Hälsen ergeben würde. Die große Oberfläche der Luftsäcke ermöglichte zudem eine Kühlung, die notwendig war, damit die großen Tiere nicht überhitzten. Aus demselben Grund besitzen Elefanten große, gut durchblutete Ohren, über die Wärme an die Umgebung abgegeben werden kann. Wir haben ja vorhin bei der Nahrungsaufnahme bereits erfahren, dass größere Tiere weniger Körperoberfläche im Vergleich zum Innenraum haben (genau wie ein größerer Würfel oder eine größere Kugel). Daher laufen sie, besonders bei Anstrengung, Gefahr, zu überhitzen (anders als kleine Tiere, die eher schneller erfrieren).

Neben der Leichtbauweise und der Vogellunge ist noch ein weiterer Faktor eng mit dem Größenwachstum der Sauropoden verbunden. Stellen Sie sich vor, Sie wären massiv übergewichtig. Jede Bewegung ist mit viel Aufwand verbunden, Ihnen steht schnell der Schweiß auf der Stirn, und Sie würden gerne jede unnötige Belastung vermeiden (und ganz besonders jede Art von Sport). Jetzt haben Sie Hunger! Und wie! Je größer Sie sind, desto mehr Hunger haben Sie. Was für Sie kleine Portionen sind, reicht anderen den ganzen Tag. Wenn nur nicht der Kühlschrank so weit weg wäre, wenn man nur einen langen Arm hätte … So in etwa ging es den Sauropoden. Zwar werden sie nicht die Erschöpfung gespürt haben, die man mit massivem Übergewicht erlebt; aber das Problem, dass ein großer Körper viel Nahrung benötigt und gleichzeitig jede Bewegung viel Energie verbraucht, lässt sich auf Sauropoden übertragen. Es ist sehr wahrscheinlich, dass diese Tiere die meiste Zeit ihres Daseins mit Fressen verbrachten. Dementsprechend war es umso hilfreicher, wenn sie sich möglichst wenig bewegen mussten und dennoch leicht an große Mengen Nahrung gelangten. Diesem Umstand ist es zu verdanken, dass sich zusammen mit den Größenrekorden bei Sauropoden immer längere Hälse entwickelten (die wiederum erst durch die besondere Lunge und den kleinen Kopf möglich waren). Mit diesen konnten sie große Bereiche abweiden, ohne dafür unnötige Schritte zu machen. Letzten Endes begründete sich die allmähliche Größenzunahme der Sauropoden – anderen Landtieren war es schlicht unmöglich, so riesig zu werden – durch ein Zusammenspiel verschiedener Faktoren, die im Laufe ihrer Evolution zusammenkamen.

Megalosaurus – ein Name, der eines Dinosauriers würdig ist

Was war das erste Dinosaurierfossil, das jemals gefunden wurde? Ehrlich gesagt habe ich keine Ahnung. Es ist sehr wahrscheinlich, dass Menschen bereits lange vor den ersten historischen Aufzeichnungen über Überreste von Dinosauriern gestolpert sind. Doch während es dazu keine Überlieferungen gibt, lässt sich die Frage nach der ersten wissenschaftlichen Beschreibung, sozusagen dem Moment, an dem der erste Dinosaurier als solcher erkannt wurde, gut beantworten. 1824 beschrieb William Buckland, englischer Geologe und Paläontologe, den großen Unterkiefer eines eindeutig fleischfressenden Tieres. Er vermutete, dass es sich um Überreste einer ausgestorbenen Echse oder Amphibie handelte, und nannte das Tier *Megalosaurus*. Ohne es zu wissen, hatte Buckland den ersten fossilen Dinosaurier wissenschaftlich beschrieben (der Oberbegriff Dinosaurier sollte erst einige Jahrzehnte später geprägt werden). Während Flugsaurier und Meeresreptilien in England den Paläontologen bereits bekannt waren, hatte man noch keine wirkliche Vorstellung über das Aussehen der Dinosaurier.

Deshalb, und weil ihm nur Teile des Tieres bekannt waren, rekonstruierte Buckland *Megalosaurus* als eine etwa elefantengroße vierbeinige Echse. Dies war jedoch nur einer von vielen Irrtümern, die die Gattung *Megalosaurus* lange Zeit begleiten sollten.

Da es der erste Fund eines Raubsauriers war, ordnete man daraufhin viele Einzelfunde von Zähnen oder Knochen ebenfalls *Megalosaurus* zu. Das hatte auch damit zu tun, dass man anfänglich nicht genau wusste, was Dinosaurier überhaupt waren und wie groß ihr Artenreichtum war. So wurde *Megalosaurus* zu einer Art Mülleimer-Gattung (englisch «wastebasket taxon»), und es oblag späteren Generationen von Wissenschaftlern, das Chaos wieder zu entwirren, das sich im 19. Jahrhundert um die Gattung gebildet hatte. Doch *Megalosaurus* sorgte bereits lange vor seiner Beschreibung für Irrtümer. Er war nicht nur als erster Dinosaurier wissenschaftlich beschrieben worden, er hält auch den ersten Platz für die Abbildung eines Dinosaurierfossils in einer naturwissenschaftlichen Arbeit. Bereits 1677 bildete Robert Plot, ein Professor der Universität Oxford, das untere Fragment eines großen Oberschenkels ab. Nachdem er einen Elefanten ausgeschlossen hatte, vermutete Plot, dass es sich um den Oberschenkel eines Riesen handelte. 1735 veröffentlichte der große schwedische Forscher Carl von Linné sein Werk *Systema Naturae*, in dem er den Grundstein für die wissenschaftliche Beschreibung von Arten legte (das Werk erfuhr zwölf Auflagen bis 1768 und wurde von Linné dabei ständig erweitert). Er entwarf ein System, das jede neu beschriebene Art mit zwei Namen, dem der Gattung und dem eigentlichen Artnamen, versah (beispielsweise *Tyrannosaurus rex*; *Tyrannosaurus* ist der Gattungsname, *rex* der Artname). Damit gilt Carl von Linné heute als Vater der biologischen Nomenklatur, also des Benennens von biologischen und fossilen Arten. Diese Form der Kategorisierung nutzte 1763 der englische Arzt Richard Brookes für sein naturhistorisches Werk. Unter anderem verwendete er das Bild des Oberschenkelfragments, das knapp 100 Jahre zuvor von Plot als Oberschenkel eines Riesen interpretiert wurde, und versah es mit einem lateinischen Doppelnamen, im Sinne der Nomenklatur von Linné. Um die Namensgebung verstehen zu können, müssen wir kurz die Anatomie des Fossils verstehen. Tasten Sie doch mal seitlich links und rechts an Ihrem Bein, auf Höhe der Kniescheibe. Dort sollten Sie zwei leicht verdickte Stellen spüren. Hierbei handelt es sich um zwei rundliche Wülste, die sogenannten Gelenkknorren oder Kondylen. Sie stehen seitlich leicht ab und gehen nach oben in den Oberschenkelschaft über. Bei unserem *Megalosaurus* sind diese Kondylen deutlich ausgeprägt, und das von Plot und Brookes abgebildete Stück war dicht darüber am Schaftansatz abgebrochen. Dies sorgte bei Brookes für eine ungewöhnliche Assoziation, als er das Fossil mit einem biologischen Namen versah. Er lautet *«Scrotum humanum»*, was so viel bedeutet wie «menschlicher Hodensack». Er ging nicht weiter auf seine ungewöhnliche Namensgebung ein, und es ist nicht davon auszugehen, dass Brooks das Fossil tatsächlich für einen versteinerten Hodensack hielt. Wahrscheinlich ging es ihm lediglich darum, die oberflächliche Ähnlichkeit zu erfassen.

Und warum erzähle ich Ihnen das? Ein Fossil des ersten beschriebenen Dinosauriers wurde vorher schon einmal abgebildet, als Teil eines Riesen angesehen und einige Zeit später erneut in einem Buch veröffentlicht und nach wissenschaftlicher Terminologie mit dem Namen «menschlicher Hodensack» versehen. Das mag ja ganz amüsant sein – aber es ist doch nicht mehr als eine wissenschaftlich kuriose Randnotiz? Nun, nicht ganz. Man könnte eher sagen, dass wir hier gerade auf dem Deck der Titanic stehen, die mit voller Kraft unterwegs ist. Es gibt eine sehr wichtige Regel, wenn es um wissenschaftliche Artnamen geht. Um zu verhindern, dass dieselbe Art wieder und wieder unter unterschiedlichen Namen beschrieben wird, wurde festgelegt, dass bei mehreren Synonymen der älteste Name der gültige ist. Oh, oh ... Eisberg voraus!

Die anfangs erwähnte Beschreibung des Unterkiefers mit dem Namen *«Megalosaurus»* (übrigens sogar nur der halbe Name, der Artname sollte erst einige Jahre später folgen) von Richard Buckland erfolgte 1824 – also 61 Jahre, nachdem Brookes den Namen *«Scrotum humanum»* für ein anderes Fossil derselben Art vergeben hatte. Tja ... der erste wissenschaftlich vergebene Name eines Dinosauriers lautet also «menschlicher Hodensack» ...

Bevor Sie jetzt ins Kinderzimmer gehen und nachschauen, ob sich unter den ganzen Spielsachen auch irgendwo ein Hodensack befindet, so kann ich Sie beruhigen. Wir haben den Eisberg nämlich knapp verfehlt. Eine Sonderregel der biologischen Nomenklatur besagt, dass einem neueren Namen der Vorrang gegeben werden kann, wenn der ältere Titel nach der Veröffentlichung nie wieder verwendet wurde. Diese Sonderregel – der Umstand, dass der fragmentarische Oberschenkelknochen verschwunden und eine wissenschaftliche Überprüfung der ursprünglichen Zeichnung unmöglich ist – sowie Zweifel daran, ob Brookes Bezeichnung als Artname oder lediglich als Bildunterschrift dienen sollte, führten dazu, dass «*Scrotum humanum*» heute nicht als gültiger Artname gilt und der erste wissenschaftliche Dinosaurier ganz offiziell den würdevollen Namen «*Megalosaurus bucklandii*» («Bucklands große Eidechse») trägt.

Raubsaurier – ein trügerischer Begriff

Wenn wir das Wort Raubsaurier hören, dann denken wir wahrscheinlich als Erstes an große imposante Tiere wie *Tyrannosaurus*, *Allosaurus* oder den eben erwähnten *Megalosaurus*. Doch die Gruppe der Theropoda ist die vielfältigste aller Dinosaurier. Sie kommen in ganz unterschiedlichen Größen und Formen daher, und anders als ihr Name vermuten lässt, ernähren sich längst nicht alle ihre Vertreter von Fleisch. Allen Theropoden ist gemein, dass sie, anders als ihre nächsten Verwandten, die Sauropoden, ganz wie die ersten Dinosaurier noch auf zwei Beinen laufen (wie bei jeder guten Regel gibt es auch hier eine Ausnahme, wie Sie gleich sehen werden).

Am Anfang der Theropoda im Zeitalter der Trias standen eher zierliche Vertreter wie der im Kapitel «Stammbaum des Lebens» erwähnte *Eoraptor*, die besonders Jagd auf kleine Wirbeltiere und Insekten machten. Sie reichten von kleinen Formen mit 30 Zentimetern Schulterhöhe und einer Länge von unter einem Meter bis zu Arten wie *Coelophysis*, der rund 2,5 Meter lang wurde und ein Gewicht von etwa 30 Kilogramm auf die Waage brachte. Diese frühen Raubsaurier zeichneten sich häufig dadurch aus, dass sie kleinere Schnauzen besaßen und noch nicht die massiven Schädel einiger ihrer späteren Verwandten. Aber auch wenn die Trias noch keine Riesen unter den Raubsauriern hervorbrachte, so gab es doch einige Zeitgenossen wie den argentinischen *Herrerasaurus*, dem man mit einer Länge von sechs Metern, der Schulterhöhe eines ausgewachsenen Mannes und dem Gewicht eines Grizzlybären nicht unbedingt in einer dunklen Gasse begegnen wollte (wenn ich so darüber nachdenke ... auch eine helle Gasse wäre keine nennenswerte Verbesserung). Im Jura-Zeitalter sehen wir eine deutliche Größenzunahme innerhalb vieler Linien. Wenn Sie das nächste Mal den Schädel eines Raubsauriers betrachten, dann achten Sie auf die vielen sichtbaren Löcher. Sie befanden sich meist an Stellen, an denen keine Beißkräfte wirkten, und sorgten für leichte Schädel. Dies war besonders ausgeprägt bei den größeren Raubsauriern wie *Allosaurus* oder dem kreidezeitlichen *Tyrannosaurus*, da sie eher größere Beutetiere jagten und so auf kräftige, aber gleichzeitig nicht zu schwere Schädel angewiesen waren.

Interessanterweise landen aber weder der berühmte *Tyrannosaurus* noch ähnlich gebaute große Fleischfresser auf dem ersten Platz, wenn es um den größten Raubsaurier geht. Dieser geht an einen viel untypischeren Theropoden, den Sie eventuell kennen – sofern Sie sich *Jurassic Park 3* angetan haben. *Spinosaurus* war mit rund 15 Metern nicht nur größer, sondern wahrscheinlich auch schwerer als *Tyrannosaurus*. Mit seiner langen Schnauze, einem kräftigen, krokodilartigen Schwanz und einem großen Rückensegel will er aber nicht so recht in das klassische Bild eines Raubsauriers passen. Auch dass er sich möglicherweise auf allen vieren fortbewegte und einigen Studien zufolge ähnlich einem Krokodil zumindest semiaquatisch lebte, macht ihn zu einem der ungewöhnlichsten Theropoden. Viele seiner besonderen Eigenschaften waren den Paläontologen lange ein Rätsel: Das erste vollständige Skelett, das Anfang des 20. Jahrhunderts im heutigen Ägypten gefunden wurde, war 1944 im Zweiten Weltkrieg durch einen Luftangriff auf München zerstört worden. Erst neuere Funde konnten die bereits existierenden Vermutungen einer krokodilartigen Lebensweise von *Spinosaurus* unterstützen. Doch trotz all seiner Besonderheiten, der skurrilste Raubsaurier war *Spinosaurus* noch lange nicht. Gegen Ende der Kreidezeit brachten zwei Linien innerhalb der Theropoden unabhängig voneinander Pflanzenfresser hervor (sozusagen vegetarische Raubsaurier auf Paläo-Diät). Beide Linien zeichneten sich dadurch aus, dass die Tiere kleine Köpfe an verlängerten Hälsen besaßen. Anders als beispielsweise die Sauropoden behielten sie ihre zweibeinige Lebensweise bei. Ihr auffälligstes Merkmal waren die massiven Arme, die bei den beiden größten Vertretern *Deinocheirus* und *Therizinosaurus* über zwei Meter maßen und in großen, beeindruckenden Krallen endeten. Diese erreichten bei *Therizinosaurus* allein eine Länge von beinahe einem Meter.

Falls Sie sich nun fragen, warum pflanzenfressende Dinosaurier derartige Krallen benötigten, kann ich folgende Gründe anbieten: Der wahrscheinlichste ist wohl, dass sie der Nahrungsaufnahme gedient haben, indem beispielsweise Zweige herabgebogen werden konnten. Auch dürften sie eine gute «Verhandlungsgrundlage» bei Begegnungen mit den lieben Verwandten gewesen sein, die sich noch nicht von einer vegetarischen Ernährung hatten überzeugen lassen.

Doch neben dem Vegetarismus gab es möglicherweise noch andere ungewöhnliche Ernährungsweisen von Raubsauriern des Erdmittelalters. Fossilien von *Gallimimus*, eines rund zwei Meter hohen und bis zu sechs Meter langen Vertreters der Theropoda, fielen schon länger durch die schnabelförmige Schnauze und das Fehlen von Zähnen auf. 2001 beschrieben Paläontologen ein gut erhaltenes Exemplar, das lammellenartige Weichteile im Mundraum aufwies. Diese zeigten Ähnlichkeiten zu den Siebstrukturen, wie sie beispielsweise Enten nutzen, um Kleinlebewesen aus dem Wasser zu filtern. Weil diese Gattung besonders häufig in Sedimenten von Feuchtgebieten gefunden wurde, vermuteten die Forscher, dass *Gallimimus* seine Nahrung aus dem Wasser filterte. Andere Wissenschaftler widersprachen dieser Interpretation jedoch: Unter anderem hatten Berechnungen ergeben, dass ein Tier dieser Größe täglich sehr große Mengen filtrieren müsste, um sich zu versorgen. Um zu klären, ob *Gallimimus* sich von «Meeresfrüchten» oder Pflanzen ernährte, müssen also weitere Funde abgewartet werden.

Dinosaurier – (noch immer) um uns herum

Zwischen Nürnberg und München liegt die Gemeinde Solnhofen. Sie ist namensgebend für den Solnhofener Plattenkalk, der in der Region gewonnen wird – in geringem Umfang bereits von den Römern in der Antike. Im ausgehenden Mittelalter begann sein intensiver Abbau als Wand- und Bodenbelag. Besondere Bedeutung erlangte er im 18. und 19. Jahrhundert für die Lithographie («lithographische Kalke»). Wäre dies ein kunsthistorisches Buch, würden Sie jetzt mehr über die wirtschaftliche und drucktechnische Nutzung des Plattenkalks erfahren. Aber ist der

Blick in eine rund 150 Millionen Jahre alte Vergangenheit nicht noch viel spannender?

Zu Beginn des 19. Jahrhunderts wurden unzählige sehr gut erhaltene Fossilien aus den Plattenkalken beschrieben. Die Kalke bildeten sich in abgetrennten Lagunen, die regelmäßig durch Sonneneinstrahlung im wahrsten Sinne des Wortes eingedampft wurden, sodass es durch fehlenden Sauerstoff, hohe Temperatur und hohen Salzgehalt für die eingeschlossenen Meeresbewohner denkbar unangenehm wurde. Dadurch finden wir in Solnhofen häufig Spurenfossilien, an deren Ende der Erzeuger, beispielsweise ein Pfeilschwanzkrebs, noch zu finden ist (manchmal erkennt man sogar, dass die Schritte zum Ende hin torkelnder und unkoordinierter wurden). Ein Bonner Professor sagte in seinen Vorlesungen über diese seltenen Kombinationen aus Fußspuren und Tieren immer gerne: «An diesem Stück sehen Sie, dass das Tier vor seinem Tod noch gelebt hat.»

Wie oft haben Sie beim Spazierengehen Fußabdrücke von Tieren (oder auch Menschen) gefunden, bei denen anschließend einige Meter weiter der tote Verursacher lag? Oder umgekehrt, wie oft haben Sie ein totes Tier (hoffentlich keinen Menschen) gefunden, das vorher noch eine gut erkennbare Fußspur im Boden hinterlassen hat?

Dieses denkbar seltene Ereignis können wir aufgrund der lebensfeindlichen Bedingungen in Solnhofen fossil recht häufig beobachten. Neben marinen Lebensformen finden sich auch einige Landlebewesen wie Flugsaurier oder der kleine Raubsaurier *Compsognathus* in den Solnhofener Schichten. Diese Fundstätte als Fenster in das Erdmittelalter war den Paläontologen Mitte des 19. Jahrhunderts hinlänglich bekannt. Dann tauchten jedoch 1861 und um 1874

189

zwei Fossilien einer Art auf, die den Blick auf die Dinosaurier nachhaltig verändern sollten.

Die Tiere schienen eindeutig Vögel zu sein, da ohne Zweifel die Abdrücke von Federn erhalten waren. Die Existenz solcher Tiere war in Solnhofen bereits zuvor festgestellt worden, als der deutsche Wirbeltierpaläontologe Hermann von Meyer eine fossile Feder aus den Plattenkalken beschrieb, die er *Archaeopteryx* (die alte Feder) nannte. Ungewöhnlich war aber, dass die Träger dieser Federn ihrem Skelett nach wenig mit heutigen Vögeln gemeinsam zu haben schienen und vielmehr an kleine Raubsaurier erinnerten. *Archaeopteryx* besaß Zähne und vollständig ausgebildete Arme mit drei krallenbewehrten Fingern (schauen Sie sich zum Vergleich das nächste Mal am Esstisch einen abgenagten Hähnchenflügel an). Außerdem hatte er eine lange Schwanzwirbelsäule und ein typisches Raubsaurierbecken (wir erinnern uns: sie gehören zu den «Echsenbeckensauriern»). Auf der anderen Seite präsentierten sich den Wissenschaftlern als Vogelmerkmale – neben Federn – zu einem Gabelbein verwachsene Schulterblätter (dieser wünschelrutenförmige Knochen bei Vögeln ... ich empfehle Ihnen wirklich, bald mal ein Brathähnchen mit wissenschaftlicher Neugierde zu essen) und die für Vögelfüße typisch nach hinten zeigende Kralle. *Archaeopteryx* stellte sich den Forschern also als Vogel oder Dinosaurier dar, je nachdem, von welcher Richtung man schaute. Diese Funde waren nicht zuletzt deshalb so bedeutend, weil sie einige Jahre nach der Veröffentlichung von *Über die Entstehung der Arten* von Charles Darwin erfolgten. Seine Theorie, nach der neue Arten durch natürliche Zuchtwahl entstehen, fand viel Anklang unter den Wissenschaftlern, aber sie stieß, nicht zuletzt durch die starke

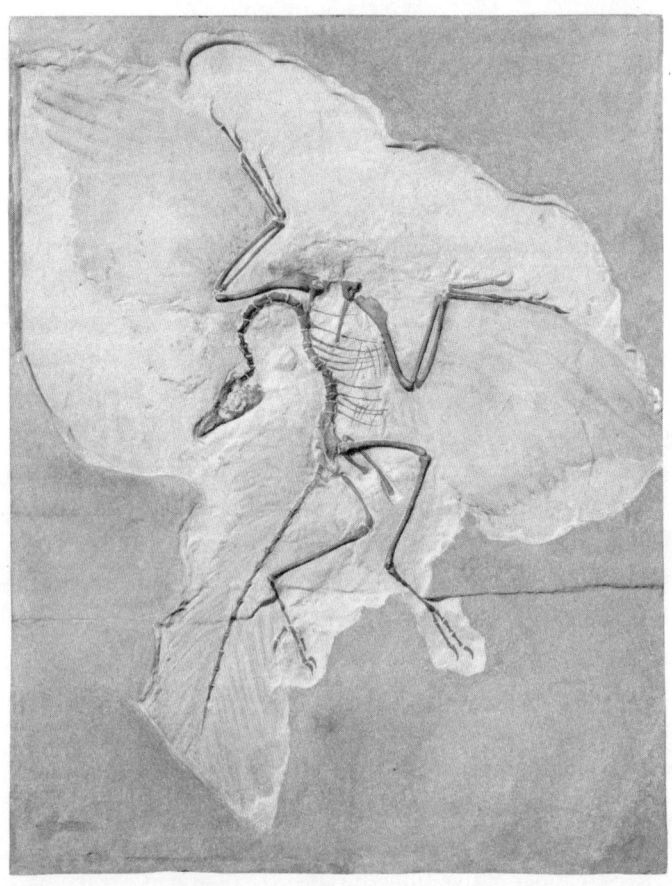

Archaeopteryx (die alte Feder) ist der erste Dinosaurier, der mit Feder-
abdrücken gefunden wurde. Die Kombination aus Vogel- und Dinosau-
riermerkmalen brachte die Paläontologen auf die Spur, dass es sich
bei Vögeln um Dinosaurier handeln könnte. Mittlerweile sind unzählige
weitere Raubsaurier mit Federn bekannt. Wie gut *Archaeopteryx* fliegen
konnte oder ob er sich hauptsächlich auf das Gleiten beschränkte, ist
derzeit Gegenstand aktueller Forschung.

christliche Prägung vieler Forscher, anfänglich auch auf Ablehnung. Neben vielen anderen Fossilfunden, die eine sukzessive Veränderung von Arten zeigten, war besonders *Archaeopteryx* ein sehr anschauliches Beispiel für Darwins Theorie. Nicht zuletzt, weil er bereits vor dem Fund postuliert hatte, dass sich Bindeglieder finden lassen müssten, die alte und neue Merkmale zweier Linien in sich vereinten.

Heutzutage sind neben *Archaeopteryx* viele weitere ursprüngliche Vögel bekannt, die Dinosauriermerkmale zeigen. Außerdem weisen viele Raubsaurier, besonders die nächsten Verwandten der Vögel, die Dromaeosaurier (zu denen auch *Velociraptor* gehört), mit Federn ein vermeintliches Vogelmerkmal auf. Tatsächlich haben sich Federn nicht erst bei den Vögeln für den aktiven Flug entwickelt, sondern sie entstanden bereits früher innerhalb der Dinosaurier. Derzeit wird innerhalb der Paläontologie noch darüber diskutiert, ob Federn (oder Protofedern) sich bereits an der Basis der Dinosaurier entwickelten oder erst innerhalb der Raubsaurier entstanden. Sicher ist jedoch, dass Raubsaurier verschiedene Federn besaßen, die von flaumartiger Bedeckung bis hin zu längeren «richtigen» Federn an den Armen reichten. Einige Raubsaurier, die noch keine Vögel darstellten, konnten auch schon durch die Lüfte gleiten. Selbst der aktive Flug durch Federn an den Armen und Beinen (sozusagen mit vier Flügeln) könnte sich bei einigen Raubsauriern, die nahe mit Vögeln verwandt waren, wie dem chinesischen *Changyuraptor,* unabhängig entwickelt haben (ich sage «könnte», weil aerodynamische Modelle an Fossilien nicht immer einfach sind). Die Grenze zwischen Vögeln und klassischen Dinosauriern lässt sich angesichts der Fülle an Übergangsformen heutzutage nicht mehr richtig ziehen.

Auf die Frage, was schon ein Vogel und was noch ein Dinosaurier ist, lässt sich am einfachsten antworten: «Vögel sind Dinosaurier.» Diese Aussage ist nicht nur wissenschaftlich durch die oben angesprochenen Übergangsformen gut belegt, sondern auch völlig korrekt, da Vögel nichts weiter sind als ein zusätzlicher Zweig innerhalb der Raubsaurier. Dementsprechend können Sie das nächste Mal durchaus Wetten darauf abschließen, dass Dinosaurier nie ausgestorben sind. Sie würden gewinnen (und vielleicht fliegt sogar in diesem Moment ein echter Dinosaurier an Ihrem Fenster vorbei).

Sie schauen jetzt gerade etwas verwirrt? Dass Vögel die Nachkommen der Dinosaurier sind, war Ihnen vielleicht nicht neu. Aber dass Dinosaurier darum nicht ausgestorben sind, ist vielleicht erklärungsbedürftig. Wissenschaftlich werden größeren Linien an ihren Knotenpunkten benannt. Stellen Sie sich einen großen Ast an einem Baum vor. Er zweigt vom Stamm ab und verästelt sich dann weiter an mehreren Gabelungen. Mit jeder Abzweigung beginnt eine neue Linie, die sich weiter verzweigt, und so weiter und so fort … Stellen wir uns jetzt Folgendes vor: Der Beginn des Astes stellt die ersten Dinosaurier dar. Von ihnen stammen alle anderen Dinosaurier ab; alles an dem Baum, was nicht von diesem Ast ausgeht, ist demnach kein Dinosaurier. Und (das ist genauso wichtig!): Alles, was von diesem Ast abzweigt, ist ein Teil der großen Gruppe «Dinosaurier». In unserem Fall teilt sich der Ast sehr früh in die Vogelbecken- und die Echsenbeckendinosaurier auf. Echsenbeckendinosaurier spalten sich wiederum in die Raubsaurier und die Sauropoden auf. Die Raubsaurier unterteilen sich weiter und weiter, und an einer Abzweigung auf dem Ast der Raubsaurier erstreckt sich ein Ast, der die Vögel darstellt. Hier hört die

Analogie zu einem Baum natürlich auf, da die Vögel selber aufgrund ihrer Vielfalt einen großen Ast bilden. Dies ändert jedoch nichts daran, dass sie innerhalb der Dinosaurier entsprungen und damit Dinosaurier sind. Dementsprechend müsste man einen Ast herausbrechen, wenn man den Begriff Dinosaurier ohne die Vögel verwenden wollte. Dies wird von wissenschaftlicher Seite jedoch vermieden, da man natürliche Gruppen betrachten und nicht «künstlich» Linien separieren will, weil sie rein subjektiv zu speziell sind. Wenn Wissenschaftler in Fachzeitschriften oder auf Konferenzen von «klassischen» Dinosauriern ohne die Vögel sprechen, dann verwenden sie den Begriff «non-avian dinosaurs», was übersetzt «Nicht-Vogel-Dinosaurier» bedeutet. Das klingt zwar umständlich, ist jedoch hilfreich, um Missverständnisse zu vermeiden.

Von paläontologischer Seite werden Vögel deshalb in der Regel noch vor Krokodilen zum Vergleich für ausgestorbene Dinosaurier herangezogen. Dies gilt besonders, wenn man Informationen über Raubsaurier gewinnen will. In einer Studie aus den USA wurde der Körperschwerpunkt von Hühnern verändert: Die Wissenschaftler setzten ihnen einen künstlichen Schwanz auf, der große Ähnlichkeit mit dem Gummipümpel hat, den man oft in Badezimmern antrifft. Es zeigte sich, dass sich die Stellung der Hinterbeine leicht veränderte und stärker der Beinstellung von bodenlebenden Raubsauriern entsprach, die noch einen langen Schwanz besaßen. Andere Forschungsprojekte beschäftigen sich mit der Frage, ob es möglich ist, Hühner durch Rückkreuzung wieder ihren ausgestorbenen Verwandten ähnlicher zu machen. Schreien Sie jetzt bitte nicht panisch: «Das hat doch schon in *Jurassic Park* nicht funktioniert!» Bei diesen Versuchen geht es nicht darum, Monster zu erschaffen (das wäre höchstens ein interessanter Nebeneffekt). Vielmehr sollen die genetischen Veränderungen, die Dinosaurier während ihrer Entwicklung zu den modernen Vögeln durchliefen, besser verstanden werden.

Jetzt, da wir wissen, dass Vögel nichts anderes als Dinosaurier sind, können wir auch endlich die berühmte Frage klären: «Was war zuerst da? Die Henne oder das Ei?» Eierlegende Tiere evolvierten bereits lange vor den Vögeln und waren eindeutig zuerst da. Vögel haben die Eier sozusagen nur übernommen. Der älteste fossile Nachweis für Eier bei Reptilien ist sogar noch älter als die ersten Dinosaurier.

Wozu ein Federkleid?

Im Verlauf des letzten Kapitels haben Sie sich vielleicht gefragt, warum sich Federn bereits vor den Vögeln entwickelt haben. Jede vorausschauende Planung seitens der Evolution lässt sich ja definitiv ausschließen. Wenn ich Sie jetzt bitten würde, Ihre Wintergarderobe aus dem Schrank zu holen, was würden wir finden? Daunenjacken, eine gut gefütterte Lederjacke oder einen Pelzmantel? Egal, um was es sich handelt, Ihre Kleidung wird sicher einige Kriterien erfüllen. An erster Stelle wird sie warm sein. Darüber hinaus besteht die Chance, dass sie zu einem gewissen Grad modisch chic ist. Eventuell liegt sogar der Fokus auf der modischen Erscheinung, und Sie nehmen das Frösteln in Ihrem Lieblingsmantel in Kauf. Das muss Ihnen nicht peinlich sein. Sehr viele Tiere nehmen große Nachteile in Kauf, um besonders gut für potenzielle Partner auszusehen.

Pfauen mit ihrem Gefieder und Hirsche mit ihrem jährlichen Geweihwechsel sind hier nur die Spitze des Eisbergs. Aber egal wie Sie die Prioritäten setzen, Sie frieren nicht gerne und Sie sehen gerne gut aus! Da haben Sie etwas mit dem durchschnittlichen Dinosaurier gemeinsam – nur dass ein Dinosaurier nicht einfach in den Kleiderschrank greifen kann. Er muss sich anders helfen.

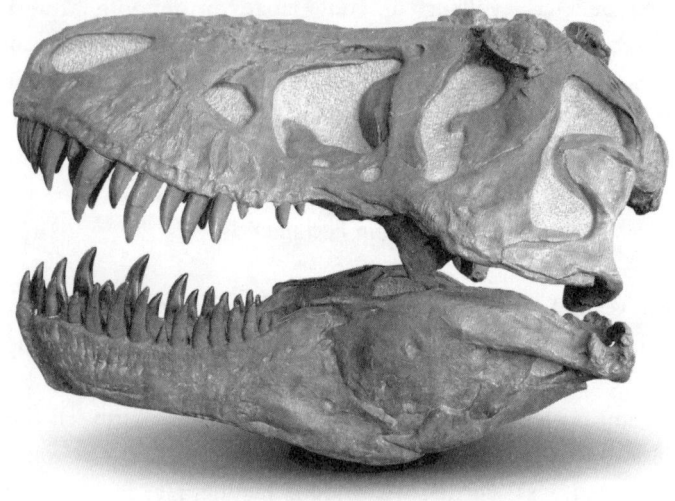

Der wohl bekannteste Vertreter der «Nicht-Vogel-Dinosaurier», *Tyrannosaurus rex,* lebte am Ende der Kreidezeit in Nordamerika. Derzeit gibt es wissenschaftliche Diskussionen, inwieweit *Tyrannosaurus* Federn besaß. Während die Notwendigkeit zur Isolation höchstens bei Jungtieren eine Rolle gespielt haben dürfte, war Werbung sicher ein guter Grund, warum *T. rex* Federn besessen haben könnte. Den stärksten Hinweis liefern jedoch nahe Verwandte, deren Fossilien Federabdrücke aufweisen. Mittlerweile geht die Mehrheit der Paläontologen davon aus, dass *Tyrannosaurus* im Laufe seines Lebens zumindest phasenweise an manchen Stellen seines Körpers Federn besessen haben dürfte.

Fangen wir beim Frieren an. Stellen Sie sich das Skelett eines kleinen Raubsauriers vor – füllen sie das Tier nun vor Ihrem geistigen Auge mit Weichgewebe und Haut, bis Sie das lebende Individuum vor sich sehen (mit Federn oder ohne, spielt erst mal keine Rolle). Wie wirkt das Tier, wenn es dort auf seinen Hinterbeinen steht, Sie mit schrägem Kopf anschaut und ein paar Schritte näher kommt? Relativ flink, oder? Unabhängig davon, wie Sie es sich im Detail vorstellen, es wird sich in Ihrem Kopf wohl kaum wie ein müder Leguan bewegen, sondern eher wie eine große Amsel, die auf dem Boden nach Nahrung sucht. Das Bild ist sogar kompatibel mit wissenschaftlichen Erkenntnissen. Allein die leichten Skelette von Raubsauriern, die ähnlich wie die der Sauropoden von Luftsäcken der Vogellunge durchzogen waren, sprechen schon sehr für eine recht aktive Lebensweise. Darüber hinaus kamen Studien, die sich mit dem Knochenwachstum der Tiere befassten, zu folgendem Ergebnis: Die Wachstumsgeschwindigkeit und der ganze Stoffwechsel der kleinen Raubsaurier waren dem warmblütiger Tiere wie heutigen Vögeln oder Säugern ähnlich und unterschieden sich deutlich von wechselwarmen Reptilien. Für solche Studien schneiden Paläontologen hauchdünne Scheiben aus den Knochen, um unter dem Mikroskop Wachstumsringe zu verfolgen, die denen von Bäumen ähnlich sind. So lässt sich sehr gut einordnen, wie schnell die Tiere gewachsen und wie aktiv sie gewesen sind, denn schnelles Wachstum setzt meist einen hohen Stoffwechsel voraus. An dieser Stelle sei angemerkt, dass die Kollegen, die diese Art von Studien durchführen, unglaublich beliebt bei Museumskuratoren und Sammlungsverwaltern sind: «Entschuldigung, dürften wir mal Ihre Dinosaurierknochen zersägen?»

Eine aktive Lebensweise, unabhängig von der Außentemperatur, geht mit vielen Vorteilen einher, hat aber auch einige Nachteile. Der größte Nachteil ist, dass der Körper ständig Wärme produzieren muss, um seine Kerntemperatur aufrechtzuerhalten. Dies gilt besonders bei kleinen Tieren, die verhältnismäßig mehr Oberfläche besitzen. Die Entwicklung von Warmblütigkeit ist also an die parallele Entwicklung einer notwendigen Wärmeisolierung gebunden. Dass Federn ähnlich wie Fell ursprünglich als Wärmedämmung entwickelt wurden, wird dadurch gestützt, dass die ältesten

Bei den Flugsauriern handelt es sich nicht um Dinosaurier, sondern ihre nächsten Verwandten. Das hier abgebildete Fossil von *Scaphognathus* wurde in den Solnhofener Plattenkalken gefunden und befindet sich im Goldfuß-Museum der Universität Bonn. Anhand von feinen Abdrücken auf diesem Fossil konnte der Paläontologe Georg August Goldfuß 1831 zum ersten Mal belegen, dass Flugsaurier eine Art «Fell» besaßen.

Federn von Dinosauriern aufgrund ihrer Form eindeutig nicht zum Fliegen geeignet waren. Ähnliche Strukturen finden wir bei den nahe mit den Dinosauriern verwandten Flugsauriern, die ein «Fell» aus Fasern besaßen, das den Bauch, Rücken und Nacken bedeckte (Flugsaurier dürften demnach recht flauschig gewesen sein).

Für die Forscher stellt sich derzeit eine interessante Frage: Wann haben sich Federn bzw. deren Vorformen entwickelt? Es ist möglich, dass bereits der gemeinsame Vorfahre von Flugsauriern und Dinosauriern eine Körperbedeckung besaß und diese dann in einigen Linien wieder reduziert wurde. Hierfür spricht unter anderem, dass die ersten Horndinosaurier wie *Psittacosaurus* am Schwanz Strukturen besaßen, die große Ähnlichkeit zu den Protofedern von Raubsauriern haben. Aufgrund der bescheidenen Fundsituation von Weichteilen bei frühen Dinosauriern lässt sich diese Hypothese derzeit jedoch noch nicht sicher belegen. Genauso gut möglich ist, dass Flugsaurier und Raubsaurier aufgrund ihrer aktiven Lebensweise unabhängig voneinander (konvergent) eine Isolation entwickelt haben. Damit wären richtige Federn nur innerhalb der Theropoden vorhanden. Wir wissen, dass einige Linien innerhalb der Raubsaurier wie die von *Carnotaurus* keine Federn besaßen. Diese könnten sekundär reduziert oder noch nicht vorhanden gewesen sein. Die konservativste Annahme ist, dass sich Federn ungefähr in der Mitte der Raubsaurierlinie entwickelten. Dies ist die späteste der drei Möglichkeiten – und wir haben hier den direkten Nachweis durch Fossilien. Dieser Zweig innerhalb der Raubsaurier wird Coelurosaurier genannt. Er umfasst neben den Vögeln viele kleine Raubsaurier wie *Velociraptor*, Pflanzenfresser wie den bereits erwähnten *Therizinosaurus* und auch *Tyrannosaurus* und seine nächsten Verwandten. Viele Vertreter dieser Linie sind mit einfachen isolierenden Federn bis hin zu komplexeren Typen wie Schwungfedern gefunden worden.

Bevor aus einem fellähnlichen Isolationsmaterial ein Hilfsmittel zum Gleiten und aktiven Fliegen wurde, hatten Federn ähnlich wie Ihre Kleidung den Zweck, aufzufallen. Heutige Vögel nutzen oft bunte Federn, um auf das andere Geschlecht attraktiv zu wirken. Aber wie lässt sich dies für ausgestorbene Raubsaurier bestimmen? Zum einen hilft die verwandtschaftliche Nähe. *Velociraptor* oder *Deinonychus* zählen unter den ausgestorbenen Dinosauriern zu den nächsten Verwandten der Vögel – und sie besaßen ebenfalls Federn. Eine Färbung ist also ganz grundsätzlich recht wahrscheinlich. Doch die Fossilien geben noch direktere Hinweise. Denn viele der Dromaeosaurier (Fachchinesisch für die Linie der nächsten Verwandten der Vögel, die auch die Velociraptoren beheimatet) zeigen neben einfachen Federn am Körper lange Federn an den Armen, die Schwungfedern ähneln. Aufgrund der Anatomie der Tiere und einiger Details an den Federn lässt sich feststellen, dass sie nicht fliegen konnten. Wozu kann ein Tier also große Federn exponiert am Körper verwenden, wenn nicht zum Flug? Genau, zur Werbung. Wie die Schwanzfedern beim Pfau und die Accessoires an Ihrer Kleidung dienten diese Federn dazu, anzugeben: «Hey, schaut mich an! Meine Gene sind so gut, ich kann mir Luxus leisten!» Daraus lässt sich auch indirekt schließen, dass diese Federn bunt gewesen sein dürften. Strukturen, die ähnlich interpretiert werden, finden sich bei einigen größeren, ursprünglicheren Raubsauriern, die wahrscheinlich nicht voll befiedert waren.

Sie zeigen mitunter kleine Hörner oder Wülste über den Augen oder auf der Nase, die, neben möglichen Kämpfen mit Rivalen, zum Angeben gedient haben könnten.

Neben den Theropoden werden übrigens auch die Hornschilde der großen pflanzenfressenden Horndinosaurier (die zu den Vogelbeckendinosauriern gehören) mittlerweile weniger als Verteidigung, sondern vielmehr als Displayorgan gewertet. Dass *Triceratops* seinen Schild wahrscheinlich ungern zur Verteidigung eingesetzt hat, zeigen Studien aus dem Bereich der Materialforschung, die ergeben haben, dass die Schilde längst nicht stabil genug für Kämpfe gewesen sind. Dies lässt uns wieder mit einer großen, auffälligen Struktur mit einem geringen praktischen Nutzen zurück. Diese Erkenntnisse haben in den letzten Jahrzehnten dafür gesorgt, dass Dinosaurier auch in Fachbüchern tendenziell immer bunter wurden.

Warum stammen so viele Dinosaurier aus den USA?

Nennen Sie mir einen Dinosaurier, von dem Sie schon einmal gehört haben. Die Chancen stehen gut, dass er in den USA gefunden wurde. Woran liegt es, dass dermaßen viele Dinosaurier aus den USA stammen? Einen der Gründe haben wir bereits kennengelernt. Die Bone Wars zwischen Cope und Marsh waren ein regelrechter paläontologischer Goldrausch und hinterließen, zusammen mit den beschriebenen Dinosauriern, bleibenden Eindruck in der öffentlichen Wahrnehmung. Dies geschah in der Frühphase der Paläontologie, als sich viele Ausgrabungen auf Europa und die USA konzentrierten und im Rest der Welt eher sporadisch gegraben wurde. Doch neben der Fehde zwischen Marsh und Cope gibt es noch einen wesentlich handfesteren Grund, warum die USA im Vergleich zu Europa mit so vielen Dinosauriern aufwarten konnten – und zwar die Paläogeographie. Sie haben sicher bereits des Öfteren vom bedrohlichen Szenario des steigenden Meeresspiegels und seinen Folgen für Länder wie die Niederlande gehört. Im Jura und in der Kreidezeit waren allerdings nicht die Niederlande allein betroffen – sondern für beinahe ganz Europa galt «Land unter». Neben einem deutlich höheren Meeresspiegel war die afrikanische Platte noch nicht mit der europäischen kollidiert, sodass Europa im Ganzen noch tiefer lag. So stand hier in Mitteleuropa bis auf einige kleinere und größere Inseln alles unter Wasser. Im Vergleich dazu konnte man den Großteil der heutigen USA im Erdmittelalter trockenen Fußes besichtigen. Das führt dazu, dass wir in Europa wunderbare Meeressaurier und andere marine Lebewesen wie Ammoniten, Muscheln und Brachiopoden finden. (Brachiopoden sind Tiere, die immer für Muscheln gehalten werden, aber keine sind. Kleiner Tipp: Falls Sie mal eine versteinerte «Muschel» finden, schauen Sie, ob die Klappen genau symmetrisch sind oder ob die Symmetrieebene senkrecht durch beide Klappen verläuft, also ob beide Klappen gleich sind oder ob es eine obere und eine untere gibt, die sich in ihrer Größe unterscheiden. Die Spiegelung könnte hier durch beide mittig erfolgen. In letzterem Fall handelt es sich um eine Brachiopode und keine Muschel. Die Fähigkeit, Muscheln von Brachiopoden zu unterscheiden, können Sie dann bei einem Bewerbungsgespräch als besondere Fähigkeit angeben … aber ich schweife ab.) Dinosaurier als Landlebewesen sind dementsprechend höchstens in küstennahen Ablagerungen (beispielsweise in den Plattenkalken von Solnhofen) oder den wenigen kontinentalen Sedimenten in Europa zu finden. Hinzu kommt, dass das heutige Klima in Europa aus paläontologischer Sicht eher ungünstig ist. Selbst wenn potenzielle Schichten vorhanden sind, ist die Chance hoch, dass ein Wald darauf steht. Die USA haben neben ihrer größeren Grundfläche auch den Vorteil von großen, ausgedehnten Bereichen mit spärlicher Vegetation. Alles in allem sind die Rahmenbedingungen für Dinosaurier in den USA schlicht und einfach besser.

Aber die Konkurrenz schläft nicht (mehr)! War flächendeckende Paläontologie im 19. und frühen 20. Jahrhundert noch weitestgehend auf Europa und Nordamerika beschränkt – während sie im Rest der Welt, ähnlich wie die Archäologie, meist eher mit einem kolonialen Beigeschmack betrieben wurde –, so änderte sich dies im Laufe der letzten Jahrzehnte völlig. Mehr und mehr Nationen begannen, ihre fossilen Bodenschätze systematisch zu erforschen.

Was neue Funde fossiler Dinosaurier angeht, so haben Argentinien und China längst zu den USA aufgeschlossen. Beide Länder profitieren davon, dass im Erdmittelalter hauptsächlich terrestrische Sedimente abgelagert wurden und dass es heute große Areale mit spärlicher Vegetation gibt. Hinzu kommen weitere Faktoren wie die intensive Suche nach Rohstoffen und das wirtschaftliche Wachstum, besonders im Falle Chinas, was vielerorts zu neuen Baustellen führt, die wiederum das Potenzial von Fossilienfunden bieten. Zudem profitiert die Landbevölkerung sehr häufig noch nicht vom wirtschaftlichen Aufschwung. Dies führt zu einem florierenden Fossilienhandel, bei dem Bauern mitunter mehr durch die Fossiliensuche als durch die Bestellung ihrer Felder verdienen können. Aus wissenschaftlicher Sicht bringt dies zwar massive Probleme mit sich, denn die Präparation und Dokumentation der Rahmenbedingungen wie Fundschichten etc. sind oft miserabel, aber es führt dazu, dass unvorstellbar große Mengen Erdreich für die systematische Suche nach Fossilien umgegraben werden (teilweise werden sogar illegale, lebensgefährliche Stollen von der lokalen Bevölkerung bei der Fossiliensuche angelegt). Der erhöhte Umsatz schlägt sich dementsprechend auch in einer großen Zahl neuer Funde nieder. Besonders in China wird dieses Phänomen noch dadurch unterstützt, dass der ehemalige Premier des Staatsrates, Wen Jiabao, Geologe ist. Dies führte dazu, dass regionale geologisch-paläontologische Museen massiv gefördert wurden.

Dinosaurierfunde in Deutschland

Kehren wir zurück nach Hause: Wo kommen in unserer Heimat Dinosaurier vor? Wenn Sie die Hoffnung hegen, hier selbst Dinosaurier zu finden, dann empfehle ich, lieber auf Meereslebewesen wie Korallen, Muscheln und Ammoniten zu setzen. Wie bereits erklärt, liegen durch die vielen Meeresablagerungen in Mitteleuropa zur Zeit des Erdmittelalters die Erfolgschancen in diesem Bereich wenigstens so hoch, dass Sie abends nicht völlig frustriert nach Hause gehen müssen. Zwar gibt es Dinosaurierfunde aus Deutschland, viele dieser Arten gehen jedoch auf einmalige Funde von Teilskeletten oder einzelnen Knochen zurück, sodass hier in der Regel von Glücksfällen gesprochen werden kann. Um eine sehr langwierige Auflistung zu vermeiden, möchte ich einige besondere Funde hervorheben. Die spekalulärsten Dinosaurierfunde kommen aus bereits erwähnten Kalken in Süddeutschland. Hier sind die beiden am besten erhaltenen Dinosaurier wahrscheinlich *Juravenator* und *Sciurumimus*, die beide in Bayern gefunden wurden. Letzterer gehört zu den Raubsauriern, die Protofedern an ihrem Schwanz aufweisen. Ein weiterer älterer Fund, ebenfalls aus Bayern, ist der von *Plateosaurus*. Er wurde zum ersten Mal in der Nähe von Nürnberg in Sedimenten der Trias gefunden (später kamen noch weitere Fundstellen in Deutschland und Europa hinzu) und gilt als Vorläufer der Sauropoden. Doch anders als seine teils gigantischen Verwandten bewegte sich der langhalsige *Plateosaurus* trotz seiner stattlichen Größe von bis zu zehn Metern und einem Gewicht bis zu vier Tonnen noch auf den Hinterbeinen fort.

Große wissenschaftliche Aufmerksamkeit bekamen auch einige Funde aus Niedersachsen. Dort fand man mehrere kleinere *Europasaurus*-Sauropoden (bis maximal acht Meter Länge), die man ursprünglich für jugendliche Tiere hielt. Untersuchungen an den Knochen zeigten jedoch, dass die Tiere ausgewachsen waren. Das war umso erstaunlicher, da ihr nächster Verwandter *Brachiosaurus* einer der größten Sauropoden aller Zeiten gewesen war. Wie kann es sein, dass in einer Dinosauriergruppe, die ohnehin die evolutionäre Tendenz zum Größenwachstum zeigte, aus einem wahren Giganten ein regelrechter Zwerg wurde?

Die Gründe für *Europasaurus'* Verzwergung sind in seinem Lebensraum zu finden. Er lebte nicht wie seine großen Verwandten auf dem Festland, sondern auf einer oder mehreren Inseln, die sich aus dem jurassischen Meer erhoben. Als die ersten Sauropoden auf die Inseln gelangten,

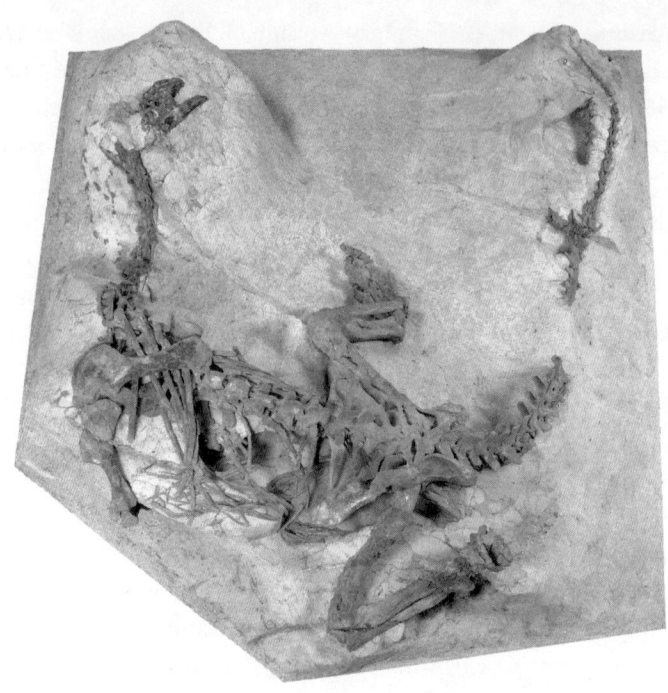

Plateosaurus ist einer der am häufigsten in Mitteleuropa gefundenen Dinosaurier. Er gehört zu den Prosauropoden. Anders als seine jüngeren, größeren, langhalsigen Verwandten, die Sauropoden, zeichnet sich *Plateosaurus* dadurch aus, dass er trotz seiner bereits beachtlichen Größe von bis zu zehn Metern noch auf den Hinterbeinen ging. Bei dem hier abgebildeten Fossil handelt es sich um das vollständigste Exemplar. Es ist im Sauriermuseum Frick in der Schweiz ausgestellt.

entweder auf direktem Wege oder durch Meeresspiegelanstieg, wurden sie von den Populationen des Festlandes abgeschnitten. Ihr neuer Lebensraum stellte plötzlich ganz andere Herausforderungen an die Tiere. Da Räuber fehlten, war Größe plötzlich nicht mehr erforderlich. Ganz im

Gegenteil, das spärliche Nahrungsangebot auf der Insel verringerte die Überlebenschancen großer Individuen deutlich stärker als die kleinerer. Dieses Phänomen nennt sich Inselverzwergung und lässt sich auch heute beobachten. Durch das verknappte Nahrungsangebot und den Wegfall von Räubern verringert sich die durchschnittliche Körpergröße der Inselformen in verhältnismäßig kurzen Zeiträumen sehr stark. Passenderweise ist der Prozess genau umgekehrt bei Arten, die zum Schutz vor Räubern besonders klein sein müssen. Hier lässt sich bei Inselpopulationen meist eine schnelle Größenzunahme feststellen. So erinnert beispielsweise der rund 10 Millionen Jahre alte Igel *Deinogalerix*, der im heutigen Italien gefunden wurde, mit seinen 20 Zentimetern Schädellänge und einem Gewicht von zehn Kilo eher an einen Terrier auf Steroiden als an seine putzigen Verwandten auf dem Festland. Die Verzwergung ermöglichte *Europasaurus* das Überleben abseits des Festlandes, doch führte sie möglicherweise auch zu seinem Aussterben. Denn in etwas jüngeren Schichten desselben Steinbruchs finden sich keine Überreste von *Europasaurus* mehr, wohl aber Fußabdrücke großer Raubsaurier. Eine Hypothese ist, dass Meeresspiegelschwankungen das Einwandern der großen Räuber ermöglichten, die dann in den kleinen Zwergsauropoden leichte Beute fanden.

Fußabdrücke stellen übrigens eine weitere wichtige Form von Dinosaurierfossilien in Deutschland dar. Neben den Fährten großer Raubsaurier wurden in Norddeutschland auch jurassische Fußabdrücke von Sauropoden und kleinen, schnellen Raubsauriern, ähnlich dem *Velociraptor*, gefunden. Fährten älterer triassischer Raubsaurier sind darüber hinaus aus Franken und Baden-Württemberg bekannt. Neben

Skeletten und Fußabdrücken lassen sich an vielen verschiedenen Lokalitäten Funde von einzelnen Zähnen und kleineren Knochen machen, die in sogenannten Bone Beds zusammengeschwemmt wurden. Diese Einzelteile können in den meisten Fällen allerdings nicht genauer zugeordnet werden. Grundsätzlich lässt sich sagen, dass Dinosaurierfunde in Deutschland meist besondere Glücksfälle sind und nicht selten in Meeresablagerungen gefunden wurden, in denen sie aber Ausnahmen darstellen.

Wie stehen die Chancen für einen echten Jurassic Park?

1990 erschien das Buch *Jurassic Park* (in der deutschen Ausgabe trug es den niedlichen Titel *DinoPark*) des amerikanischen Autors Michael Crichton. Drei Jahre später folgte der gleichnamige Film. Die Geschichte greift die in den 90er Jahren scheinbar grenzenlosen Möglichkeiten der Genetik auf. In ihr gelingt es Forschern, das Blut von Dinosauriern zu gewinnen, indem sie es aus Mücken extrahieren, die vor Millionen von Jahren Blut saugten und anschließend in Bernstein konserviert wurden. Auf diesem Weg gelangen sie an Dinosaurier-DNA, um Dinosaurier zu klonen – anschließend entkommen die Tiere. Während ein Teil der Protagonisten als Dinofutter endet, meistern die Paläontologen heldenhaft die Situation.

Dank dieser kreativen (und zugegebenermaßen sträflich knapp zusammengefassten) Story und der Regie von Steven Spielberg löste *Jurassic Park* eine neue Welle von Dinosaurierfaszination aus. Doch nicht nur in Kinderzimmern, auch in der Wissenschaft hinterließ *Jurassic Park* seine

Spuren. Das Konzept, aus den Überresten ausgestorbener Lebewesen DNA zu gewinnen, wurde bereits seit den 80er Jahren untersucht. Die meisten älteren Studien beschäftigten sich jedoch mit Tieren, die in den letzten Jahrzehnten und Jahrhunderten ausgestorben waren. Dies änderte sich Anfang der 90er, als immer mehr Forschergruppen begannen, immer ältere DNA aus Fossilien zu gewinnen. Es liegt nahe, dass *Jurassic Park* neben den Fortschritten in der Genetik seinen Teil zu diesem Trend beigetragen haben dürfte. Nicht zuletzt, weil auch einige Studien berichteten, tatsächlich DNA aus Bernstein gewonnen zu haben. Auch wurde gemeldet, dass DNA aus 80 Millionen Jahre alten Dinosaurierknochen extrahiert wurde. Das fiktive Modell *Jurassic Park* schien nach und nach in die Nähe der Realität zu rücken. Doch das Gute an der Wissenschaft ist, dass sie ein sich selbst korrigierendes System ist. Wenn Fehler gemacht werden, werden diese über kurz oder lang erkannt und korrigiert. Der Fehler nannte sich in den meisten Fällen Kontamination. Die vermeintlich spektakulären Funde von Bruchstücken uralter DNA entpuppten sich nach und nach als Kontamination in den Laboren. Hier muss man bedenken, dass die Genforschung noch am Anfang stand und man von daher viele Stolpersteine erst in der praktischen Anwendung erkannte. Übrigens war dies auch eine Erfahrung, die die Polizei in Süddeutschland machen musste, als das DNA-Profil einer unbekannten Frau zwischen 2007 und 2009 wieder und wieder an verschiedenen Tatorten gefunden wurde und man bereits davon ausging, es mit einer bundesweit agierenden Superkriminellen zu tun zu haben. Am Ende stellte sich heraus, dass die DNA von kontaminierten Wattestäbchen stammte und die vermeintliche Superkriminelle nichts weiter als eine harmlose Verpackungsmitarbeiterin der Zulieferfirma war. Die Frage aber bleibt: Wäre es möglich? Kann es irgendwann einen *Jurassic Park* geben? Und wenn ja: Was sollte man tun, wenn die Dinosaurier ausbrechen (außer schneller zu laufen als die anderen Parkbesucher)?

Um es kurz und schmerzlos zu machen: Die Antwort auf die erste Frage lautet mit sehr hoher Wahrscheinlichkeit «Nein». Die Hoffnungen auf einen Park à la Crichton müssen wir wohl oder übel begraben. Im Kapitel «Kleine Fossilienkunde» habe ich bereits erwähnt, dass Bernstein sehr häufig innen hohl und keineswegs so hermetisch so versiegelt ist, wie er zu sein scheint. Erschwerend kommt hinzu, dass man erst mal ein Bernsteinvorkommen aus dem Erdmittelalter benötigt. Hier gibt es zwar Funde, doch gehören diese meist nicht zu den wenigen Bernsteinvorkommen, bei denen noch Substanzerhaltung vorliegt.

Bernstein scheidet also aus, wenn es darum geht, DNA (besonders die von Wirtstieren, deren Blut gesaugt wurde) zu konservieren. Generell ist die Konservierung von DNA ein Problem. Nach derzeitigem Wissensstand ist die DNA nicht sehr stabil und zerfällt in (geologisch betrachtet) kurzen Zeiträumen. Nach einigen hunderttausend Jahren wird es schwierig, noch verwendbare DNA aus Fossilien zu extrahieren. Günstige Bedingungen wie beispielsweise Permafrost können dabei helfen, die DNA etwas länger stabil zu halten. Doch auch dies bringt uns dem Wunsch, Dinosaurier zu klonen, nicht wirklich näher, da über lange Phasen des Erdmittelalters selbst die Polkappen frei von Eis waren und der heutige Permafrost, beispielsweise in Sibirien, ein jüngeres Phänomen ist.

Aber ignorieren wir einmal die Problematik der instabilen DNA und nehmen an, dass wir Dinosaurier-DNA gefunden hätten. Jetzt würden die Probleme erst richtig losgehen. Gefundene alte DNA ist selten vollständig, sodass der DNA-Strang Lücken enthielte. In Crichtons Geschichte werden diese mit Frosch-DNA aufgefüllt. In der Realität würde hier mit Sicherheit die genetische Information von Vögeln genommen. Dies könnte funktionieren ... oder auch nicht. Da sich die Vögel vor rund 160 Millionen Jahren von den übrigen Dinosauriern trennten, ist es möglich, dass die genetische Lückenfüllung, anders als in *Jurassic Park*, scheitern würde. Dann hätten wir nicht etwa einen *Tyrannosaurus* mit Flügeln erschaffen, sondern erst mal gar nichts. Doch nehmen wir an, das Problem würde sich lösen lassen oder man fände tatsächlich ein vollständiges Dinosauriergenom. Selbst dann hätte man noch längst keinen Dinosaurier. Wie Sie vielleicht wissen, schwimmt die DNA in unseren Zellen nicht einfach herum, sondern ist in unserem Zellkern in Form von Chromosomen geordnet. Der Mensch besitzt neben den berühmten Geschlechtschromosomen X und Y noch 22 weitere Chromosomenpaare, also insgesamt 46 Stück. Diese funktionieren wie Aktenordner, in denen der gesamte genetische Code gelagert wird. Der wiederum besteht bei uns aus rund drei Milliarden Basenpaaren, den Bausteinen der DNA. Hierbei ist genau festgelegt, welcher Teil der drei Milliarden Basenpaare auf welchem Chromosom liegt. Käme man hier durcheinander, würde das ganze System nicht mehr funktionieren. Bei unserer *Tyrannosaurus*-DNA haben wir jetzt aber ein Problem. Selbst wenn wir einen mehrere Milliarden Bausteine umfassenden genetischen Code besitzen, wissen wir nicht, wie er auf den

Chromosomen angeordnet ist. Wir wissen nicht einmal, wie viele Chromosomen ein *Tyrannosaurus* besaß, da sich dies von Art zu Art unterscheiden kann. Stellen Sie sich also vor, Sie hätten einen Text mit drei Milliarden Zeichen (zum Vergleich: dieses Buch hat etwa 380 000 Zeichen). Dieser Text ist auch noch in einer Sprache verfasst, die Sie nicht lesen können. Sie sollen ihn mit Satzzeichen und Kapiteln versehen, wobei jeder Fehler das Projekt zunichtemachen könnte. Viel Erfolg! – Wenn Sie das geschafft haben, fehlt uns nur noch eine geeignete Eizelle, um einen Dinosaurier zu klonen.

Sie sehen also, mit einem Besuch im *Jurassic Park* wird es aller Wahrscheinlichkeit nach nichts. Das realistische Szenario in diesem Bereich ist die Rückkreuzung von Vögeln, um etwas zu erschaffen, was einem ausgestorbenen Dinosaurier ähnlich sieht. Aber wie sieht es mit anderen Tieren aus?

Mitte der 90er las ich als Kind einen Zeitungsartikel, in dem stand, dass Wissenschaftler planten, bis zum Jahr 2000 ein Mammut zu klonen. Damals war ich sehr aufgeregt und konnte es kaum erwarten, ein echtes Mammut zu sehen. Das Jahr 2000 kam, die angekündigte Apokalypse war weit und breit nicht zu finden, und das Gleiche galt für das Mammut.

Dann las ich einen Zeitungsartikel, der ankündigte, dass Wissenschaftler bis 2008 ein Mammut klonen wollten. 2008 kam und brachte zwar eine Finanzkrise, aber kein Mammut mit sich. Dann las ich einen Online-Artikel, wonach ein Mammut in wenigen Jahren geklont sein würde. 2012 ging die Welt dann erneut unter (Sie erinnern sich an den Hype um den Maya-Kalender?), und immer noch wartete ich, mittlerweile reichlich desillusioniert, auf mein

Bernstein ist fossiles Baumharz und dank seiner Einschlüsse für die Paläontologie von großer Bedeutung. Besonders kleine Lebewesen wie Insekten, die ansonsten schlechte Erhaltungschancen haben, sind im Bernstein oft mit atemberaubenden Details überliefert. Das in Europa wohl bedeutendste Vorkommen ist der baltische Bernstein, der häufig in der Ostsee gefunden wird (das Stück befindet sich im Goldfuß-Museum der Universität Bonn).

Mammut. Auch derzeit finden sich beinahe regelmäßig Nachrichten darüber, dass südkoreanische, russische, amerikanische oder japanische Wissenschaftler in den Vorbereitungen für ein geklontes Mammut stecken. Und auch wenn die bisherigen Ankündigungen eine gewisse Zurückhaltung nahelegen, so kommt man nicht umhin, die rapiden Fortschritte in der Genetik zu betrachten und sich zu fragen, wann es so weit ist. Beispielsweise hat die erste Sequenzierung (Entschlüsselung) des menschlichen Genoms, also sozusagen das allererste vollständige Sichtbarmachen eines menschlichen Codes, von etwa 1990 bis 2003 gedauert und über einhundert Millionen Dollar gekostet. Heutzutage kann man sein Genom für weniger als tausend Dollar in kürzester Zeit sequenzieren lassen. Der Wissensstand der Genetik und ihre technologischen Möglichkeiten sind vergleichbar mit der Entwicklung von Prozessoren, die heute jedes Smartphone viel leistungsfähiger machen als jene Personal Computer, die man in den 90ern für 4000 D-Mark im Arbeitszimmer stehen hatte. Neben den Fortschritten in der Genetik sind auch die Bedingungen für Mammut-DNA denkbar günstig. Man findet heutzutage noch in sibirischem Permafrost eingefrorene Mammuts und andere Tiere wie Wollhaarnashörner. Diese sind mitunter sehr gut erhalten, so gut, dass das Fleisch noch auf den Rippen ist und sogar das Fell vorhanden sein kann. Es kursiert die Legende, dass 1951 beim 47. jährlichen Dinner des Explorer Clubs (ein in New York ansässiger Privat-Club) Mammutfleisch aufgetischt wurde. Auch wenn diese Legende näheren Überprüfungen nicht standhielt, so zeigt sie doch sehr deutlich, in welch gutem Zustand die eingefrorenen Tiere sein können. Es ist auch bekannt, dass Teile von Mammuts, die durch Schmelze nicht mehr mit Eis bedeckt waren, von Wölfen angefressen wurden. Die jüngsten Mammuts sind auf der sibirischen Wrangelinsel vor weniger als 4000 Jahren ausgestorben. Während im Rest von Sibirien das Mammut bereits vor rund 12 000 Jahren ausstarb, existierte also noch eine kleine Population, als in Ägypten die Pyramiden gebaut wurden. Aber auch ohne diese letzten Mohikaner sind die Bedingungen für DNA-Funde von Mammuts sehr gut, und ein Teil ihres Genoms wurde auch bereits sequenziert. Von daher ist es nicht verwunderlich, dass Forscher optimistisch sind, in nicht allzu ferner Zukunft ein Mammut zu klonen und den Embryo von einer Elefantenkuh austragen zu lassen. Dennoch sollten wir uns nach wie vor auch darauf gefasst machen, uns noch eine Weile mit Zeitungsartikeln begnügen zu müssen. Auf dem Weg vom Genom zum Klon müssen noch viele weitere Hürden genommen werden, und bisher ist auch noch keine in jüngerer Zeit ausgestorbene Art erfolgreich wiedererweckt worden. Mit Ausnahme des Pyrenäensteinbocks, der im Jahr 2000 ausstarb. Nach vielen Versuchen wurde 2009 endlich ein geklontes Junges erfolgreich zur Welt gebracht, das aber nach wenigen Minuten starb – womit der Pyrenäensteinbock als einziges Tier zweimal ausgestorben ist.

Die Karten werden neu gemischt

Kennen Sie das Bild eines Eisbären, der auf einer kleinen Eisscholle steht? Das Tier wirkt abgemagert, man kann die Rippen sehen, und es steht stellvertretend für eine Art, deren Überleben äußerst fraglich ist. Doch neben seiner Symbolkraft für den Klimawandel kann man dieses Bild auch als Warnung vor dem rapiden Verschwinden von Tierarten auf dem ganzen Planeten verstehen. Jetzt könnten Sie natürlich einwenden: «Moment mal! Dass Arten aussterben, ist doch nichts Neues und völlig natürlich. Das solltet ihr Paläontologen doch am besten wissen!» Und damit haben Sie vollkommen recht – nur sind es auch wir Paläontologen, die anhand von Fossilien abschätzen können, mit welcher Geschwindigkeit Arten normalerweise aussterben. Diese Untersuchungen zeigen, dass im Moment das Aussterben von Arten hundert- bis tausendmal schneller voranschreitet, als es durchschnittlich in der Erdgeschichte der Fall war. Wir befinden uns gerade mitten in einem Massenaussterben, das das Potenzial hat, als eines der größten in die Erdgeschichte einzugehen.

Falls Sie sich jetzt verwundert umsehen und sich fragen, wo denn dann all die toten Tiere herumliegen, die bei einem Massenaussterben doch unweigerlich anfallen müssten, dann verwechseln Sie wahrscheinlich ein Massenaussterben mit einem Massensterben. Zwar kann ein Massensterben mit einem Massenaussterben verbunden sein, jedoch ist dies nicht zwangsweise der Fall. Ein Massenaussterben kann geologisch betrachtet extrem schnell passieren, aber während man mittendrin ist (so wie wir gerade), bemerkt man es kaum, weil die Veränderungen sich über viele Generationen erstrecken und die Artenvielfalt und die Zahl der Individuen sukzessive abnehmen. Wenn Sie zu den Leuten gehören, die sich fragen: «Was interessiert mich, ob es Eisbären gibt?», dann übersehen Sie einen wichtigen Punkt. Sosehr wir uns auch abkapseln und so viel Zeit wir auch im Internet verbringen, wir als Menschen sind nach wie vor von unserer Umwelt abhängig; und wenn die Ökosysteme nicht mehr mitspielen, dann werden wir diese Folgen sehr direkt zu spüren bekommen. Falls Sie eher ökonomisch denken und eine Nach-mir-die-Sintflut-Einstellung vertreten, dann sollte Sie das Artensterben immer noch beunruhigen, denn der Verlust von Biodiversität, der natürlichen Vielfalt, ist ein Verlust an genetischen Informationen. Mit Blick auf die vielen Technologien, die wir heute durch die Natur gewinnen (in Form von Bionik, also dem Lernen von der Natur, medizinischen Wirkstoffen usw.), stellt der Verlust von Arten, die noch nicht vollständig erforscht sind, auch einen gigantischen ökonomischen Verlust für die Menschheit dar. Eine internationale Studie aus dem Jahr 2009, an der 28 Experten aus verschiedenen Fachgebieten teilgenommen haben, kam zu dem Schluss, dass das globale Artensterben neben dem Klimawandel das wichtigste Problem in unserer Umwelt ist. Anders als bei anderen Herausforderungen steht die Uhr beim Verlust der Artenvielfalt nicht auf fünf vor zwölf, sondern eher bei viertel nach.

Doch um das gegenwärtige Massenaussterben besser verstehen zu können, müssen wir uns anschauen, wie ähnliche Ereignisse in der Vergangenheit abliefen und was uns die Fossilien verraten können. Massenaussterben ist als Begriff eher unscharf definiert. In der Regel setzt es ein weltweites Phänomen voraus, bei dem viel mehr Arten in einem geologisch kürzeren Zeitraum aussterben, als es normalerweise geschieht und von dem viele verschiedene Teile des Stammbaums betroffen sind. Anschließend kommt es meist zu einer starken Veränderung der betroffenen Ökosysteme, bei denen durch den nun frei gewordenen Platz vorher seltene Linien zahlreicher und vielfältiger werden und/oder sich ganz neue Großgruppen entwickeln. Diese Veränderungen im Fossilbericht wurden sehr früh von Geologen und Paläontologen wahrgenommen, und die Grenzen vieler erdgeschichtlicher Epochen wurden anhand der Umwälzungen dieser Aussterbeereignisse festgelegt. Die Veränderungen können auch statistisch mit Hilfe von besonders häufigen Fossilien gut ausgewertet werden. So hinterlassen Insekten beispielsweise charakteristische Fraßspuren an Blättern. Anhand der Anzahl und Ausprägung dieser Spurenfossilien auf fossilen Pflanzenresten, die in bestimmten Fundstellen sehr häufig sind, lässt sich bestimmen, wie vielfältig die Insektenfauna vor und nach den jeweiligen Massenaussterben an bestimmten Orten gewesen ist. Mit solchen Methoden kann man feststellen, wie lang ein Massenaussterben bestimmte Ökosysteme aus dem Gleichgewicht gebracht hat und wie groß die Veränderungen bei den jeweiligen Lebewesen waren. Generell kann man sagen, dass bei Massenaussterben (wie auch bei dem «alltäglichen» Aussterben) Generalisten (z.B. Ratten oder Kakerlaken) oft höhere Überlebenschancen aufweisen als hoch spezialisierte Formen.

Im Laufe der Erdgeschichte kam es bereits sehr häufig zu Massenaussterben. Fünf von ihnen, die sogenannten Big Five, ziehen dabei besondere Aufmerksamkeit auf sich. Sie werden häufig als die fünf größten Aussterbeereignisse in der Erdgeschichte angegeben, was jedoch nur eingeschränkt zutrifft, da es in geologisch älteren Epochen bereits zu sehr großen Massenaussterben gekommen ist, wie beispielsweise während der bereits erwähnten Sauerstoff-Krise.

Das erste große Massenaussterben der «Big Five» traf die Erde zu einer Zeit, in der das Leben, abgesehen von den ersten Pflanzen, das Wasser noch nicht verlassen hatte. Vor rund 445 Millionen Jahren kam es in geologisch kurzer Zeit (nur ein paar Millionen Jahre) zu zwei Aussterbewellen, die zusammen rund 85 Prozent aller Arten verschwinden ließen. Dieses Massenaussterben stellt den zweitgrößten Einschnitt überhaupt in der Erdgeschichte dar. Der Übergang vom Ordovizium zum Silur wird durch dieses Ereignis markiert. Doch trotz des großen Verlustes an Arten wurden die Ökosysteme wahrscheinlich weniger stark aus dem Gleichgewicht gebracht, als dies bei darauffolgenden Ereignissen der Fall gewesen sein dürfte. Die wahrscheinlichste Erklärung für das erste Massenaussterben ist eine Abkühlung und die damit verbundene intensive Gletscherbildung, die sich anhand der Sedimente aus dieser Zeit erkennen lässt. Diese war jedoch nur von «kurzer» Dauer, sodass die Gletscher einige Millionen Jahre später wieder stark zurückgingen und der Meeresspiegel erneut anstieg. Beide Ereignisse führten zu massiven Umwälzungen in den Ozeanen und so zum Kollaps vieler Ökosysteme – und damit zum Aussterben.

Rund 75 Millionen Jahre später, vor etwa 375 bis 360 Millionen Jahren, kam es im späten Devon zu einem weiteren Massenaussterben, das ebenfalls durch zwei aufeinanderfolgende Aussterbewellen gekennzeichnet war, die durch einen Anstieg und darauffolgendes Absinken des Meeresspiegels ausgelöst wurden. Die genauen Ursachen sind noch nicht vollständig geklärt, und es ist durchaus möglich, dass mehrere Faktoren zu dem Ereignis beigetragen haben. Als gesichert gilt, dass die schnellen Änderungen des Meeresspiegels, genau wie am Ende des Ordoviziums, das Gleichgewicht in den Ozeanen stark durcheinanderbrachten. In diesem Zusammenhang kam es wahrscheinlich auch zu einer zeitweisen Abnahme des Sauerstoffgehalts im Meer. Am Ende des Devons waren in den Ozeanen auch die urtümlichen Panzerfische ausgestorben, was den Weg für die Knochenfische und Haie frei machte. Auch die ersten amphibischen Landlebewesen waren betroffen. So starben viele urtümliche Formen aus, während die Linien mit fünf Gliedern an den Vorder- und Hinterfüßen überlebten. Wenn Sie also mit zehn Fingern auf der Tastatur Ihres Computers tippen, denken Sie ruhig auch an die kleinen tapferen «Lurche», die vor 360 Millionen Jahren dem Aussterben trotzten, damit wir heute Computertastaturen benutzen können.

Vor 251 Millionen Jahren kam es dann zu dem wahrscheinlich größten Massenaussterben, das die Welt je gesehen hat. Es markiert die Grenze zwischen dem Perm und der Trias und damit auch zwischen dem Erdaltertum und dem Erdmittelalter. Der britische Paläontologe Michael Benton hat ein Buch über das Ereignis geschrieben, dessen Titel bereits die Größenordnung der Katastrophe vermittelt. Er lautet: *When Life Nearly Died*. Auch wenn es sich hier um eine rhetorische Zuspitzung handelt, so hat das Perm-Trias-Aussterben nach dem derzeitigen Erkenntnisstand mehr Arten dahingerafft als jedes andere Aussterbeereignis vor und nach ihm. Ein Szenario, in dem das Leben vollständig auf der Erde ausgelöscht wird, ist aber aufgrund der vielfältigen und teils extremen Lebensräume sehr unwahrscheinlich. An Land verschwanden bis zu 60 Prozent der Pflanzen, etwa 70 Prozent der Landwirbeltiere starben aus. Außerdem waren – ein einziges Mal in der Erdgeschichte – auch Insekten stark betroffen. Noch dramatischer war es unter der Meeresoberfläche. Beinahe 90 Prozent der marinen Artenvielfalt verschwand binnen einiger hunderttausend Jahre (was unglaublich trostlose Pizza Frutti di Mare zur Folge hatte). Die Einschnitte waren so gewaltig, dass anschließend die Ökosysteme in der Trias viel länger brauchten, sich zu erholen, als bei anderen Massenaussterben. Doch wie kam es dazu, dass das Leben an seine Belastungsgrenze geriet?

Das ist interessanterweise noch nicht vollständig verstanden. Es werden aktuell mehrere Auslöser wissenschaftlich diskutiert, was es sehr wahrscheinlich macht, dass das Aussterben nicht einen einzelnen Grund hatte, sondern mehrere, die sich auch teilweise gegenseitig beeinflusst haben können. Ein sehr großer Faktor war wahrscheinlich ein heftiger Vulkanismus im heutigen Sibirien. Am Ende des Perms wurden, binnen einer Million Jahre, große Teile der Fläche zwischen dem Ural und dem heutigen Jakutsk mit vulkanischem Gestein bedeckt. Das meiste davon waren Basalte gigantischen Ausmaßes, die über das Land flossen und ein Gebiet von mehreren hundert Millionen Quadratkilometern bedeckten. Dabei konnten sie sich bis zu mehreren Kilometern «Dicke» (der Geologe würde an dieser Stelle von «Mächtigkeit» sprechen) ablagern. Neben den großen Mengen an Partikeln, die in die Atmosphäre gelangten und die Umwelt beeinflussten, dürften auch die großen Mengen heißen Basaltmagmas zu einem Temperaturanstieg von rund 6 °C beigetragen haben, der mitverantwortlich für den Kollaps der Ökosysteme war.

Der Anstieg führte außerdem dazu, dass Methan aus dem Ozean freigesetzt wurde, das anschließend als Treibhausgas wirkte und die Temperaturen weiter beeinflusste (ein Szenario, das auch für den derzeitigen Klimawandel diskutiert wird). Marine Sedimente aus dieser Zeit zeigen darüber hinaus, dass die Ozeane übersäuerten und gleichzeitig sauerstoffärmer wurden. Dies könnte durchaus durch den Vulkanismus ausgelöst oder zumindest verstärkt worden sein. Neben diesem wahren Dominoeffekt an Katastrophen sind zusätzlich Meteoriteneinschläge am Ende des Perms in der Diskussion. Ein weiterer Punkt betrifft eine mögliche Blütezeit von methanproduzierenden Mikroorganismen, die sich durch die chemische Veränderung der Ozeane infolge des Vulkanismus schlagartig hätten vermehren können. Weitere Forschung wird uns helfen, die einzelnen Faktoren und ihr Zusammenspiel besser zu verstehen.

Die sich langsam erholenden Ökosysteme der Trias unterschieden sich mittlerweile teils deutlich, da viele Organismen nicht mehr existierten und sich nach und nach neue Arten entwickelten und ihren Platz einnahmen. Die Karten waren neu gemischt.

Bereits nach relativ kurzer Zeit, am Ende der Trias, nach läppischen 50 Millionen Jahren, wurde die Welt jedoch durch eine zweite, etwas schwächere Version der vorangegangenen Katastrophe erschüttert. Erneut kam es zu intensivem Vulkanismus und einer großen Menge an freiwerdendem Methan. Ausgelöst wurde die Vulkanaktivität wahrscheinlich durch das Auseinanderbrechen des Superkontinents Pangäa, der am Ende der Trias begann, sich langsam in die heutigen Kontinente zu teilen. Neben verschiedenen Meeresorganismen, die verschwanden, wurden auch alle landlebenden Verwandten der Krokodile und viele Linien größerer Amphibien durch das Massenaussterben aus dem evolutionären Wettstreit ausgeschlossen. Von diesen Umwälzungen profitierte eine noch relativ junge Gruppe, die sich erst in der Mitte der Trias entwickelt hatte: die Dinosaurier. In dem auf die Trias folgenden Jura-Zeitalter erlebten sie ihre Blütezeit.

Erinnern Sie sich an die schrecklichen Bilder des Tsunamis von 2004, der Südostasien verwüstete? Hätten Sie sich vor 66 Millionen Jahren am Golf von Mexiko aufgehalten, dann wäre Ihnen eine Flutwelle begegnet, gegen die der Tsunami von 2004 winzig wirkt. Allerdings wäre das wahrscheinlich noch Ihr geringstes Problem gewesen. Denn kurz zuvor hatte ein Asteroid oder ein Komet mit einem Durchmesser von zehn bis fünfzehn Kilometern die Halbinsel Yucatán im heutigen Mexiko getroffen. Kurze Zeit nach dem Einschlag, der genug Energie freisetzte, um den Himmelskörper vollständig verdampfen zu lassen, verteilte sich der Auswurf in der Atmosphäre – die Erde wurde so von der Sonneneinstrahlung weitestgehend abgeschirmt. Der Himmel war aber nicht dunkel, sondern rot, und die Temperaturen stiegen und stiegen. Die in die Atmosphäre geschleuderten Partikel gaben so viel Infrarotstrahlung und Hitze ab, dass Lebewesen weltweit, die nicht unmittelbar Schutz fanden, bereits in kürzester Zeit starben. Darüber hinaus kam es durch die große Hitze weltweit zu Waldbränden, Unmengen an Asche stiegen in die Atmosphäre hinauf. Die Brände waren mitunter auch für Lebewesen tödlich, die in Höhlen vor der Strahlung Schutz gefunden hatten: Sie entzogen ihnen den Sauerstoff. Generell waren sehr kleine und amphibisch lebende Tiere unmittelbar nach dem Einschlag im Vorteil, da sie bessere Chancen hatten, sich in Sicherheit zu bringen. In der Zeit nach dem Einschlag mussten auch die Pflanzen und Tiere, die die unmittelbaren Folgen überlebt hatten, harte Zeiten durchstehen. Nur wenig Sonnenlicht drang durch die Atmosphäre – das Pflanzenwachstum (und die damit verfügbare Nahrung) war empfindlich eingeschränkt. Neben dem Einschlag am Ende der Kreidezeit kam es zu intensivem Vulkanismus, und es wird darüber diskutiert, ob die Ursache des Aussterbens nicht vielmehr an der enormen vulkanischen Aktivität lag. Die Basalte hatten zwar nicht das gleiche Volumen wie die sibirischen Ablagerungen am Ende des Perms, doch hatten sie immer noch außergewöhnlich große Ausmaße. Die meisten Wissenschaftler geben aber der Impakt-Hypothese den Vorzug, da man den Einschlag zeitlich gut mit einem schlagartigen Verschwinden vieler Arten korrelieren kann.

Eventuell fragen Sie sich jetzt, wie es möglich ist, ein 66 Millionen Jahre altes Ereignis zeitlich so genau messen zu können – genau wie das zeitgleiche Aussterben der Arten. Weltweit einen sehr kurzen Zeitpunkt der Erdgeschichte im Gestein wiederzufinden – wie geht das?

Hier kommt den Forschern ein kosmischer Glücksfall zu Hilfe. In Sedimenten am Ende der Kreidezeit lässt sich eine bestimmte Schicht mit einer sehr hohen Konzentration des Metalls Iridium nachweisen. Iridium ist auf der Erde sehr selten (rund 40-mal seltener als Gold, falls Sie über einzigartigen Schmuck nachdenken), kommt aber in Asteroiden in relativ großen Mengen vor. Diese Schicht mit der sogenannten Iridium-Anomalie, auf die jüngere Sedimente folgen, in denen bestimmte Fossilien nicht mehr zu finden sind, lässt sich weltweit nachweisen. Dies spricht sehr für ein schlagartiges Ereignis und nicht für ein länger ausgedehntes Aussterben, wie es bei Vulkanismus der Fall wäre. Darüber hinaus gibt es neuere Untersuchungen, die darauf hindeuten, dass der Einschlag vulkanische Aktivität im heutigen Indien befeuert haben könnte. Was die Fossilien angeht, so verschwinden am Ende der Kreidezeit sämtliche Nicht-Vogel-Dinosaurier; beinahe alle anderen größeren Gruppen verloren viele Arten. Landpflanzen waren ebenfalls betroffen, und auch in den Ozeanen ging die Vielfalt um 50 Prozent zurück. Hier verschwanden unter anderem Ammoniten sowie die mit den Schlangen verwandten Mosasaurier, große Meeresreptilien, die die Ozeane der Kreidezeit bis dahin beherrscht hatten. Anhand vergleichbarer Fossilfunde aus Nordamerika und dem Rest der Welt lässt sich sagen, dass die Folgen des Einschlags in der Neuen Welt, aufgrund der Nähe zum Ort der Katastrophe, noch dramatischer gewesen sein dürften. Das Ende der Kreidezeit ist also nicht nur von einem Massenaussterben gekennzeichnet, sondern auch von einem Massensterben.

Damit konnte eine Gruppe, die rund 140 Millionen Jahre geduldig im Schatten gelebt hatte, nun damit beginnen, den bisher von Dinosauriern beherrschten Lebensraum für sich in Besitz zu nehmen: die Säugetiere.

Im Zeitalter der Oberen Trias, vor etwa 205 Millionen Jahren, hatten die Dinosaurier ihre Dominanz auf dem Land bereits etabliert und immer größere Formen entwickelt. Der ganze Superkontinent Pangäa, der gerade im Begriff war, sich in die Kontinente Gondwana und Laurasia zu spalten, war von ihnen besiedelt.

Doch im Gebiet des heutigen Frankreichs, unscheinbar im Unterholz und im Schutz der Nacht, huschte ein kleines Tier umher, das kein Dinosaurier war. 205 Millionen Jahre später sollten Fossilien dieser Art zuerst in England und später weltweit gefunden und auf den Namen *Morganucodon* getauft werden. Das Tier, das da im Schatten der Dinosaurier herumwuselte, war winzig und etwa mausgroß – doch anders als heutige kleine Säugetiere hielt es seine Beine abgespreizt vom Körper, Eidechsen oder Krokodilen ähnlich. Im Gegensatz zu diesen besaß es jedoch ein Fell und war sehr aktiv auf der Nahrungssuche nach kleinen Insekten. Es war einer der wenigen Nachkommen einer ehemals sehr diversen Linie, den Synapsiden, die bis zum Massenaussterben am Ende des Perms vor etwa 250 Millionen Jahren florierte. Diese sogenannten säugetierähnlichen Reptilien (die eigentlich gar keine Reptilien waren) zeigten bereits vor der Entwicklung der eigentlichen Säugetiere erste Tendenzen zu einer aktiven, warmblütigen Lebensweise. Allerdings starben die meisten Linien innerhalb der Synapsiden am Ende des Perms aus, und die wenigen, die das Massenaussterben überdauerten, versteckten sich schon bald vor den riesigen Echsen. Hier entwickelten sich nach und nach einige einzigartige Eigenschaften, die wir bei dem 205 Millionen Jahre alten *Morga-*

nucodon feststellen können. Ein hoher Stoffwechsel («Warm-blütigkeit») ermöglichte den Tieren, aktiv kleine Insekten zu jagen. Ihr Gehör verbesserte sich stetig, wie wir anhand der zunehmenden Komplexität der Innenohren erkennen kön-nen. Dadurch waren sie in der Lage, nachts zu jagen und Di-nosauriern so besser aus dem Weg gehen zu können. Auf der anderen Seite hatte die Warmblütigkeit ihren Preis. Nahrung wurde umso kostbarer, und die Tiere konnten es sich nicht leisten, wertvolle Energie zu verlieren. So entwickelte sich ein Schutz, um den Verlust von Wärme zu verhindern. Dieser Selektionsdruck, der bei einigen Dinosauriern Federn her-vorbrachte, führte bei den Säugetieren zur Entstehung von Fell. Unsere Haare, denen wir so viel Aufmerksamkeit zu-kommen lassen – von der Pflegespülung bis zum Irokesen-haarschnitt –, haben also ihren Ursprung darin, dass sich unsere gut isolierten Vorfahren vor rund 200 Millionen Jahren durchsetzten. Und diese Wärmedämmung war auch dringend nötig, denn durch den hohen Stoffwechsel wurde mehr Energie benötigt, die dadurch umso kostbarer war. Die zusätzliche Energie zur Aufrechterhaltung der Körpertem-peratur wurde durch zwei Dinge geliefert: Die Tiere mussten mehr fressen und begannen, ihre Nahrung besser zu verdau-en. Ihre Zähne hatten sich nach und nach so entwickelt, dass sie immer besser ineinanderpassten. So waren sie in der Lage, die Nahrung durch Kauen effizienter zu zerkleinern und so-mit für die Verdauung besser vorzubereiten. Dieser Vorteil hatte wiederum einen Nachteil: Zähne konnten nur noch einmal gewechselt werden – anders als bei Reptilien oder Haien, deren gleichförmigen Zähne sich ständig erneuern. Da unsere Zähne so präzise ineinandergreifen, können sie nicht permanent ausgetauscht werden. Sie kennen das Phänomen vielleicht vom Zahnarzt: Wenn man eine Krone bekommt, muss diese absolut genau angepasst sein, weil man sonst jede noch so kleine Unebenheit beim Kauen spüren würde. Damit ist dem Leben der meisten Säugetiere eine natürliche Grenze gesetzt: Wenn die Zähne in freier Wildbahn nur noch Stümpfe sind, sieht man echt alt aus.

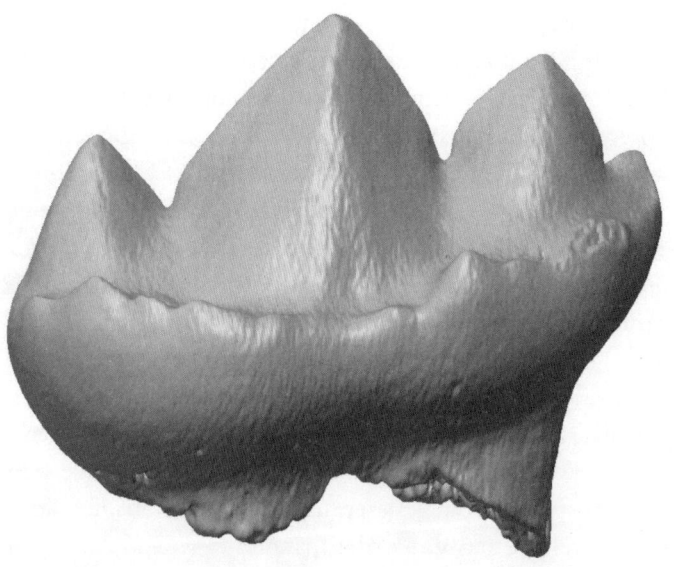

Die am häufigsten gefundenen Fossilien von *Morganucodon* sind seine Backenzähne. Da das Tier lediglich spitzmausgroß war, sind die fragilen Knochen wesentlich seltener. Die Zähne selbst messen oftmals nur einen Millimeter im Durchmesser, weshalb man meist auf die Hilfe von Mikroskopen zurückgreift. Seit einiger Zeit erfreuen sich auch aus CT-Aufnahmen erstellte digitale 3-D-Modelle, wie das hier vorliegende, großer Beliebtheit. Diese dreihöckrigen Molaren sind die ersten Zähne, mit denen Säugetiere gekaut haben, und auch unsere Backenzähne lassen sich letzten Endes auf sie zurückführen.

Sofern Sie an dieser Stelle den Eindruck haben, dass ich, sobald von Säugetieren die Rede ist, immer auf ihre Zähne zu sprechen komme, dann haben Sie vollkommen recht. Wie bereits vorher erwähnt, sind Zähne bei Säugetieren hochkomplex. Dies ermöglicht es den Wissenschaftlern, fast alle Arten allein anhand ihrer Gebisse zu unterscheiden. Wenn Sie einen Backenzahn eines beliebigen Säugetieres unter die Lupe nehmen, kann Ihnen der richtige Experte ohne weitere Informationen genau sagen, um welches Tier es sich handelt. Darüber hinaus ist es hilfreich für uns Paläontologen, dass Zähne sehr hart sind (das härteste Material in unserem Körper), sodass sie nicht selten das Einzige sind, was von den kleinen Tieren überdauert hat. Neben ihrem praktischen Aspekt für die Forschung spielten sie auch eine Schlüsselrolle für unsere Vorfahren, da sie Tieren wie *Morganucodon* eine effiziente Nahrungsverwertung ermöglichten. Trotz ihrer geringen Körpergröße (und dem damit verbundenen verhältnismäßig höheren Wärmeverlust) war es ihnen so möglich, ihre Warmblütigkeit weiterzuentwickeln. Sehen wir uns den Rest von *Morganucodon* an: Das Skelett weist zwar teilweise noch reptilienartige Merkmale auf (die sich erst bei späteren Säugetieren nach und nach an die aktive Lebensweise anpassen werden), ähnelt in seinem Aussehen und Verhalten aber modernen Säugetieren. Ist *Morganucodon* damit bereits ein Säugetier oder noch ein «säugetierähnliches Reptil»? Und – wie definiert man eigentlich ein Säugetier?

Die Fähigkeit, lebenden Nachwuchs zur Welt zu bringen, ist es schon mal nicht, denn die findet sich auch bei einigen Fischen und Reptilien. Außerdem legt das Schnabeltier (ein Säugetier) noch Eier, aber ernährt seine Jungen bereits mit

Milch. Dieser Zustand ist auch für *Morganucodon* wahrscheinlich. Auch das Säugen der Jungen ist kein Kriterium für Säugetiere. Fell oder das Zerkauen der Nahrung sind evolutionär betrachtet wichtige Merkmale, doch sind auch sie nicht entscheidend für die Definition.

Wissenschaftlich betrachtet wird ein viel kurioseres Merkmal herangezogen, um die Säugetiere als Gruppe zu erfassen: die Entwicklung eines sekundären Kiefergelenks. Während man heutzutage bei den meisten Landwirbeltieren ein ursprüngliches Kiefergelenk findet, besitzen Sie und ich und jedes Säugetier ein neues Kiefergelenk, das das alte ersetzt hat. Bewegen Sie einmal Ihren Unterkiefer hin und her. Ganz hinten spüren Sie Ihr Kiefergelenk, um das Sie den Kiefer bewegen können. Ihr Unterkiefer ist ein einziger Knochen, das Dentale. Es bildet zusammen mit einem Knochen an Ihrer Schläfe und dem Schuppenbein Ihr Kiefergelenk. So ähnlich wie Ihr Unterarm mit dem Oberarm zusammen auf Höhe des Ellenbogens das Ellenbogengelenk bildet. Anders als beispielsweise bei uns Menschen besteht der ursprüngliche Unterkiefer bei den Nicht-Säugetieren in der Regel noch aus mehreren miteinander verwachsenen Knochen. Während das Dentale hier nur den vordersten Teil ausmacht, bildet der hinterste der Kieferknochen, das sogenannte Articulare, zusammen mit dem Quadratum (und nicht dem Schuppenbein) das primäre Kiefergelenk. Das Säugetier-Kiefergelenk ist also eine evolutionäre Neuerung (daher der Name «sekundäres Kiefergelenk»). Es entwickelte sich dadurch, dass das Dentale mehr und mehr dominierte und schließlich allein den Unterkiefer bildete. Während es die anderen Knochen nach und nach verdrängte, entstand auch ein neues Gelenk zwischen dem

Dentale und dem Schuppenbein. An der Schädelseite übernahm es so mehr und mehr die ursprüngliche Rolle des Quadratums.

Nachdem sich so das neue sekundäre Kiefergelenk etabliert hatte, verschwanden das Articulare und das Quadratum nicht vollständig. Sie sind im Laufe der Säugetierevolution in das Mittelohr gewandert und bilden dort als Hammer und Amboss zusammen mit dem ursprünglichen Steigbügel die drei Gehörknöchelchen. Falls Sie jetzt verwirrt sind und sich fragen, wie um alles in der Welt die Knochen des ursprünglichen Kiefergelenks bei uns im Ohr gelandet sind – und wie das evolutionär abgelaufen ist –, dann geht es Ihnen so wie mir damals als Student. Lassen Sie uns erst einmal die anatomische Situation betrachten. Anschließend versuchen wir, dem Ganzen einen Sinn zu geben (ein Ratschlag, der sich auf überraschend viele Lebenssituationen anwenden lässt, ganz besonders wenn in der Nacht zuvor reichlich Alkohol geflossen ist).

Nachdem das sekundäre Kiefergelenk aus Dentale und Schuppenbein das alte primäre Kiefergelenk in seiner Funktion ersetzt hat, befinden sich Articulare und Quadratum dicht beieinander am hinteren Teil des Kiefers und damit nicht weit weg vom Ohr. Eventuell haben Sie einmal eine Eidechse oder Schlange dabei beobachtet (oder im Fernsehen gesehen), wie sie den Unterkiefer flach auf den Boden legt. Dies geschieht unter anderem deswegen, weil Schallwellen sich im Boden gut ausbreiten und die Vibrationen vom Unterkiefer wahrgenommen werden. Diese Verbindung aus der relativen Nähe zum Ohr und der Schallübertragung über den Unterkiefer dürfte dazu geführt haben, dass Articulare und Quadratum, nachdem sie ihre ursprüngliche Funktion verloren hatten, in das Mittelohr abwanderten. Dieser Verlust einer Funktion und der gleichzeitige Übergang zu einer neuen passiert häufig in der Evolution (beispielsweise der Wandel von Stützstrukturen in Fischflossen hin zu Knochen in Armen und Beinen). Unsere Gehörknöchelchen Hammer und Amboss sind also homolog zu dem Kiefergelenk von Reptilien und Amphibien. Wenn Sie das nächste Mal vor einem Krokodil mit aufgerissenem Maul stehen, dann erinnern Sie sich daran, dass die gleichen Knochen, die gerade sein Kiefergelenk ausmachen, in diesem Moment in Ihrem Mittelohr dabei helfen, den Schall von Ihrem Trommelfell weiterzuleiten.

Interessanterweise wäre dieser Wechsel ins Mittelohr, der es uns Säugetieren ermöglicht, ein größeres Frequenzspektrum zu hören, nie möglich gewesen, wenn nicht zuerst das sekundäre Kiefergelenk die Rolle des alten Kiefergelenks übernommen hätte.

Dieses neue Kiefergelenk hat sich zu einem Zeitpunkt auf der Stammlinie der Säugetiere gebildet, als das alte primäre Kiefergelenk noch in Funktion war (andersherum wäre es auch ungünstig, da sonst einige Generationen ohne Kiefergelenk hätten auskommen müssen, was evolutionär sicher nicht von Vorteil gewesen wäre). Genau diesen Zustand sehen wir bei *Morganucodon*. Während das Dentale bereits der dominierende Knochen im Unterkiefer ist und mit dem Squamosum unser heutiges Kiefergelenk aufbaut, ist das Articulare ebenfalls noch Teil des Unterkiefers und in Kontakt mit dem Quadratum. Dieser seltsame Übergangszustand, bei dem beide Kiefergelenke synchron arbeiten, wirft natürlich die Frage auf, warum Säugetiere überhaupt ein zweites Kiefergelenk entwickelt haben.

Um ehrlich zu sein: Wir wissen es nicht mit Sicherheit. Möglicherweise war die Reduktion auf einen Kieferknochen, und der damit verbundene Umbau des Kiefergelenks, ein energetischer Vorteil bei der Kraftübertragung. Eventuell spielte auch die Tendenz, die Nahrung zu kauen, eine Rolle bei der natürlichen Selektion hin zu einem neuen Kiefergelenk. Aber derzeit liegen die Gründe für diese Entwicklung noch im Dunkeln. Was für Sie als Leser sehr unbefriedigend ist (und mich als Student wurmte), freut mich als Wissenschaftler auf eine gewisse Art und Weise. Denn wenn wir bereits alles über die Säugetier-Evolution wüssten, wäre ich arbeitslos.

Ein Oldtimer, ausgestorbene Linien und Gewinner – die Vielfalt im Erdmittelalter

Morganucodon war eines der ersten Tiere, das ein sekundäres Kiefergelenk besaß, und steht damit ganz an der Basis der Säugetiere. Moment mal! Wir befinden uns gerade mit 205 Millionen Jahren erst in der Oberen Trias, also noch relativ am Anfang des Erdmittelalters, zum Zeitpunkt des Aufstiegs der Dinosaurier – und die Säugetiere haben sich bereits entwickelt? Ja! Auch wenn *Morganucodon* und seine nahen Verwandten noch einige Entwicklungsschritte von den modernen Säugetieren trennen, so sind die Säugetiere als Gruppe beinahe so alt wie die Dinosaurier. Die ersten 140 Millionen Jahre, also etwa zwei Drittel ihrer Entwicklungslinie, verbrachten sie in einer von Dinosauriern dominierten Welt. Lange Zeit ging man davon aus, dass die Säugetiere vor dem Aussterben der Dinosaurier (mit Ausnahme der Vögel) ein eher unscheinbares Dasein als kleine generalistische Insektenfresser fristeten und dass vielfältige Spezialisierungen auf unterschiedlichste Lebensweisen, wie wir sie heute von Säugetieren kennen, erst nach dem Aussterben stattgefunden hätten. In den letzten 20 Jahren haben jedoch viele neue Funde gut erhaltener früher Säugetiere, besonders aus China, ein neues Licht auf die frühe Phase unserer Vorfahren geworfen. Heute wissen wir nicht nur, dass im Erdmittelalter viele Säugetierlinien existiert haben, die zeitweise sehr weit verbreitet waren, aber dennoch ohne heutige Nachkommen wieder ausgestorben sind, sondern auch, dass viele «Lebensweisen» (sogenannte ökologische Nischen) bereits bei diesen frühen Säugetieren vorhanden waren und nach dem Verschwinden der Dinosaurier (wieder natürlich mit Ausnahme der Vögel) von den modernen Säugetieren ebenfalls unabhängig entwickelt wurden. So kennen wir beispielsweise ein 164 Millionen Jahre altes Säugetier aus China, das Angehöriger einer sehr urtümlichen Säugetierlinie war und von den Wissenschaftlern auf den kuriosen Namen *Castorocauda lutrasimilis* getauft wurde, was übersetzt so viel bedeutet wie «otterähnlicher Biberschwanz». Es verdankt seinen Namen nicht zuletzt seiner sehr guten Erhaltung, die sogar Umrisse des Fells wiedergibt und zeigt, dass das Tier an eine semiaquatische Lebensweise angepasst war und unter anderem einen zu einem Paddel verbreiterten Schwanz besaß. Trotz der oberflächlichen Ähnlichkeit war es jedoch nicht mit heutigen Ottern oder Bibern verwandt, sondern lediglich an denselben Lebensraum angepasst (ein Paradebeispiel für konvergente Evolution).

Sofern Sie ein Nagetierfan sind, hat das Erdmittelalter auch frühe Säugetiere zu bieten, die zwar nicht näher mit

Nagetieren verwandt sind, aber viele ihrer Eigenschaften teilten. Die Multituberculaten (unter Säugetier-Paläontologen liebevoll «Multis» genannt) traten im Jura vor rund 160 Millionen Jahren auf und entwickelten sich zu einer artenreichen und erfolgreichen Gruppe. Ihr vielleicht auffälligstes Merkmal waren die langen, breiten, nagetierähnlichen Zähne, die sich hervorragend zum Schneiden eigneten. Auch hier zeigt sich wieder sehr schön, dass sich effiziente, besonders nützliche Strukturen im Laufe der Evolution häufig mehrfach unabhängig voneinander entwickeln. Vergleichbar mit ihrem heutigen Pendant, stand für die meisten Arten der Multituberculaten hauptsächlich pflanzliche Nahrung auf dem Speiseplan, auch wenn die ein oder andere Proteinquelle in Form von Insekten und Würmern sicher nicht verschmäht wurde. Zusammen mit den ihnen möglicherweise nah verwandten Gondwanatherien (das genaue Verwandtschaftsverhältnis beider Gruppen ist umstritten) besiedelten sie beinahe den ganzen Erdball. Sie drangen bis in die Antarktis vor, die zu dieser Zeit noch deutlich angenehmere Temperaturen aufwies. Anders als viele ihrer Zeitgenossen überlebten die Multis sogar zusammen mit den modernen Säugetieren und den Monotremen (zu denen auch das Schnabeltier gehört) das Massenaussterben am Ende der Kreidezeit. Sie starben erst in geologisch jüngerer Zeit aus.

Wenn wir uns nun geistig in die Wälder des Jura-Zeitalters im heutigen China versetzen, so werden uns wahrscheinlich viele Dinosaurier (mit und ohne Federn) zwischen Farnen und Schachtelhalmen begegnen. Die Gräser haben sich noch nicht entwickelt. Die Säugetiere leben tief im Unterholz, teilweise auch in Erdbauten. Im Schutze der

Nacht gehen sie mit Hilfe ihres guten Gehörs auf die Suche nach Insekten. Wenig Sonnenlicht dringt durch das dichte Geäst aus Koniferen, Baumfarnen und Ginkgos. Doch dort oben in den Baumkronen bewegt sich etwas. Ein kleines Tier, das auf den Ästen entlangläuft. Auf den ersten Blick ist dies nicht besonders ungewöhnlich. Genau wie heute waren auch im Erdmittelalter mehrere Säugetierarten gut an ein Leben im Geäst angepasst. Doch etwas an diesem Tier ist anders. Dies wird offensichtlich, als es die Spitze eines Astes erreicht und zu einem eigentlich viel zu weit entfernten Baum springt. Dabei breitet es die Arme und Beine aus und segelt, ähnlich einem heutigen Gleithörnchen, zum nächsten Stamm und krallt sich dort fest. *Volaticotherium* ist das älteste bekannte Säugetier, das gleiten konnte. Nah verwandte Arten sind zudem aus Argentinien und Marokko bekannt. Dementsprechend liegt es nahe, dass bereits an vielen Orten der Welt den Dinosauriern kleine Säugetiere um die Köpfe «geflogen» sein dürften. Ob auch schon der aktive Flug innerhalb der frühen Säugetierlinien entwickelt war, bleibt abzuwarten. Noch halten die Fledermäuse als einzige Säugetiere den Titel der aktiven Flieger, aber jeder neue Fund birgt neue Möglichkeiten.

Wir sehen also, dass bereits unsere frühen Vorfahren und Verwandten in allerlei Formen daherkamen. Aber eines hatten alle bisher vorgestellten Arten gemeinsam: Sie waren klein. Großformen konnten sich erst entwickeln, nachdem mit dem Ende der Kreidezeit die Karten neu gemischt wurden, vorher war die Dominanz der Dinosaurier einfach zu stark. Was jedoch nicht bedeuten muss, dass die Rolle von Jäger und Gejagtem immer klar verteilt war.

Nun stelle ich Ihnen zwei Riesen unter den frühen Säugetieren vor. *Repenomamus* erreichte mit 14 Kilogramm etwa das Gewicht eines Beagles (bei einem Körperbau, der eher an einen Bullterrier erinnert haben dürfte). *Gobiconodon* wog bis zu 5 Kilogramm und erreichte die Größe eines Jack Russell Terriers (furchterregend, nicht wahr?). Während bei *Gobiconodon* lediglich die relative Größe und die Zähne, die sich auch zum Schneiden von Fleisch geeignet haben dürften, für eine räuberische Lebensweise sprechen, ist der Fall bei *Repenomamus* wesentlich klarer. Man fand hier nicht nur ein hervorragend erhaltenes Fossil, sondern auch ein Skelett im Skelett. *Repenomamus* ist das einzige Säugetier aus dem Erdmittelalter, das mit seiner Henkersmahlzeit im Magen gefunden wurde. Bei dieser handelt es sich um das Jungtier eines *Psittacosaurus.* Dieser kleine Horndinosaurier (der noch keine Hörner besaß) war ein Vorfahre des berühmten *Triceratops.* Dank dieses Fundes hat die Wissenschaft den direkten Nachweis, dass einige Säugetiere bereits vor über 100 Millionen Jahren Jagd auf Dinosaurier machten.

Von den unterschiedlichen Säugetierlinien, die es im Erdmittelalter gab, sind heute nur noch zwei große Linien präsent. Die eine ist die der Monotremen (Schnabeltier und Co.). Sie hatten sich relativ früh im Erdmittelalter von den anderen Säugetieren abgespalten und im Laufe der Evolution viele urtümliche Merkmale wie das Eierlegen oder spezielle Skelettmerkmale (wie die abgespreizten Extremitäten oder den reptilienartigen Schultergürtel) beibehalten (sie sind heutzutage die Oldtimer unter den Säugetieren). Die andere Linie ist die der Theria, die sich wiederum in Plazentatiere und Beuteltiere unterteilt. Sie entwickelte sich zwischen dem späten Jura und der frühen Kreidezeit. Ihr Skelettbau ist weniger urtümlich als der anderer Linien, und ihre Gebisse zeichneten sich durch eine hohe Komplexität aus. Während andere frühe Säugetiere zum Ende des Erdmittelalters schwächelten, erlebten unsere Vorfahren einen Aufschwung. Aufgrund ihrer evolutionären Vorteile waren sie die Gewinner im evolutionären Wettrennen gegen die anderen Säugetierlinien und am Ende der Kreidezeit sehr vielfältig. So konnten sie das Ende der Dinosaurier überstehen und anschließend ihre Stelle einnehmen. Eine in diesem Fachgebiet derzeit sehr intensiv untersuchte Frage dreht sich um diese Nachfolge. Experten sprechen hier von Radiation, also der relativ schnellen Auffächerung des Stammbaums der Säugetiere. Denn innerhalb der ersten 10 Millionen Jahre nach dem Aussterben der Nichtvogel-Dinosaurier finden sich die ersten Fossilien vieler Großgruppen, die unserem heutigen Bild von Säugetieren entsprechen – beispielsweise Nagetiere, Primaten oder Unpaarhufer (z.B. Urpferdchen). Die Wissenschaftler fragen sich jetzt: «Haben sich diese Großgruppen, die wir einige Zeit nach dem Aussterben der Nichtvogel-Dinosaurier nachweisen können, auch erst nach dem Aussterben entwickelt? Oder entstanden sie bereits im Erdmittelalter und waren sich zu dieser Zeit noch so ähnlich, dass wir sie erst nach dem Aussterben der Dinosaurier und ihrer Weiterentwicklung voneinander unterscheiden konnten?» Beide Hypothesen finden Zuspruch in der Wissenschaft und werden anhand von Fossilien und molekularen Methoden untersucht.

Die spannende Frage im Hintergrund lautet: «Wie lange können Linien nach ihrer Aufspaltung nebeneinander existieren und aufgrund ihrer Ähnlichkeit fossil nicht unterscheidbar sein?» Wenn es der Forschung gelingt, die Frage nach der Radiation der modernen Säugetiere abschließend zu beantworten, dann hilft uns dies bei unserem generellen Verständnis der Evolution, bei der Interpretation des Erscheinens einzelner Linien im Fossilbericht und bei der Datierung von Stammbäumen mittels molekularer Analysen.

Säugetiere nach dem großen Knall

Wir befinden uns in einer Region, die heute zu Hessen gehört – im Zeitalter des Eozäns («das Zeitalter der Morgenröte»), so ziemlich genau vor 47 Millionen Jahren. Europa lag zu jenem Zeitpunkt etwas dichter am Äquator, doch dies ist nicht der einzige Grund, warum uns ein feuchtwarmer, tropischer Wald umgibt. Die Temperaturen lagen damals weltweit rund 8 °C über dem heutigen Durchschnitt. Unter unseren Füßen rumort es. Seit einigen Jahrmillionen drückt die afrikanische tektonische Platte immer stärker nach Norden. Durch diesen Druck werden sich eines Tages weiter im Süden die Alpen auffalten, doch auch hier in Mitteleuropa sind die Folgen des Druckes noch deutlich zu spüren. Durch Bewegungen im Untergrund dringt Magma entlang von Schwächezonen durch das Gestein immer weiter nach oben. Nun sollten wir aber eilig ein paar Schritte zur Seite gehen: In diesem Moment trifft das Magma in etwas weniger als 100 Metern Tiefe auf eine Gesteinsschicht, die Grundwasser führt. Sehen Sie das Problem?

Stellen Sie sich vor, Sie versuchen einen Deckel so fest auf einen Topf mit kochendem Wasser zu pressen, dass der Wasserdampf nicht entweichen kann. Das hätte wahrscheinlich keinen Erfolg, denn der Druck im Topf ist zu groß. Wenn Sie jetzt auf die Idee kommen, den Deckel festzuschweißen: Ja, Sie würden den sich ausdehnenden Wasserdampf zunächst im Zaum halten – aber nur so lange, bis er den Topf sprengt.

Jetzt ersetzen Sie das Wasser durch ein ganzes Grundwasservorkommen, den Topf durch 100 Meter Gestein und die Herdplatte durch eine große Menge aufsteigendes Magma, das plötzlich mit dem Wasser in Kontakt kommt. Sie sehen schon: Ein paar Schritte zur Seite reichen da nicht aus. Nun knallt es ordentlich, das Wasser wird mit einem Mal zu einer gewaltigen Menge Wasserdampf, und es detoniert in einer sogenannten phreatischen Explosion. Zurück bleibt ein Trichter von mehr als 700 Meter Tiefe, der sich nach und nach etwa bis zur Hälfte wieder mit zurückfliegenden Trümmern füllt. Die oberen 200 bis 300 Meter laufen in der nächsten Zeit mit Wasser voll, es entsteht ein Maarsee, wie wir ihn heute beispielsweise in der Eifelregion finden. Dieser See, mitten im tropischen Wald, wird für die nächsten 1,5 Millionen Jahre existieren. Aufgrund seiner Tiefe, der relativen Ungestörtheit durch andere Gewässer und der geringen jahreszeitlichen Temperaturschwankungen wird sein Wasser nur wenig durchmischt. Unter solchen Bedingungen enthalten die tieferen Schichten des Sees kaum Sauerstoff, und es finden nahezu keine Wasserbewegungen statt. Selbst kleinste organische Bestandteile können sich unter diesen Umständen nicht zersetzen. Sie werden in den feinen, tonigen Seesedimenten eingeschlossen, die dadurch schwarz werden. 47 Millionen Jahre später, im Hier und Jetzt, finden wir ein fein geschichtetes Gestein, dem sein hoher Kohlenstoffanteil den Namen Ölschiefer einbringt. Er wurde vom späten 19. Jahrhundert bis in die 60er Jahre abgebaut. Doch gelangte der nur mäßig zur Energiegewinnung geeignete Ölschiefer aus einem anderen Grund zu weltweiter Berühmtheit. In der Grube Messel kamen während seines Abbaus mehr und mehr Fossilien von einzigartiger Erhaltung zum Vorschein. Nicht zuletzt aufgrund zahlreicher Privatsammler wurde nach und nach klar, dass die Qualität und die Vielfalt der Messelfossilien weltweit herausragend waren. In den 70er Jahren, nach dem Ende des Abbaus, wurde die Grube jedoch nicht unter Schutz gestellt. Die Landesregierung wollte sie vielmehr in eine Mülldeponie umwandeln. Ja, Sie haben richtig gelesen: eine Mülldeponie. Nach jahrelangem Tauziehen mit den Anwohnern und zuständigen Paläontologen schien es Ende der 80er bereits beschlossene Sache, das fossile Ökosystem unter Tonnen von Müll zu begraben, noch bevor seine Schätze geborgen werden konnten. In die für eine Mülldeponie benötigte Infrastruktur waren bereits mehrere hundert Millionen Euro investiert worden. Dann scheiterte das Projekt in letzter Sekunde. Nein, der gesunde Menschenverstand hatte nicht gesiegt, sondern ein Verfahrensfehler (eine typisch deutsche Wendung, finden Sie nicht auch?). Nur wenige Jahre später, im Jahre 1994, wurde Messel dann von der UNESCO zu einem Welterbe ernannt. Das machte die Grube zu einer von nur elf Fossil-Lagerstätten, die diesen Status besitzen, und zum ersten Naturdenkmal in Deutschland. Messel sollte uns als Warnung dienen, dass ein Weltnaturerbe und eine Mülldeponie mitunter sehr dicht beieinanderliegen können (und Wissenschaftler, die vor der Zerstörung von einzigartigen Natur- oder Kulturgütern warnen, gehört werden sollten).

Bis heute finden regelmäßige Ausgrabungen in der Grube statt. Stück für Stück gelang es so, einen sehr genauen Blick in ein vergangenes Ökosystem zu werfen und Mitteleuropa im Zeitalter der Morgenröte besser zu verstehen.

In den letzten 19 Millionen Jahren hat sich die Erde vom Massenaussterben am Ende der Kreidezeit erholt. Die Vielfalt der Säugetiere stieg stetig an, und im Eozän hatten sich bereits die meisten der großen heutigen Linien wie beispielsweise Nagetiere, Paarhufer, Primaten, Unpaarhufer oder Fledermäuse etabliert. Hinzu kamen weitere Linien, die die Zeit allerdings nicht überdauern sollten.

Unter den Säugetierfossilien der Grube Messel befinden sich unter anderem auch Beuteltiere. Diese gemeinhin mit Australien assoziierten Tiere finden sich aber auch in anderen Weltregionen. In Südamerika sind heute noch Beutelratten beheimatet, die durch Rückeinwanderung inzwischen auch in Nordamerika zu finden sind, Opossums beispielsweise. Wundern Sie sich nicht, dass Opossums keinen Beutel besitzen, längst nicht alle Vertreter der Beuteltiere besitzen einen Beutel (schauen Sie mich nicht so vorwurfsvoll an, ich habe die Namen nicht vergeben). Übrigens ist umgekehrt auch der Name «Plazentatiere» für die «höheren» Säugetiere nicht zu 100 Prozent zutreffend, da es durchaus Beuteltiere wie den Koala gibt, die ebenfalls eine Art Plazenta besitzen. Aber ich schweife ab. Das ist immer das Risiko bei einem Fach, das nicht nur für sich viel Spannendes bietet … Also, zurück zu den Beuteltieren und Plazentatieren, deren unmittelbare Vorfahren sich bereits zur Zeit der Dinosaurier auf dem ganzen Globus erfolgreich ausbreiteten. Im Gegensatz zu ihrer Schwestergruppe starben die Beuteltiere jedoch auf der Nordhalbkugel im Laufe der Erdneuzeit aus und überlebten nur auf den Inselkontinenten Südamerika und Australien. Doch im Eozän liefen hier, in unseren Breitengeraden, noch kleine opossumartige Beuteltiere durch das Unterholz. Ein noch deutlich skurrileres Tier bewegte sich hüpfend über den Waldboden. *Leptictidium* war ein Vertreter der höheren Säugetiere, der ohne direkte heutige Verwandte wieder ausgestorben ist. Es maß vom Kopf bis zum Schwanz etwa 30 Zentimeter und wog ungefähr ein halbes Kilo. Der Schwanz war lang und diente zur Steuerung, wenn es sich auf den kräftigen Hinterbeinen hüpfend wie ein winziges Känguru durch das Gestrüpp bewegte. Markante Ansatzstellen für die Muskulatur der Schnauze, die an den fossilen Skeletten von *Leptictidium* zu sehen sind, sprechen dafür, dass die Tiere einen Rüssel besaßen. Diesen nutzten sie wahrscheinlich bei der Suche nach Insekten und kleineren Wirbeltieren, die in ihrem Magen gefunden wurden. *Leptictidium* wurde unter anderem von kleineren urtümlichen Raubtieren nachgestellt, und im Wasser schwamm *Buxolestes*, ein Tier, das an einen Otter erinnert und wie dieser Fische jagte, doch nicht direkt mit ihm verwandt war (ein ganz ähnliches Phänomen von konvergenter Evolution ist uns bereits im Erdmittelalter mit *Castorocauda* begegnet).

Neben diesen urtümlichen Formen bevölkerten die Region Messel vor 47 Millionen Jahren auch Säugetiere, die wir heute zwar kennen, jedoch in Deutschland nicht erwarten würden. So sprangen beispielsweise Affen durch die Bäume des Messeler Urwaldes (von ihnen werden wir noch mehr hören).

Auch ein Vorfahre der heutigen Tapire namens *Hyrachyus* lebte mitten in Deutschland. Während Tapire inzwischen nur noch in Regenwäldern in Südamerika und Südostasien beheimatet sind, hatten sie früher eine nahezu weltweite Verbreitung. Die genaue Stellung von *Hyrachyus* im Stammbaum wird nach wie vor von Paläontologen diskutiert, denn einige sehen in dem etwa einen Meter großen Tier einen Vorläufer der heutigen Nashörner. Diese stellen tatsächlich die nächsten lebenden Verwandten von Tapiren dar. Zur Zeit von *Hyrachyus* hatten sich die beiden Linien noch nicht lange getrennt, sodass die Ausbildung charakteristischer Merkmale (wie beispielsweise ein Nasenhorn) noch nicht so recht vorangekommen war. Dies macht die exakte Einordnung früher Vertreter einzelner Gruppen mitunter schwierig. Ein ähnliches Phänomen begegnet uns bei dem Messeler Urpferdchen, das auch das heutige Wappentier der Grube darstellt.

Die Evolution der Pferde

Einige Millionen Jahre vor der Entstehung des Messelsees entwickelten sich in Nordamerika und Europa – damals waren die Kontinente noch teilweise verbunden, da der Atlantik noch nicht so weit geöffnet war – kleine Tiere mit einer Schulterhöhe von etwa 20 Zentimetern. Sie lebten im dichten Unterholz von Wäldern, und ihre flachen, niedrigkronigen Gebisse waren für weiche Pflanzennahrung angepasst. Sie besaßen noch vier Strahlen an ihren Vorder- und drei an den Hinterläufen (als Strahlen bezeichnet man die einzelnen Zehen und die jeweils dazugehörigen Mittelhand- beziehungsweise Mittelfußknochen). Bei den Urpferdchen war der mittlere, dritte Strahl etwas stärker ausgebildet und trug das meiste Gewicht, während sie nur mit den Zehengliedern auftraten. Während die amerikanischen Urpferdchen die Vorfahren der modernen Pferde darstellen, gehörten die sehr ähnlichen europäischen Verwandten einer Seitenlinie an, die ohne Nachkommen aussterben sollte. Optisch unterscheiden sich beide Gruppen nur in Details. Als Beispiel, wie die ersten Vorfahren der Pferde ausgesehen haben, sind beide Gruppen eigentlich gleich gut geeignet. Dennoch sind diese kleinen Unterschiede, über die Experten auf Fachtagungen streiten, wichtig für unser Verständnis von Evolution. Im Laufe der Evolution der Pferde kam es sehr häufig dazu, dass einzelne Linien ausstarben oder sich weiter verzweigten. Manche Arten gelten als Beispiele für bestimmte Stadien der Entwicklung, obwohl sie nur Seitenzweige und keine direkten Vorfahren sind. Nichtsdestotrotz können wir für unsere Zwecke, um den Trend der Pferdeevolution zu verstehen, solche Formen als Vorfahren betrachten, solange wir uns über das komplexe Bild dahinter im Klaren sind.

Stellen Sie sich Evolution wie einen mäandernden Fluss vor. Der Fluss fließt nicht gerade einem Ziel entgegen, sondern schlängelt sich hin und her, folgt nur einer groben Richtung. Es gibt Biegungen und Seitenarme, die auch wieder versanden können. An anderen Stellen teilt sich der Fluss überhaupt nicht. Wenn Sie die Veränderung der Landschaft entlang des Flusses anhand von Fotos beschreiben wollen, dann ist es egal, ob Sie an einem Seitenarm oder am Hauptstrom fotografieren. So ähnlich geht es einem Paläontologen, der die Urpferdchen in Messel als Vorfahren der Pferde bezeichnet. Streng genommen handelt es sich um einen Seitenarm, aber ihre Fossilien sind ein gutes Beispiel dafür, wie es zu jenem Zeitpunkt um die Evolution der Pferde stand. Nach dem warm-feuchten Klima des Eozäns begannen die Temperaturen in den nachfolgenden Zeitaltern wieder zu sinken, und es breiteten sich verstärkt Grasländer aus. Diese Veränderung der Lebensräume ist auch erkennbar an den Fossilien der Pferde dieser Zeit. Sukzessive wurden die Tiere größer, ihre Füße veränderten sich langsam über viele Generationen und passten sich an offenere Landschaften an. Der dritte Strahl dominierte den Fuß immer mehr, bis sich die anderen Strahlen fast vollständig zurückbildeten. Außerdem traten die Tiere nur noch mit der Zehenspitze auf (nicht mehr mit dem ganzen Zehenglied). Denn auf den weiten Ebenen war es wichtiger, lange Strecken laufen zu können, schnelle Richtungswechsel waren immer weniger erforderlich. Mit dem Rückgang der Wälder und den sich ausbreitenden Grasflächen veränderte sich das Nahrungsangebot und damit die Gebisse der Tiere. Möglicherweise haben Sie sich schon einmal an einem Grashalm geschnitten. An einem Blatt hingegen dürften Sie sich noch nie verletzt haben. Dies liegt daran, dass Gräser kleine Silikatkörnchen (das gleiche Material, aus dem Quarz oder Opal besteht) ausbilden, die sie widerstandsfähiger machen. Diese Widerstandsfähigkeit und eine größere Menge an abrasiven Staubpartikeln führen dazu, dass Grasfresser – anders als Laub- und Fruchtfresser – dazu neigen, sehr große Zähne mit einer komplexen Schneidekante zu entwickeln. Diesen Trend sehen wir auch auf der Pferdelinie. Mit der schrittweisen Anpassung der Füße an offene Lebensräume lässt sich auch eine Änderung in der Zahnform und der Kronenhöhe beobachten. Dies ist auch der Grund dafür, dass moderne Pferde derartig lange Schnauzen besitzen, beziehungsweise ihre Augen relativ weit hinten auf den Schädel verlagert haben. Die langen Zähne brauchten so viel Platz im Kiefer, dass der restliche Schädel sich anpassen musste. Auch der Spruch «Einem geschenkten Gaul schaut man nicht ins Maul» geht auf diese Entwicklung zurück.

Während unsere Zähne lediglich von Zahnschmelz bedeckt sind, bildet er bei Pferden komplexe Strukturen aus, die sich mit zunehmender Abnutzung immer weiter verändern. Diese Anpassung ermöglicht Experten unter anderem, das Alter eines Pferdes anhand der Zähne genau zu bestimmen. Händler können also vor dem Kauf eines Pferdes mit einem Blick ins Maul schauen, ob sich das Angebot lohnt.

Während sich der Großteil dieser Entwicklung in Nordamerika abspielte, kam es über die Beringlandbrücke immer wieder zu Einwanderungen einzelner Linien nach Asien und Europa. Diese starben nach und nach wieder aus und wurden durch neue Einwanderungswellen ersetzt. Die Gattung der heutigen Pferde, die auch Esel und Zebras umfasst, entwickelte sich vor 3,5 Millionen Jahren in Nordamerika und bevölkerte von dort aus die Alte Welt. In rund 50 Millionen Jahren wandelten sich Pferde von hundegroßen Unterholzbewohnern zu den Steppenbewohnern, wie wir sie heute kennen. Einer Ironie der Erdgeschichte folgend, starben die modernen Pferde vor etwa 10 000 Jahren in Nordamerika vollständig aus – auf dem Kontinent also, der so lange die Wiege ihrer Evolution gewesen war. Erst die Konquistadoren im 16. Jahrhundert brachten die Pferde aus Europa über den Atlantik zurück in ihre alte Heimat, wo sie schnell in Form von verwilderten Mustangs erneut heimisch wurden.

Die Evolution unserer treusten Begleiter

Neben den Pferden entwickelte sich noch eine weitere Gruppe während des Eozäns in Nordamerika. Und ihre heutigen Nachkommen haben sich in den letzten Jahrtausenden sogar noch stärker an ein Leben mit uns Menschen angepasst. Die Rede ist von Hunden und Katzen, von Raubtieren also (egal, wie kuschelig sie Ihnen vielleicht vorkommen). Am Anfang der Raubtiere (Carnivora) standen marderartige Fleischfresser von der Größe eines Frettchens. Die Gruppe teilte sich kurz nach ihrer Entwicklung in zwei Linien auf: die Katzenartigen und die Hundeartigen. Über eine lange Zeit waren sie nicht die einzigen fleischfressenden Säugetiere. Andere Linien spezialisierten sich ebenfalls auf die Jagd, wie beispielsweise die mit den Paarhufern eng verwandten Mesonychiden oder die als Creodonta bezeichnete Gruppe der Urraubtiere, die sogar bis in die jüngste erdgeschichtliche Vergangenheit parallel zu den Raubtieren überlebt haben. Da sie eine ähnliche Lebensweise wie die echten Raubtiere hatten und sich so konvergent entwickelten, hatten diese Tiere einen ähnlichen Körperbau. Doch obwohl sich diese verschiedenen Gruppen auf den ersten Blick sehr ähneln, lassen sich ihre unterschiedlichen Positionen im Stammbaum an charakteristischen Unterschieden feststellen, beispielsweise am Gebiss. Wenn Sie das nächste Mal eine Katze gähnen oder einen Hund an einem Knochen nagen sehen, dann achten Sie genau darauf, welche Zähne sie verwenden, um das Fleisch zu schneiden. Unsere Stubentiger und Möchtegern-Wölfe besitzen hinten im Kiefer zwei Zähne, die wie Klingen geformt sind. Sie gleiten sehr dicht aneinander vorbei und eignen sich ideal zum Fleischschneiden. Diese sogenannte Fleischschneideschere wird bei den Raubtieren immer vom oberen letzten Vorbackenzahn (der vierte Prämolar, für alle, die es genau wissen wollen) und dem ersten unteren Backenzahn gebildet. Eine ähnliche Struktur wurde bei den Urraubtieren konvergent entwickelt. Bei ihnen finden sich die Kanten, die eine Klinge bilden, zwischen dem ersten oberen und zweiten unteren Molaren oder zwischen dem zweiten oberen und dritten unteren. Mesonychiden fehlte diese hilfreiche Anpassung hingegen vollständig. Übrigens, wo Sie jetzt gerade dabei sind, Ihrem Haustier den Rachen aufzusperren und die Zähne zu untersuchen: Vergleichen Sie doch einfach mal das Gebiss eines Hundes mit dem einer Katze (wenn Sie beide Tiere gerade zur Hand haben). Sie werden feststellen, dass Hunde wesentlich mehr Zähne besitzen als Katzen. Besonders nach der Fleischschneideschere folgen noch einige Backenzähne, die Hunden ein vielfältigeres Nahrungsspektrum ermöglichen. Katzen haben sich im Laufe der Evolution absolut auf Fleisch als Nahrungsquelle spezialisiert, während Hundeartige tendenziell noch generalistischer aufgestellt sind (Bären sind ein gutes Beispiel für Hundeartige, die oft mehr pflanzliche als tierische Nahrung zu sich nehmen). Dementsprechend könnte ich als Wissenschaftler jedes Mal in die Tischkante beißen, wenn ich höre, dass es Menschen gibt, die ihre Hauskatzen ausschließlich vegan ernähren. Wenn Sie sich jetzt denken «Wie bitte? Wer macht denn so was?!», dann gratuliere ich Ihnen zu Ihrem gesunden Menschenverstand. Wenn Sie sich jetzt denken «Wo ist das Problem? Ich ernähre mich doch auch vegan», dann müssen wir uns kurz fünf Minuten ernsthaft unterhalten. Wenn *Sie* sich vegan ernähren, ist das kein Problem (was unser evolutionäres Erbe dazu sagt, erfahren wir im kommenden Kapitel). Aber Katzen gelten aus wissenschaftlicher Sicht als hypercarnivor, eine größere Anpassung an Fleisch finden Sie im Tierreich kaum. Wenn Sie also Ihre Hauskatze komplett vegan ernähren, dann ist das so, als würden Sie Ihrem Pferd nichts anderes als Steaks servieren. Wenn Sie jetzt einwenden, dass es aber möglich ist, Ihren Kater nur vegan zu füttern, dann denken Sie auch daran, dass Sie einen an das Leben im Dschungel angepassten Tiger schließlich auch sein ganzes Leben in einem zwei Quadratmeter großen Käfig einsperren können.

Also, schauen wir unserer Katze jetzt noch einmal ins Maul. Die auffälligsten Zähne sind, wie bei den meisten Raubtieren, mit Sicherheit die Eckzähne, die Canini. Die wahrscheinlich beeindruckendsten Eckzähne der Erd-geschichte hatten zweifelsohne die Säbelzahntiger, die mit ihren Gebissen große Beutetiere jagten und auf keinem Buchcover zu vorzeitlichen Säugetieren fehlen dürfen. Doch hinter dem Begriff verbirgt sich eigentlich eine Viel-zahl von Linien, die unabhängig voneinander diesen Zahn-typ entwickelten. Bei einigen (z.B. *Smilodon*) handelte es sich um richtige Katzen, andere «Säbelzahntiger» wiederum gehörten lediglich zu den Katzenartigen, und einige waren nicht einmal Plazentatiere. So waren die Beuteltiere in Süd-amerika, das die meiste Zeit des Känozoikums (Erdneuzeit) von Nordamerika isoliert war, relativ ungestört und ent-wickelten dort (und in Australien) eigene Linien größerer Fleischfresser. Einige dieser Raubbeutler wie *Thylacosmilus*, der vor rund sieben bis zwei Millionen Jahren lebte, bildeten ebenfalls massive obere Eckzähne aus. Diese Spezialisierung, die es ermöglichte, durch das Beibringen schwerer Wunden auch große Beutetiere zu reißen, scheint evolutionär be-deutende Vorteile mit sich gebracht zu haben, da sie sich so oft entwickelte und praktisch den Großteil der Erdneuzeit über zu finden war. Ein Nachteil dieser Spezialisierung auf einen Beutetyp war die Abhängigkeit von einer bestimmten

Nahrungsquelle. Als es vor rund 12 000 Jahren zu einem Aussterben vieler Großsäuger kam, starben mit *Smilodon* und *Homotherium* auch die letzten Katzen mit Säbelzähnen aus. Dies bedeutet übrigens auch, dass Ihr Ur-Ur-Ur-Großvater (setzen Sie im Geiste noch einige weitere «Urs» ein) möglicherweise einmal einem Säbelzahntiger Auge in Auge gegenüberstand und es irgendwie überlebt hat.

Mammut und Konsorten

Wir könnten noch vielen Säugetierlinien durch die Erdneuzeit folgen, doch dann würde dieses Kapitel völlig ausarten (habe ich Ihnen bereits Paläontologie-Vorlesungen ans Herz gelegt?). Doch eine Gruppe, die beinahe sinnbildlich für ausgestorbene Säugetiere steht, kann ich Ihnen natürlich nicht vorenthalten. Mammuts entwickelten sich vor rund 6 Millionen Jahren aus einer Linie, die zu den heutigen indischen Elefanten führt (indische Elefanten sind also mit Mammuts näher verwandt als mit ihren afrikanischen Vettern). Doch die Geschichte der Rüsseltiere beginnt wesentlich früher. Die ersten eindeutigen Vorfahren der Elefanten wurden in Marokko in rund 60 Millionen Jahre alten Sedimenten gefunden. Diese lagerten sich im Zeitalter des Paläozäns ab, das noch vor dem Eozän lag und unmittelbar auf die Kreidezeit folgte. Am Anfang der Entwicklung der grauen Riesen standen allerdings noch Winzlinge wie *Eritherium* oder das rund 5 Millionen Jahre jüngere *Phosphaterium*. Sie brachten es gerade mal auf eine Schulterhöhe von 20 und 30 Zentimetern und sechs beziehungsweise 17 Kilogramm. Abnutzungsspuren auf ihren Gebissen weisen darauf hin, dass sie eine Vielfalt an pflanzlicher Nahrung fraßen. Ähnlich wie bei den Pferden aus Nordamerika sollte in den folgenden Jahrmillionen der Motor der Evolution der Rüsseltiere in Afrika liegen. Zuerst nahmen sie nur relativ langsam an Größe zu. So besaßen die meisten Arten im Eozän etwa die Größe eines Tapirs. Zusätzlich zur Schulterhöhe wiesen einige dieser Elefantenvorfahren auch weitere Parallelen zu Tapiren auf. Sie besaßen ebenfalls kurze Rüssel und hielten sich vermehrt im Wasser auf. Gegen Ende des Eozäns, sowie im darauffolgenden Zeitalter des Oligozäns, begannen die Tiere dann deutlich größer zu werden. Zudem kam es zur Betonung einzelner Schneidezähne – Startschuss für die Stoßzähne. Diese brachten wahrscheinlich Vorteile bei der Nahrungsgewinnung mit sich und machten gleichzeitig optisch einiges her. So kam es über die Jahrmillionen zu einer Vielfalt an Anordnungen und Größen (bis zu vier Meter Länge). Eine besonders kuriose Form war das bereits bekannte *Deinotherium*. Die Linie der Deinotherien zweigte im Zeitalter des Oligozäns von der der heutigen Elefanten ab und entwickelte unabhängig von diesen eine beeindruckende Körpergröße. Die Deinotherien gehören zusammen mit den Gomphotherien und Mammutiden zu den Gruppen, die Afrika bereits vor den heutigen Elefanten verließen und sich über Asien nach Europa, Nordamerika und (teilweise) auch Südamerika verbreiteten. Interessanterweise gehört zu den Mammutiden auch die Gattung *Mammut*. Bei ihm handelt es sich aber nicht um das bekannte eiszeitliche Mammut. Das klassische Mammut trägt den Gattungsnamen *Mammuthus* (warum einfach, wenn man es auch kompliziert haben kann?). Mammutiden, Gomphotherien, Elefanten und Mammuts besitzen, neben ihren Stoßzähnen, eine ungewöhnliche Eigenschaft. Elefanten und ihre näheren Verwandten ersetzen ihre Milchzähne nicht von unten her durch bleibende Zähne (wie wir und die meisten anderen Säugetiere), sondern die neuen Zähne bilden sich im hinteren Teil des Kiefers und schieben sich dann mit der Zeit weiter nach vorne, während die vorderen Exemplare nach und nach abgekaut werden. So schieben sich die Zähne einer nach dem anderen kontinuierlich nach. Allerdings ist die Zahl der von hinten nachrückenden Zähne begrenzt. Wenn der letzte bei einem sehr alten Individuum ausfällt, dann ist für das Tier sprichwörtlich Sense. Die Änderung im Zahnwechsel stellt eine Anpassung an Nahrung dar, die die Zähne zunehmend stärker abnutzte. Während die Nahrung von Gomphotherien und Mammutiden noch zu einem guten Teil aus Blättern bestand, mussten Mammute und Elefanten Zähne ausbilden, die mit widerstandsfähiger Gras- und Steppennahrung besser zurechtkamen (was nicht bedeuten soll, dass sie Blätter verschmäht hätten). Speziell Mammuts gelang es so, sich über die nördlichen kalten Steppen Eurasiens bis nach Nordamerika auszubreiten. Diese sogenannten Mammutsteppen gediehen besonders während der Kaltphasen der letzten 2,5 Millionen Jahre. Hier sei angemerkt, dass ich den Begriff Kaltzeit – und nicht Eiszeit – verwende. Eine Eiszeit bezeichnet einen Zeitraum, in dem die Polkappen vereist sind. Dementsprechend befinden wir uns auch heute, zumindest *noch*, in einer Eiszeit. Doch die Kaltzeiten, die mehrfach im Pleistozän (2,5 Millionen bis ungefähr 12 000 Jahre vor heute) auftraten und großflächige Vergletscherungen mit sich brachten, wiesen deutlich knackigere Temperaturen auf als heute. Südlich der Vergletscherung gediehen die kräuter- und gräserreichen

Mammutsteppen, die neben ihren riesigen Bewohnern auch andere Großsäuger, wie beispielsweise Wollnashörner, versorgten. Der mehrfache Wechsel von Warm- und Kaltzeiten im Pleistozän führte bei uns in Mitteleuropa auch zu einem Wechsel von Flora und Fauna. So gingen die Steppen in den Warmphasen zurück und machten Wäldern Platz. Gleichzeitig beschränkte sich die Mammutpopulation zu diesen Zeiten auf Nordeuropa, während bei uns Waldelefanten herumstapften. Das Ende der Mammuts kam auf dem Festland mit dem Ende der letzten Eiszeit vor rund 10 000 Jahren. Lediglich zurückgezogen auf einigen Inseln, wie der bereits erwähnten Wrangelinsel, überlebten sie länger, bis auch die letzten vor rund 4000 Jahren ausstarben.

Overkill?

Doch was brachte die Mammuts dazu, auszusterben? Eine der medienwirksamsten Erklärungen ist, dass sie reihenweise auf den Tellern unserer Vorfahren landeten. Diese sogenannte Overkill-Hypothese geht davon aus, dass viele große Säugetiere weltweit von den sich ausbreitenden modernen Menschen ausgerottet wurden. Befragen wir doch hierzu mal die Paläontologie.

Als Erstes können wir festhalten, dass gegen Ende des Pleistozäns vor rund 50 000 bis 12 000 Jahren weltweit größere Säugetiere (100 bis 1000 Kilo und besonders ab 1000 Kilo und mehr) ausstarben. Lediglich in Afrika und im Süden Asiens konnten sich Großsäuger halten.

Darüber hinaus ist bekannt, dass Menschen, wenn sie in «unberührte» Gebiete einwandern, die dort lebenden

Populationen – und ganz besonders die von großen Tieren – durch Bejagung zum Kollabieren bringen können. Dies ist in jüngerer Zeit gut für Madagaskar belegt. Die Insel wurde erst vor rund 2000 Jahren von Menschen besiedelt, und in der darauffolgenden Zeit starben viele größere Säugetiere wie madagassische Flusspferde und Riesenlemuren sowie die großen, flugunfähigen Elefantenvögel aus. Ähnliches ist auch für die Besiedlung Neuseelands durch die Vorfahren der Maori belegt. Als diese die Insel vor rund 700 Jahren erreichten, fanden sie mehrere flugunfähige Vogelarten vor. Von diesen erreichte der Riesenmoa eine Körpergröße von bis zu 3,6 Metern. Zum Verhängnis wurde den Tieren, dass sie keine natürliche Scheu vor dem Menschen besaßen und so binnen kürzester Zeit durch intensive Bejagung ausgerottet wurden. Was sich auch als Todesurteil für den auf Neuseeland heimischen Haastadler herausstellte. Dieser Greifvogel mit einer Spannweite von bis zu drei Metern war auf die Jagd von Moas spezialisiert. Es gibt also nachweislich Fälle, in denen Menschen auch mit relativ einfachen Hilfsmitteln größere Tierarten ausrotten konnten, was mitunter weiteres Aussterben größerer Raubtiere mit sich brachte.

Gegen Ende des Pleistozäns breitete sich der Mensch über den gesamten Globus aus. Vor rund 50 000 Jahren gelangte er über Indonesien nach Australien, und vor 12 000 Jahren erreichte er über die Beringlandbrücke Nordamerika und schließlich auch Südamerika. Auf diesen drei Kontinenten lässt sich das Verschwinden der Megafauna kurz nach dem Auftreten des Menschen feststellen. So begann das Aussterben von Riesenbeuteltieren wie *Diprotodon*, dem nashornartigen *Zygomaturus* oder dem tigergroßen Raubbeutler *Thylacoleo*. Diese und viele weitere große Beuteltiere und Reptilien verschwanden, kurz nachdem die Vorfahren der Aborigines den australischen Kontinent besiedelten. In Nordamerika verschwanden viele Säugetiere vor rund 12 000 bis 10 000 Jahren, unter ihnen Mammuts, Mammutiden, die in Amerika heimischen Pferde, nordamerikanische Tapire, Kamele (ja, auch die gab es in Nordamerika, denn irgendwie sind die Lamas schließlich nach Südamerika gekommen), Riesenfaultiere, Säbelzahntiger, Löwen (auch die gab es bis vor «kurzem» in Europa und Nordamerika) und große Verwandte der Wölfe. In Südamerika setzte das Aussterben einige Jahrhunderte später ein und umfasste unter anderem die Glyptodonten – mehrere Meter große Riesengürteltiere –, Riesenfaultiere, Verwandte der Lamas, Säbelzahntiger und Gomphotherien, die urtümlichen Verwandten der Elefanten. Interessant ist, dass einige dieser großen Säugetiere auf isolierten Inseln länger überlebt haben als ihre Verwandten auf den Kontinenten.

Nach all diesen Erläuterungen scheint der Fall dann wohl klar: Der Mensch hat die großen ausgestorbenen Säugetiere aufgefressen. Schuldig im Sinne der Anklage.

Einspruch! So klar ist der Fall noch lange nicht! Nur weil zwei Ereignisse zeitlich korrelieren, heißt das nicht zwangsläufig, dass ein kausaler Zusammenhang bestehen muss. Wenn Sie um eine Ecke gehen und vor Ihnen kippt jemand erschossen zu Boden, dann bedeutet das nicht, dass Ihr Auftauchen ausreicht, um Ihre Schuld zu beweisen. Im Idealfall findet man bei derartigen Hypothesen einen direkten Nachweis, auch «Smoking Gun» genannt, also sozusagen die Tatwaffe. Dies stellt sich in unserem Fall als sehr schwierig heraus. Selbst wenn man den «Revolver» fände, bliebe es unmöglich, das Ausmaß und die Intensität der Bejagung durch frühe Menschen direkt zu erfassen. Wir müssen daher einen mühsamen Indizienprozess führen, bei dem die Verteidigung einige Argumente für die Unschuld des Angeklagten ins Feld führen kann. Denn selbst wenn er an drei Orten – Australien, Nord- und Südamerika – unmittelbar zu dem Zeitpunkt auftauchte, als dort Großsäuger ausstarben, so spricht gegen seine Schuld, dass in Afrika, Europa und Asien Menschen bereits längere Zeit zusammen mit großen Säugetieren existiert haben, ohne dass es zu deren Aussterben gekommen wäre. Ja, gerade in Südostasien und Afrika, den beiden Regionen mit der längsten menschlichen Besiedlung, haben große Säugetiere bis heute überlebt. Auf diesen letzten Punkt kann die Anklage zwar erwidern, dass dies nicht verwunderlich sei, da dort die großen Säugetiere genug Zeit hatten, sich den Veränderungen anzupassen, während sich der Mensch erst nach und nach entwickelte beziehungsweise langsam einwanderte. Doch dieses Argument bleibt – zumindest für Europa und Nordasien – eine Schwachstelle in der Anklageführung. Darüber hinaus gibt die Verteidigung zu bedenken, dass es sich bei den Vergleichsfällen Madagaskar und Neuseeland nur um Inseln und nicht um ganze Kontinente handelt. Generell müssten unsere Vorfahren schon gewaltigen Hunger gehabt haben, wenn Sie derartig viele Tiere in relativ kurzer Zeit erlegt haben sollten. Es ist schwierig, die genaue Zahl der damaligen Weltbevölkerung zu ermitteln, doch die meisten Schätzungen gehen davon aus, dass vor rund 12 000 Jahren einige Millionen Menschen, also etwa die Bevölkerung Berlins, auf der Erde verteilt lebten. Neben der dünnen Besiedelung fehlt für viele Tierarten überhaupt der Nachweis, dass sie tatsächlich in großem Umfang gejagt wurden. Bei

Knochenfunden fanden sich viele Hinweise darauf, dass Pferde und Kamelverwandte in Nordamerika Beutetiere für die ersten Menschen darstellten. Doch fehlen handfeste Nachweise für die Bejagung von Mammuts und andere Elefanten weitestgehend. Hier spielen auch praktische Überlegungen eine Rolle. Zwar waren die Steinwerkzeuge theoretisch in der Lage, Elefanten den Garaus zu machen; dies bedeutet jedoch nicht, dass dies auch oft geschehen sein muss. Stellen Sie sich vor, man würde Ihnen einen Besenstiel geben, an dessen Ende ein Taschenmesser befestigt ist, und Sie anschließend in das Elefantengehege des nächsten Zoos schieben. Dort stehen Sie nun mit Ihrem überdimensionierten Zahnstocher einem Dickhäuter gegenüber, und Sie fragen sich unwillkürlich, ob der Begriff «**Dick**häuter» Ihnen vielleicht etwas Wichtiges mitteilen sollte. Auch wenn das Tier Sie nicht unmittelbar als Bedrohung empfindet, wie es vielleicht bei nordamerikanischen Mammuts der Fall gewesen sein mag, so wird sich dies jedoch ganz schnell ändern, wenn Sie anfangen, sich Ihr Mittagessen zu erkämpfen. Gleich hinter dem Elefanten sehen Sie das Gehege mit Kamelen und Pferden, und Ihnen kommt der interessante Gedanke, dass Sie ausreichende Mengen an Fleisch auch wesentlich ungefährlicher erhalten könnten …

Als letzten Punkt gibt die Verteidigung zu bedenken, dass es im Verlaufe des Pleistozäns des Öfteren zu Klimaänderungen gekommen ist und dass die Klimaschwankungen gegen Ende des Zeitalters ebenfalls als möglicher Verursacher in Frage kommen. Hier kann die Anklage allerdings einwenden, dass die letzten Schwankungen bei weitem nicht die stärksten waren, und zwar teilweise mit dem Verschwinden der Arten in Europa und Nordasien und eingeschränkt in Australien korrelieren, aber nur bedingt als Erklärung für die amerikanische Fauna funktionieren.

Sie sehen also: Der Sachverhalt ist komplizierter, als es den Anschein hat, und ein einfaches und klares Urteil ist derzeit nicht möglich. Grundsätzlich ist das Auftreten des Menschen in Australien und Nordamerika zeitlich sehr eng an den Rückgang der Megafauna geknüpft, und es finden sich viele Wissenschaftler und Studien, die – zumindest für diese Regionen – dem Menschen einen großen Anteil am Aussterben zusprechen. Auf der anderen Seite gibt es aber auch Experten, die in den Klimaveränderungen die Hauptursache sehen und den Menschen – wenn überhaupt – nur als geringfügigen Faktor einstufen. Darüber hinaus gibt es eine weitere Position, die von einem Zusammenspiel beider Hauptfaktoren ausgeht und einige weitere regionale Aspekte mit einbezieht, die auf den verschiedenen Kontinenten unterschiedlich starken Einfluss hatten.

Der Mensch als Fossil

Was bisher geschah

«Das Zeitalter des Menschen ist erdgeschichtlich betrachtet nur ein Wimpernschlag.» Wahrscheinlich haben Sie diesen oder einen ähnlichen Satz bereits einmal gehört. Und er stimmt. Die Gattung Mensch ist rund zwei Millionen Jahre alt – und unsere Art, die des modernen Menschen, sogar nur etwa 200 000 Jahre. Demgegenüber stehen ca. vier Milliarden Jahre Leben auf unserem Planeten. Doch ein großer Teil des Körpers, in dem wir gerade stecken, hat sich bereits vor langer Zeit entwickelt – noch bevor der erste Affe anfing, Steinwerkzeuge herzustellen oder Feuer zu machen.

Schauen Sie einmal an sich herab. Welche unserer Körpermerkmale hatten wir im Laufe der Evolution schon entwickelt, als die Dinosaurier ausstarben? Ihr gesamtes Skelett, jeder Knochen, geht auf kleine, über 500 Millionen Jahre alte, wurmähnliche Vorfahren der Fische wie etwa *Haikouichthys* zurück. Ihre innere, knorpelige Verstärkung, die Chorda dorsalis im Rückenbereich, gab den Startschuss für unser heutiges Skelett. Das aus elastischem knorpeligen Gewebe aufgebaute Rohr ist heute noch bei urtümlichen Fischen wie dem Stör zu finden. Während die Funktion der Chorda dorsalis nach und nach von der Wirbelsäule abgelöst wurde, blieben Teile von ihr erhalten und finden sich

auch bei uns. Wenn sie irgendwann einen Bandscheibenvorfall erleiden sollten, dann denken Sie vielleicht daran, dass
Ihre Bandscheiben ursprünglich eine lange interne Stützstruktur waren und erst sekundär (sozusagen auf dem zweiten Bildungsweg) zu den Polstern Ihrer Wirbelsäule wurden
(aber erwarten Sie nicht, dass Ihnen diese Information in
dem Moment dann irgendwie weiterhilft).

Wahrscheinlich werden Sie sich in einer solchen Situation
etwas wünschen, auf das Sie mit voller Kraft beißen können.
Dabei würden Sie ein Körperteil beanspruchen, das sich
zeitnah zu Ihrer Wirbelsäule gebildet hat. Untersuchungen
an heute lebenden Fischen zeigen, dass unsere Kiefer sich
ursprünglich aus den Kiemenbögen entwickelten. Dieser
Prozess vollzog sich wahrscheinlich vor etwa 450 Millionen Jahren. Rund 20 Millionen Jahre später traten dann, in
Form von Panzerfischen, die ersten Fossilien auf den Plan,
die Kiefer besaßen.

Ungefähr im selben Zeitraum entwickelte sich ein weiteres Organ, das eine untrennbare Verbindung mit dem
Kiefer eingehen sollte. Untrennbar allerdings nur für den
Fall, dass Sie immer gut Ihre Zähne putzen. In Zahnpasta-
werbungen wird häufig betont, dass Produkt XY besonders
den Zahnschmelz schützt. Dies ist auch das Hauptanliegen
Ihres Zahnarztes, wenn er Ihnen empfiehlt, Ihre Zähne zu
pflegen. Denn unter dem Zahnschmelz liegt das angreif-
bare Zahnbein (Dentin). Dieses besteht, im Gegensatz zu
seiner Schutzschicht, aus lebendigem Gewebe. Das Gewebe
enthält wiederum Nerven, die wir bei Zahnschmerzen oder
während des Zahnarztbesuchs spüren. Wenn Sie also dem-
nächst vorbildlich Ihre Prophylaxe über sich ergehen lassen
und mit offenem Mund auf dem Zahnarztstuhl liegen, dann

machen Sie sich einfach bewusst, dass der Arzt Ihnen gerade an einem Teil Ihres Körpers herumdoktert, der sich vor mehr als 400 Millionen Jahren entwickelt hat (ähnlich wie bei einem Bandscheibenvorfall wird Ihnen das Wissen leider nicht viel nutzen). Entwickelt haben sich unsere Zähne übrigens in engem Zusammenspiel mit Fischschuppen. Ihre gemeinsame Entwicklungsgeschichte lässt sich an heutigen Schuppen erkennen. So sind die Schuppen urtümlicher Fische, wie beispielsweise von Haien, in ihrem Aufbau und ihrer chemischen Zusammensetzung mit Zähnen nahezu identisch. Wenn Sie einen Zahn durchschneiden, dann finden Sie eine Pulpahöhle, die das Dentin versorgt. Würden Sie eine Haischuppe aufschneiden, so sähen Sie genau das Gleiche. Diese Schuppen besitzen auch eine Pulpahöhle, Zahnbein und Schmelz. Paläontologen sind sich einig, dass beide Strukturen homolog sind, sich also eine aus der anderen entwickelt hatte. Doch lange haben sie gerätselt, welches Organ sich zuerst entwickelte. Waren die ersten Schuppen Zähne, die sich vom Rachen ausgehend immer weiter über den Körper erstreckten? Oder waren die ersten Zähne Schuppen, die sich auf der Haut bildeten und von außen in den Rachenraum vordrangen und dort eine neue Funktion erlangten?

Im Zentrum der Aufmerksamkeit standen dabei die Conodonten, die wir bereits kennengelernt haben. Sie besaßen noch keine Schuppen und noch nicht einmal Kiefer, sondern nur eine Mundöffnung. Allerdings besaßen sie eine Form von Zähnen. Wenn es sich bei diesen Zähnen um homologe Strukturen handelte, also «echte Zähne», dann wären Schuppen jünger als Zähne und hätten sich damit aus ihnen gebildet.

Doch in den letzten Jahren erbrachten Studien an ihrer Mikrostruktur zunehmend Hinweise, dass Conodonten-Zähne eine eigene Entwicklung darstellen, die konvergent zu «echten» Zähnen entstanden ist. Derzeit geht die Mehrheit der Wissenschaftler davon aus, dass sich zuerst die Schuppen entwickelten und diese später in den Rachenraum vordrangen (die Materie ist sehr komplex und würde hier im Detail völlig den Rahmen sprengen. Für diejenigen unter uns, die tiefer in die jüngsten Hypothesen einsteigen wollen, empfehle ich Fachartikel zu der «modified outside-in hypothesis»).

Nach der Entwicklung von Kiefern und Zähnen erlebten die Fische eine Blütezeit in Meeren und Flüssen. Sie erreichten auch Gewässer, die nicht dauerhaft lebensfreundliche Bedingungen aufwiesen. Wenn Sie heute nach Afrika oder Australien reisen, dann können Sie dort in austrocknenden Flüssen und Seen Fische finden, die sich nicht fürchten müssen, wenn der Regen ausbleibt. Diese Lungenfische brachten Lungen hervor, um Trockenphasen zu überleben. Ähnliche Bedingungen führten auch vor mehr als 370 Millionen Jahren im Zeitalter des Devons dazu, dass sich die Flossen von Tieren wie *Tiktaalik* über viele Generationen weg zu einfachen Beinen wandelten. Dies war möglich, da in den Flossen von Fischen bereits Knochen vorhanden waren, deren Funktion sich nach und nach änderte. Auch heute gibt es Fische, die konvergent ihre Flossen zum Laufen unter Wasser umgewandelt haben. Anfangs war die Vielfalt der ersten Wirbeltiere, die das Land teilweise in Besitz nahmen, noch relativ groß, doch im Laufe des Devons setzte sich eine Anordnung von Knochen durch, wie wir sie heute in unseren Armen und Beinen finden.

Wenn Sie etwas zu Heißes gegessen und sich den Gaumen

verbrannt haben und dann anschließend mit der Zunge vorsichtig am Gaumendach entlangtasten, dann berühren Sie eine Struktur, die ausgesprochen hilfreich ist. Denn unser Gaumen trennt Mund- und Nasenraum voneinander, was uns ermöglicht zu atmen, während wir Nahrung im Mund haben (eine Fähigkeit, die besonders Säuglinge gut gebrauchen können). Dieser sogenannte sekundäre Gaumen entwickelte sich bereits auf der Synapsidenlinie kurz vor den ersten Säugetieren, möglicherweise als Anpassung an eine aktivere Lebensweise. Er trug maßgeblich dazu bei, dass Säugetiere überhaupt ihre Neugeborenen mit Milch versorgen können. Dass die Trennung zwischen Mund und Atemwegen nicht vollständig ist, merken wir leider regelmäßig daran, dass wir uns ab und zu verschlucken. Eine ähnliche Struktur hat sich übrigens auch bei Krokodilen entwickelt. Hier dürfte sie jedoch eher die Lebensweise und das Fangen der Beute im Wasser unterstützen.

Eine weitere Schlüsselentwicklung war die bereits beschriebene Entstehung eines neuen Kiefergelenks und das daraus folgende verbesserte Gehör. Außerdem brauchten unsere nachtaktiven Vorfahren, die sich zur Zeit der Dinosaurier im Unterholz versteckten, einen Schutz vor Unterkühlung. Das Endprodukt tragen wir heute in teils skurrilen Ausführungen auf dem Kopf herum, wo unser Haar weniger als Wärmeschutz, sondern viel eher zur Werbung dient.

All diese Entwicklungen trugen dazu bei, dass die Stoffwechselrate immer weiter anstieg. Erst durch die so entwickelte Warmblütigkeit war es später für uns möglich, ein großes Gehirn auszubilden. Ein wichtiges Hilfsmittel für die dafür benötigte Energiezufuhr stellten unsere komplexen Gebisse dar, die sich vor rund 200 Millionen Jahren entwickelten. Sie halfen uns, unsere Nahrung besser zu verdauen – gleichzeitig konnten wir unsere Zähne nicht mehr uneingeschränkt wechseln.

Doch all diese Entwicklungen hätten wohl letzten Endes nicht zu uns geführt, wenn nicht ein kosmischer Zufall die Dinosaurier um ihre dominierende Rolle gebracht hätte. Erst durch den Meteoriteneinschlag am Ende der Kreidezeit und das damit verbundene Aussterben der Nicht-Vogel-Dinosaurier konnten die Säugetiere ihren Siegeszug antreten.

Unter den Tieren, die zögerlich die Nasen aus ihren Verstecken streckten und eine neue Welt vorfanden, die es zu erobern galt, waren auch kleine, baumlebende Tiere, die sich selbst Millionen Jahre später den bescheidenen Namen Primaten – «Herrentiere» – geben sollten.

Aus der Asche der Dinosaurier – die Anfänge der Primaten

Wir befinden uns in einem warmen, feuchten, dichten Wald vor 55 Millionen Jahren in der Mitte des heutigen Chinas. Rund 10 Millionen Jahre zuvor hat der große Knall das Zeitalter der Dinosaurier beendet. Die Erholung der Ökosysteme hat weltweit lange gedauert, doch jetzt, am Anfang des Eozäns, haben sich die großen Linien der heutigen Säugetiere etabliert und beginnen, sich immer weiter zu verzweigen. Oben in dem Geäst der Bäume bewegt sich ein Lebewesen auf der Suche nach Insekten, ganz ähnlich wie es seine Ahnen im Zeitalter der Dinosaurier bereits getan haben. Doch im Gegensatz zu seinen Vorfahren und seinen nahen Verwandten, den Spitzhörnchen, war dieses Tier beim Klettern nicht ausschließlich auf seine Krallen angewiesen, sondern konnte Äste, über die es lief, umgreifen. Mit einer Länge von rund 23 Zentimetern und einem Gewicht von etwa 30 Gramm war es ein wahres Leichtgewicht, angepasst an das Leben in den höchsten Baumwipfeln. Seine kleinen Augen waren, anders als die seiner Nachfahren, noch nicht für nächtliches Sehen entwickelt, und so war es hauptsächlich tagaktiv. Als sein fossilisiertes Skelett zum ersten Mal gefunden wurde, tauften die Forscher die neue Art auf den Namen *Archicebus achilles*. (Den zweiten Teil des Namens erhielt das Tier wegen seines ausgeprägten Fersenbeins mit Blick auf den homerischen Helden, dessen einzige Schwachstelle, seine Ferse, ihm am Ende zum Verhängnis wurde.) *Archicebus* war ein früher Primat und ist der bislang älteste bekannte Vertreter der Trockennasenaffen. Diese bilden zusammen mit den Feuchtnasenaffen, zu denen unter anderem die madagassischen Lemuren gehören, die beiden großen Linien innerhalb der Primaten. Die Vorfahren der Primaten waren kleine, hörnchenartige, in den Bäumen lebende Tiere. Als Vergleich können hier Spitzhörnchen herangezogen werden, die zusammen mit Baumgleitern die nächsten heute lebenden Verwandten der Affen darstellen.

Noch einige Jahre vor der Beschreibung von *Archicebus* erlangte übrigens ein anderes Fossil als möglicher ältester Vertreter der Trockennasenaffen weltweite Berühmtheit. *Darwinius*, eher bekannt unter dem Namen «Ida», wurde 1983 in der Grube Messel gefunden und erreichte nach einer langen Odyssee das Naturhistorische Museum in Oslo. Dort wurde es 2009 von einem internationalen Expertenteam beschrieben. Während einige der Autoren «Ida» eher als Vorfahren der Lemuren (also der Feuchtnasenaffen) ansahen, vertrat der andere Teil die Position, dass eine Zugehörigkeit zu den Trockennasenaffen bestehe. Aufgrund einer sehr engagierten Öffentlichkeitsarbeit (um es mal diplomatisch auszudrücken) erlangte die letztere Position eine besondere Medienaufmerksamkeit, und bald darauf geisterte «Ida» als «Vorfahren der Menschheit» durch die Medien. Dieser Rummel wurde innerhalb der wissenschaftlichen Gemeinschaft sehr kritisch gesehen, nicht zuletzt, da sich durch nachfolgende Untersuchungen herausstellte, dass «Ida» tatsächlich näher mit den Lemuren verwandt ist. Sie kann daher nicht als Urgroßmutter, sondern «nur» als Urgroßtante der Menschheit fungieren. Was die Bedeutung des Fossils wissenschaftlich gesehen natürlich nicht schmälert, ist jedoch für eine Schlagzeile weniger gut geeignet. Und so folgten lediglich einige kurze Berichte, dass «Ida» wohl doch nicht so besonders sei, und das Thema verschwand aus der Öffentlichkeit. Ein sehr gutes Beispiel dafür, wie schmal der Grat bei wissenschaftlicher Öffentlichkeitsarbeit ist zwischen Schlagzeilen, Unterhaltung, korrekter Ausdrucksweise und nüchterner Betrachtung.

Doch jenseits der Schlagzeilen ist «Ida» ein für die Wissenschaft höchst anschauliches Fossil, das uns, zusammen mit anderen frühen Primaten aus Messel, viel über den Anfang der Affen verraten kann. Haben Sie sich beim Lesen gefragt, warum das Fossil von *Darwinius* den Spitznamen «Ida» und nicht etwa «Olaf» bekam? Dies liegt daran, dass das Fossil derartig vollständig erhalten ist und sich alle Knochen an ihrem jeweiligen Platz befinden. «Ida» fehlt ein bestimmter Knochen, ein anatomisches Detail: das Baculum oder auch Penisknochen genannt. Sofern Sie jetzt Einspruch erheben wollen, so halten Sie kurz an sich (metaphorisch – nicht notwendigerweise wörtlich). Bei uns Menschen ist der Penisknochen zwar vollständig reduziert, doch viele weitere Primaten und andere Säugetiere besitzen eine knöcherne Stütze in ihrem besten Stück (da ich weiß, dass Ihnen jetzt direkt eine weitere Frage unter den Nägeln brennt: Den größten Penisknochen mit mehr als 60 cm Länge besitzen Walrosse). Neben «Ida» wurden auch männliche Affen und Halbaffen in Messel gefunden. Als in den 70ern ein Exemplar gefunden wurde, dessen Penisknochen etwa der Länge seines Unterschenkels entsprach, ließ es sich eine große deutsche Boulevardzeitung nicht nehmen, auf ihre Titelseite die Schlagzeile «Sexmonster aus der Urzeit» zu setzen.

Ein interessantes Phänomen der Primaten in der Grube Messel ist übrigens, dass man viele Individuen nur halb findet (sozusagen halbe Halbaffen). Dies liegt daran, dass die meisten Affen durch Krokodile in den See gelangt sein dürften. Es lässt sich noch heute beobachten, dass diese kleinere Beute mitunter hin und her schleudern, um sie zu töten. Hierbei kann es vorkommen, dass der jeweilige Pechvogel in zwei Hälften zerreißt. Während der eine Teil dann nicht mehr die Möglichkeit hatte, zu einem Fossil zu werden (höchstens in Form eines Koprolithen), sank die andere Hälfte zum Grund des tiefen Sees, wo sie durch das sauerstoffarme Wasser nicht nur gut erhalten blieb, sondern auch vor weiteren Nachstellungen weitestgehend geschützt war.

Aber zurück zu den Gruppen der Pimaten. Auch wir Menschen gehören den Trockennasenaffen an, der Linie von *Archicebus*. Sie spaltete sich im Oligozän vor rund 30 Millionen Jahren auf. Wahrscheinlich gelangten einige Individuen über den noch nicht so breiten Atlantik von Afrika nach Südamerika. So trennten sich die Breitnasenaffen (Affen, die nur in der Neuen Welt vorkommen) von den in der Alten Welt verbleibenden Schmalnasenaffen (und jetzt fragen Sie mich bitte nicht, wieso es Anfang des 20. Jahrhunderts so populär war, die Affenlinien nach ihren Nasen zu benennen). Während aus der südamerikanischen Linie beispielsweise Brüllaffen hervorgehen sollten, setzte sich die Evolution der zurückgebliebenen Schmalnasenaffen – und damit auch der Linie, der wir angehören – unabhängig fort. Ihr ältester Vertreter ist *Saadanius*. Gefunden wurde er in 29 Millionen Jahre alten Sedimenten in der Nähe von Mekka in Saudi-Arabien. Das Fossil besteht aus einem Schädelfragment – anatomische Merkmale wie seine Zähne sowie sein Innenohr weisen ihn als frühes Mitglied der Schmalnasenaffen aus. Seine relativ prägnanten Eckzähne und ein deutlich ausgebildeter Hinterhauptskamm sprechen dafür, dass es sich um ein männliches Tier handelte, da die gleichen Merkmale heutzutage bei vielen Altwelt-Affen ein Unterscheidungsmerkmal zwischen Männchen und Weibchen darstellen (bei Menschen existiert dieser Unterschied nicht mehr). Darüber hinaus lässt sich anhand einiger unangenehm aussehender Löcher im Schädel darauf schließen, dass das Tier einem großen Räuber zum Opfer gefallen sein dürfte.

Folgen wir der Entwicklung unserer Vorfahren weiter, so erreichen wir die Menschenaffen, die eine Gruppe innerhalb der Altwelt-Affen sind und von denen heute noch vier Arten – Orang-Utan, Gorilla, Schimpanse und der Mensch – existieren. Es sei angemerkt, dass wir auch hier, wie schon bei der Entwicklung der Pferde und anderer Arten, die wir uns näher angesehen haben, viele Seitenzweige – und andere Entwicklungslinien hin zu anderen Primaten – überspringen müssen. Ich erwähne das deshalb, damit nicht der Eindruck entsteht, dass die Menschenaffen eine besonders spezielle oder die letzte Entwicklung innerhalb der Primaten darstellen. Wir folgen zwar im Stammbaum des Lebens gerade den Abzweigungen, die zu uns selbst führen, aber um uns herum sind natürlich unglaublich viele weitere Zweige und Kreuzungen zu ausgestorbenen und heute noch lebenden Arten, die alle die gleiche Menge an evolutionärem Hintergrund aufweisen. Die Entwicklung unserer nächsten Verwandten spielte sich hauptsächlich im Zeitalter des Miozäns ab, das einen Zeitraum von 23 bis fünf Millionen Jahren vor heute umfasst. Einer der ältesten Vertreter der Menschenaffen ist die Gattung *Proconsul*, die in Ostafrika existierte. Die Tiere wiesen bereits ein leicht vergrößertes Hirnvolumen auf, ihr Schwanz war, wie bei den heute noch lebenden Menschenaffen, bereits reduziert; dafür war die Fähigkeit zum Greifen gut ausgebildet. Die Tatsache, dass Sie also gerade ohne störenden Schwanz auf Ihrem Allerwertesten sitzen und präzise die Seiten umblättern können, liegt unter anderem daran, dass sich bei unseren Vorfahren die Hände als einziges Kletterwerkzeug durchsetzten. Bei menschlichen Embryos wird in den ersten Wochen auch noch ein Schwanz angelegt, der sich dann aber wieder zurückbildet. In sehr seltenen Fällen kann es passieren, dass durch genetische Mutationen dieses Relikt jedoch nicht wieder abgebaut wird. In solchen Fällen spricht man von Atavismus, dem Wiederauftreten von bereits verlorenen Merkmalen. Dies können bei Menschen – neben Schwänzen – auch überzählige Brustwarzen, das Vorhandensein von Rippen am Hals oder extreme Körperbehaarung sein.

Von den noch heute lebenden Menschenaffen spalte-te sich zuerst die Linie des Orang-Utans ab. Die ältesten fossilen Nachweise dieses Zweiges wurden in 13 Millionen Jahre alten Gesteinen in Indien gefunden. Molekulare Un-tersuchungen weisen darauf hin, dass sich die eigentliche Trennung einige Millionen Jahre früher vollzogen hat. Auf der Linie zu den heutigen Orang-Utans entwickelte sich mit *Gigantopithecus* auch der wahrscheinlich größte Affe, der je-mals existierte. (Man kennt seine genaue Größe nicht, und auch auf die Frage, ob nicht der Yeti oder Bigfoot ein über-lebender *Gigantopithecus* sein könnten, lautet die Antwort: nein. Das Gleiche gilt übrigens auch für Nessie und den Weihnachtsmann.)

Andere molekulare Untersuchungen lassen darauf schlie-ßen, dass sich die Vorfahren der Gorillas einige Millionen Jahre nach dem Abzweigen der Orang-Utans abspalteten. Einige Zeit später trennte sich unsere Entwicklung auch von der unserer nächsten noch lebenden Verwandten, den Schimpansen. Die exakten Vorfahren dieser beiden Linien für den Zeitraum kurz nach ihrer Aufspaltung lassen sich anhand von Fossilien relativ schwer festlegen. Für den in Frage kommenden Zeitraum sind mehrere Funde von fossi-len Primaten bekannt, doch weisen diese oft noch anatomi-sche Merkmale auf, die eine Einteilung in beide Gruppen erlauben würden. So besitzt der sechs bis sieben Millionen Jahre alte Schädel von *Sahelanthropus* an seiner Rückseite anatomische Merkmale, die ihn als Vorfahren der Schim-pansen erscheinen lassen, während die Vorderseite mehr Gemeinsamkeiten mit *Australopithecus* aufweist. Dement-sprechend ist es relativ sicher, dass er entweder kurz vor der Teilung von Schimpansen und Menschen anzusiedeln ist, oder unmittelbar nach der Aufspaltung ganz an der Basis einer der beiden Gruppen. Was sich jetzt im ersten Moment verwirrend anhört, ist nicht ungewöhnlich, da sich zwei Linien direkt nach der Trennung noch recht ähnlich sehen. So muss erst einige Zeit vergehen, bis charakteristische Merkmale ausgebildet beziehungsweise reduziert werden und so eine eindeutige Zuordnung möglich wird. Sie können dies mit einer Autobahnabfahrt vergleichen. Während Sie sich rechts halten wird zuerst nur die Fahrbahnmarkierung dicker, noch können Sie die Spur zurück auf die Autobahn wechseln. Dieser Zeitpunkt ist in unserem Fall der Moment, an dem zwei Populationen einer Art sich zu trennen beginnen (geographisch oder beispielsweise durch anderes Verhalten). Zwar schlagen sie andere Richtungen ein, aber sie können Nachkommen zeugen und könnten auch wieder verschmelzen. Wenn Sie weiterfahren, so wird nun die Fahrbahnmarkierung zu Ihrer Linken komplett durchgezogen sein. Sie könnten die Fahrbahn zwar theoretisch noch wechseln (mit einem solchen Manöver hätte ein A******* vor kurzer Zeit die Vollendung dieses Buch beinahe unmöglich gemacht), doch sollten Sie sich (gefälligst!) an die Verkehrsregeln halten.

An dieser Stelle haben sich die Populationen so weit aufgeteilt, dass Nachkommen (sogenannte Hybriden) vielleicht theoretisch noch möglich sind, in der Natur aber praktisch kaum noch vorkommen. Jetzt sind Sie vollständig auf der Abfahrt und können mechanisch auch nicht mehr auf die Autobahn zurück (Geisterfahrer ausgenommen). Dies ist der Moment, den wir genetisch ungefähr greifen können, da sich hier beide Populationen endgültig in zwei unterschiedliche Arten aufgespalten haben. Anatomisch sehen

wir allerdings noch keine großen Unterschiede. Wenn Sie
sich während ihrer Fahrt umsehen, werden Sie feststellen,
dass die typischen «Autobahnmerkmale» noch vorhanden
sind: Die Spur ist nach wie vor breit, neben Ihnen befindet
sich eine Leitplanke und möglicherweise noch eine Lärm-
schutzwand. Erst wenn Sie weiterfahren, nehmen die Land-
straßenmerkmale zu und die Autobahnmerkmale nehmen
ab. So verhält es sich auch mit der Aufspaltung sämtlicher
Linien, und hier stellt auch die Spaltung von Mensch und
Schimpanse keine Ausnahme dar. Nun finden wir Paläontologen ja längst nicht immer vollständige Skelette, sondern
kennen einige Arten auch nur über Teile, wie beispielsweise den Schädel. Um im Bild zu bleiben: Mit unseren Be-
stimmungen verhält es sich in etwa so, als würden Sie mit
geschlossenen Augen von der Autobahn abfahren und nur
alle paar Meter mal ganz kurz blinzeln und flüchtige Aus-
schnitte sehen. (Bitte nur vorstellen, nicht ausprobieren!)

Ein ähnliches (aber nicht identisches) Phänomen ist uns
übrigens bereits bei der Frage begegnet, wann sich die Großgruppen der modernen Säugetiere entwickelten (vor oder
nach der Kreidezeit). Doch da spielt sich das Ganze auf wesentlich größeren Skalen ab und beruhte vor allem auf der
Schwierigkeit, dass wir eventuell nicht immer in der Lage
sind, größere Linien kurz nach ihrer Aufspaltung voneinander zu unterscheiden. Während aber die Frage nach großen
Linien theoretisch mit genügend vollständigen Fossilfunden
geklärt werden könnte, bewegen wir uns hier schon in einem
Bereich, in dem wir versuchen, einzelne Gattungen und
Arten (sozusagen die kleinste Einheit im Stammbaum) zu
unterteilen. Da dieser Übergang aber fließend verläuft, sind
klare Grenzen auch dann unmöglich, wenn man unglaub-

lich viele Fossilien zur Verfügung hätte (im Gegenteil, dann würde es sogar noch schwieriger). Die Artbildung lässt sich ein wenig mit der Heisenberg'schen Unschärferelation der Physik vergleichen: Wenn man ganz genau hinschaut (besonders entlang der Zeit), verschwimmen die Unterschiede. Und wie bei einer Autobahnabfahrt oder einer Flussgabelung können Sie die zwei Straßen klar unterscheiden, aber es ist nahezu unmöglich, eine klare Grenze zu ziehen, ab wann die beiden Linien absolut getrennt sind.

Ich glaub, mich laust der Affe!

Bevor wir uns jetzt den letzten Teil unserer Entwicklung ansehen, möchte ich mit Ihnen eine Frage beantworten, die leider oft für Verwirrung sorgt.

Als wir in der Oberstufe die Evolution besprochen hatten, fehlte ich einmal eine Stunde (entweder war ich krank, oder ich hatte die Nacht zuvor zu lange Karten gespielt). Am nächsten Tag stellte die Lehrerin eine Frage, und ich erwähnte in meiner Antwort, dass der Mensch vom Affen abstammt. Daraufhin wurde ich von meiner Lehrerin und meinen Mitschülern, die die Stunde zuvor anwesend gewesen waren, darauf hingewiesen, dass der Mensch sich nicht aus Affen entwickelt hätte, sondern aus «affenähnlichen Vorfahren». Eventuell ist Ihnen diese Formulierung ja auch bereits einmal begegnet. Doch was davon stimmt? Affe oder affenähnlicher Vorfahre?

Um es kurz zu machen, Affe ist richtig, solange wir damit nicht speziell heute lebende Schimpansen oder Gorillas meinen. Die Formulierung «affenähnlicher Vorfahre» wird oft verwendet, um zu verdeutlichen, dass Menschen nicht von den heute lebenden Affen abstammen. Das ist, wie wir mittlerweile gesehen haben, auch absolut richtig. Dennoch sind unsere gemeinsamen Vorfahren wie *Proconsul* und andere Arten Affen. Sie teilen nicht nur die klassischen anatomischen Merkmale aller Affen wie das Vorhandensein von Nägeln anstelle von Krallen, nach vorn gerichtete Augen, charakteristische Zähne und so weiter, sondern stehen auch mitten im Stammbaum der Primaten. Dementsprechend handelt es sich bei uns und all unseren Vorfahren der letzten 55 Millionen Jahre um Affen. Falls Ihnen der Gedanke, «nur» ein Zweig im Stammbaum der Affen zu sein, nicht behagt und Sie das Gefühl haben, dass damit die eigene Herkunft auf irgendeine Art und Weise herabgesetzt würde, dann versuchen Sie es so zu betrachten: Über unsere Position innerhalb der Primaten sind nicht nur die Schimpansen unsere nächsten lebenden Verwandten, sondern als Teil der Mammalia sind wir auch mit allen anderen Säugetieren verbunden. Als Landwirbeltiere haben wir eine gemeinsame Geschichte mit allen Reptilien, Amphibien und Vögeln, und als Wirbeltiere besteht ein Band zu allen Fischen. Ja, selbst zu allen anderen Tieren im Stammbaum besteht durch unser Dasein als Neumünder, Bilateria und Vielzeller eine Verbindung. Anstatt es negativ im Sinne von «Ich bin doch kein Affe» zu sehen, kann man auch zu dem Schluss kommen, dass wir dank unserer Abstammung ein Teil des Ganzen sind.

Wann ist der Mensch ein Mensch?

Herbert Grönemeyer fragte 1984: «Wann ist ein Mann ein Mann?» Für uns stellt sich an diesem Punkt mehr die Frage: «Wann ist ein Mensch ein Mensch?» Neben einigen schwer einzuordnenden möglichen frühen Vertretern der Hominini (den Menschen und allen ausgestorbenen Vorfahren nach der Abspaltung der Schimpansenlinie) ist *Australopithecus* die erste Gattung, die sich eindeutig auf dem letzten Stück unserer Entwicklungslinie befindet. Sie existierte in einem Zeitraum von rund vier Millionen bis zwei Millionen Jahren vor heute im Süden und Osten Afrikas. Aus ihr gingen vor etwa zwei Millionen Jahren unsere Gattung *Homo* und die unseres Cousins *Paranthropus* hervor. Den prominentesten Vertreter von *Australopithecus*, Lucy, haben wir bereits kennengelernt. Anhand von *Australopithecus*-Skeletten lässt sich feststellen, dass der aufrechte Gang sich bereits vor dem Auftreten des Menschen entwickelt hat. Doch anders als bei uns Menschen war das Gehirnvolumen bei *Australopithecus* noch relativ klein. Darüber hinaus war der Unterschied in der Körpergröße zwischen den Männchen und Weibchen noch deutlich ausgeprägter als bei uns. Was die Nahrung angeht, geben Untersuchungen von mikroskopisch feinen Abnutzungsspuren an den Zähnen Hinweise darauf, dass *Australopithecus* sich primär von Früchten, Nüssen und Pflanzen ernährte. Fleisch dürfte, wenn auch selten, ebenfalls auf dem Speiseplan gestanden haben.

Wenn Sie einem etwa 1,30 Meter großen *Australopithecus* gegenüberstehen würden, dann wären Sie wahrscheinlich verwirrt. Die Körperbehaarung lässt Sie spontan an einen Schimpansen denken, doch anders als ein Schimpanse steht das Tier/die Person vor Ihnen nicht gebeugt, sondern aufrecht. Das Gesicht ist flacher als bei einem Schimpansen oder Gorilla, doch stehen Mund und Augenbrauen etwas weiter vor als bei uns. Auch sind die Eckzähne etwas größer als die eines Menschen, aber längst nicht so beeindruckend wie die anderer Affen. Anspruchsvolle Konversation werden Sie mit ihm wohl kaum betreiben können (wenn er nicht ohnehin bereits geflüchtet ist). Letzten Endes bliebe Ihnen überlassen, ob Sie in Ihrem Gegenüber ein Tier oder eine Person sehen würden. Doch fiele es Ihnen hinterher mit Sicherheit weniger leicht, noch eine Grenze zwischen Tier und Mensch zu ziehen.

Schon *Homo*, aber noch kein *sapiens*

Vor etwas mehr als zwei Millionen Jahren entwickelten sich in Ostafrika aus *Australopithecus* die ersten Menschen. Die frühsten Vertreter der Gattung *Homo* waren *Homo habilis* und *Homo rudolfensis*. Sie dürften optisch *Australopithecus* noch recht ähnlich gesehen haben. Der Übergang zwischen *Australopithecus* und *Homo* verlief sukzessive, ohne klare Trennlinie. Deutlich zeigt sich der Trend zu einem größeren Hirnvolumen, auch werden die ältesten Steinwerkzeuge meist *Homo habilis* zugeordnet (wobei es auch einige Hinweise gibt, dass bereits *Australopithecus* Steine bearbeitet haben könnte). Sollten Sie in die Verlegenheit kommen, in Ostafrika zufällig über den Schädel eines frühen Menschen zu stolpern, dann können Sie seine ungefähre Position im Stammbaum relativ gut an seiner Kieferform abschätzen. Denn im Gegensatz zu dem berühmten und etwas jüngeren *Homo erectus* weisen die beiden älteren Vertreter unserer Gattung (sowie alle früheren Vorfahren) einen u-förmigen Unterkiefer auf. Das heißt, die hinteren Zähne der beiden Unterkieferhälften stehen in einer langen Reihe hintereinander, und die vorderen bilden einen scharfen Bogen. Im Vergleich dazu haben *Homo erectus* und alle jüngeren Menschenarten (also auch wir) einen eher parabolisch geformten Unterkiefer, der einem Halbkreis etwas näher kommt. Zusätzlich kann die Anzahl der Höcker auf den Backenzähnen als Unterscheidungsmerkmal zwischen frühen Menschen und ihren Vorfahren herangezogen werden.

Hatte sich die Entwicklung der ersten Menschenarten bisher (wahrscheinlich) ausschließlich in Afrika abgespielt, so entwickelte sich vor 1,9 Millionen Jahren mit *Homo*

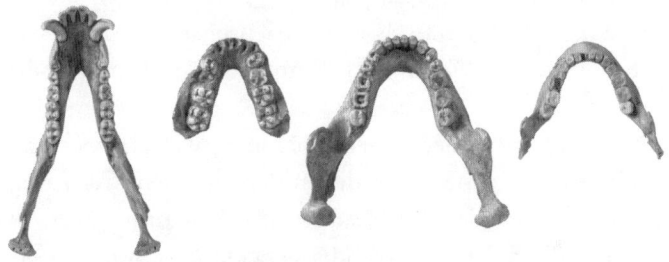

Hier sehen Sie (von links nach rechts) die Unterkiefer eines Pavians, von *Australopithecus*, *Homo erectus* und einem modernen Menschen. Der Pavian ist kein Fossil und natürlich nicht unser direkter Vorfahre. Er soll nur veranschaulichen, wie sich die Form des Unterkiefers im Laufe der menschlichen Evolution veränderte. Von einer schmalen «U»-Form mehr und mehr zu einem Halbkreis, bei dem die Backenzähne weiter außen stehen. Auch schön zu sehen ist, dass der Mensch als Einziger ein Kinn besitzt. Dies ist eine der wenigen Autapomorphien (einzigartigen Merkmale) des *Homo sapiens*.

erectus der erste Mensch, der den Kontinent verlassen sollte. Die erfolgreiche Ausbreitung des «Aufrechten» steht wahrscheinlich damit im Zusammenhang, dass er sehr gut in der Lage war, mittels Werkzeugen und Feuer seine Umwelt zu seinen Gunsten umzuformen. Sein Gehirnvolumen war größer als das seiner Vorfahren und sollte sich bis zu seinem endgültigen Verschwinden vor 70 000 Jahren weiter vergrößern. Dennoch blieb er noch hinter dem Volumen seiner Nachkommen, dem Neandertaler und dem modernen Menschen, zurück. Ein gut erhaltenes Skelett eines Jungen, der vor 1,5 Millionen Jahren im heutigen Kenia starb, lässt anhand anatomischer Details darauf schließen, dass *Homo erectus* bereits in der Lage war, komplexere Laute als Schimpansen hervorzubringen. Hochkomplexe Lautbildung, wie wir sie beherrschen, war ihm vermutlich jedoch noch nicht möglich. Seine höhere Intelligenz trug wahrscheinlich dazu bei, dass *Homo erectus* als erster Mensch in der Lage war, sich in mehreren Wellen nach Europa und Südostasien auszubreiten.

Vor einigen hunderttausend Jahren entwickelten sich anschließend aus den verschiedenen Populationen neue Arten. In Europa war dies der Neandertaler *Homo neanderthalensis* – benannt nach dem Neandertal bei Düsseldorf, wo 1856 bei Steinbrucharbeiten das erste Teilskelett gefunden wurde. Anatomisch gesehen war der Neandertaler robuster gebaut als unsereins. Es lassen sich viele Hinweise auf schwere Verletzungen finden, die nicht nur auf ein hartes Leben hinweisen, sondern auch darauf, dass Invalide gepflegt wurden und so Verletzungen überleben konnten, die ansonsten tödlich verlaufen wären. Generell war der Neandertaler wahrscheinlich sozialer und in Bezug auf Werkzeuge fortschrittlicher als der tumbe «Höhlenmensch», für den man ihn früher gehalten hatte. Auch ist es möglich, dass er bereits Kleidung anfertigte, wobei dies noch nicht endgültig geklärt ist. Die deutlich ausgeprägten Wülste über den Augen übernahm der Neandertaler aber von seinen Vorfahren – ein Unterschied zum durchschnittlichen modernen Menschen. Sein Siedlungsgebiet erstreckte sich von Europa über Kleinasien bis in den Nahen Osten.

Während die europäischen Nachkommen von *Homo erectus* zu Neandertalern wurden, setzte sich bei den in Afrika verbliebenen Populationen der bisherige Trend zu immer ausgeprägteren geistigen Fähigkeiten noch stärker fort. Und so entstand vor etwa 200 000 Jahren der moderne Mensch. Seien Sie nicht verwundert, wenn Sie unterschiedliche Zeitangaben finden, denn innerhalb der Wissenschaft gibt es verschiedene Positionen, ab wann man von *Homo sapiens* sprechen kann. Dieses Phänomen entspricht dem vorherigen Beispiel der Autobahnabfahrt. Nur stehen der Wissenschaft für diesen jungen Zeitraum nicht zu wenig Fossilien zur Verfügung, sondern relativ viele. Dadurch wird der sukzessive Übergang zwischen den verschiedenen Menschenarten deutlich, was eine klare Einteilung erschwert, da die Entwicklung über einen langen Zeitraum ablief. Grundsätzlich gibt es zwei Lager in der Paläoanthropologie (der Disziplin, die sich aus Anthropologie, Archäologie und Paläontologie zusammensetzt). Die eine Gruppe tendiert dazu, zwischen weniger Arten zu unterscheiden («Lumper»), während die andere dazu neigt, die Funde weiter zu unterteilen und damit zwischen mehr Arten zu unterscheiden («Splitter»). Dieses Phänomen beschränkt sich auch nicht nur auf die Paläoanthropologie, sondern ist ebenfalls in der Biologie und Paläontologie zu beobachten. Für beide Positionen gibt es Argumente und Gegenargumente. Hier habe ich mich, aus praktischen Gründen, hauptsächlich auf die «gängigsten» Arten beschränkt, die von nahezu allen Vertretern anerkannt werden. Ich erwähne dies deshalb, damit Sie sich nicht verwirrt fragen, wo denn beispielsweise der *Homo ergaster* oder der *Homo heidelbergensis* abgeblieben sind. Genauso ist es möglich, dass Sie schon mal irgendwo gelesen haben, dass *Homo sapiens* sich vor 400 000 Jahren entwickelt hat.

Unsere Vorfahren breiteten sich von Afrika über den gesamten Globus aus. Zuerst folgten sie vor 100 000 Jahren den Pfaden von *Homo erectus* in den Nahen Osten. Hier trafen sie auch zum ersten Mal auf den Neandertaler. Vor 70 000 Jahren erreichten sie Südostasien. Von dort gelangten sie etwa 20 000 Jahre später nach Australien und bereiteten sich ebenfalls langsam nach Norden aus, wo sie vor etwa 15 000 Jahren über die Beringlandbrücke in die Neue Welt gelangten. Vom Nahen Osten bewegte sich ein Teil auch nach Westen und erreichte vor etwa 40 000 Jahren Europa. Während der nächsten 10 000 Jahre verschwand der Neandertaler. Warum dies geschah, ist noch nicht bekannt. Hypothesen vermuten bessere Jagdtechniken und einen Vorteil durch höhere Intelligenz des modernen Menschen sowie höhere Reproduktionsraten. Demnach führte dies zu einer allmählichen Verdrängung oder hatte zur Folge, dass der Neandertaler im modernen Menschen aufging. Dass eine Vermischung unserer Vorfahren mit dem Neandertaler zumindest im Gebiet des heutigen Nahen Ostens stattgefunden hat, ist genetisch nachgewiesen. So besitzen alle Menschen außerhalb Afrikas einen kleinen Anteil an Neandertaler-Genen. Dies führte 2010 zu der Schlagzeile, dass Ozzy Osbourne, nachdem dieser sein Genom hatte sequenzieren lassen, Neandertalergene besäße. Dies ist jedoch nicht besonders ungewöhnlich, und die Chancen stehen hoch, dass Sie, sofern Sie nicht hauptsächlich Vorfahren südlich der Sahara besitzen, ebenfalls ein wenig Neandertaler in sich tragen.

Evolution live

Jetzt sind wir da. Und jetzt? Hat die Evolution aufgehört? Mitnichten. Unser evolutionäres Erbe hat uns nicht vergessen, und trotz moderner Medizin können wir der natürlichen Auslese nicht entkommen (wir können sie höchstens umleiten). Während wir unseren Vorfahren gefolgt sind, konnten wir beobachten, dass das Hirnvolumen und damit die Intelligenz stetig zunahm. Doch evolutionäre Veränderungen bringen neben ihren Vorteilen auch meistens (kleinere) Probleme mit sich. In diesem Fall ist es ein Platzproblem. Die Größe unseres Schädels wird, unter anderem, durch das weibliche Becken bei der Geburt begrenzt. Jede Entwicklung in diese Richtung wird also auf unschöne Weise ausselektiert. So neigt unser Gehirn evolutionär dazu, sich seinen Platz innerhalb des Schädels zu nehmen – auf Kosten anderer, weniger wichtiger Bereiche. Falls Sie mal eine Woche mit Hamsterbacken herumgelaufen sind, dann wissen Sie jetzt genau, welche Region betroffen war. Denn der Grund dafür, dass wir so oft Probleme mit den Weisheitszähnen haben, liegt daran, dass der für sie notwendige Platz häufig vom Hirnschädel auf Kosten des Kiefers eingenommen wird. Der Funktionsverlust der dritten Backenzähne ist ein geringer Preis (wenn dafür unsere Intelligenz zunimmt), da unsere Nahrung, im Vergleich zu der unserer Vorfahren, weniger aus Pflanzenmaterial besteht, das die Zähne stark abnutzt, und wir in der Lage sind, sie mit Werkzeugen zu bearbeiten. Dennoch sind Entzündungen und Probleme im Kiefer ein Nachteil, den Individuen nicht besitzen, denen die Weisheitszähne von vornherein fehlen. Das Fehlen der Weisheitszähne ist also ein Vorteil, denn er erspart schwerwiegende Entzündungen und erhöht so die Überlebenschancen (oder in medizinisch gut versorgten Regionen zumindest sieben Tage dicke Backen). Dementsprechend besitzen auch circa 20 Prozent der heutigen Bevölkerung überhaupt keine Weisheitszähne mehr (wofür ich der Evolution ganz persönlich sehr dankbar bin).

Wo ich gerade von unseren Zähnen spreche (es ist eben mein Lieblingsthema): Ich versprach Ihnen vor vielen, vielen Seiten, dass wir uns auch unseren Zähnen widmen würden. Was verraten ihre Morphologie und ihre Veränderung im Laufe der Evolution also über unsere Ernährung? Die Hauptarbeit in unserem Gebiss wird von den Backenzähnen geleistet, darum wollen wir sie im Detail betrachten. Sie dürfen gerne einen kleinen Spiegel zur Hand nehmen. Unsere Molaren sind von oben betrachtet viereckig und weisen kein besonders hohes Relief auf (im Vergleich zu vielen anderen Säugetieren). Vier oder fünf Haupthöcker greifen in die Täler des jeweiligen Antagonisten. Sie werden keine Klingen wie bei Katzen und Hunden finden. Ebenfalls fehlen Schneidekanten, wie sie in großer Zahl auf den Backenzähnen von Pflanzenfressern zu finden sind. Der Schmelz hingegen ist relativ dick und bewahrt den Zahn vor allzu starker Abnutzung. So lässt sich sagen, dass unsere Zähne primär dazu dienen, Nahrung zu zerquetschen. Quetschen ist für die meisten Arten der Nahrung, was den Arbeitsaufwand angeht, nicht ideal. Doch haben wir den großen Vorteil, dass sich mit einem Quetschgebiss die meisten Nahrungsquellen erschließen lassen. Vereinfacht gesagt können wir fast alles kauen, aber nichts richtig (bevor Sie darüber nachdenken, jetzt Gras zu essen: Wir sprechen vom Kauen, Verdauen ist noch mal eine andere Geschichte). Was unsere Zähne angeht, sind wir evolutionär betrachtet also perfekte Allesfresser. Ist es jetzt gesund, sich rein vegan zu ernähren? Keine Ahnung, fragen Sie einen Ernährungswissenschaftler. Von unseren Zähnen her spricht jedenfalls nichts dagegen, da Allesfresser in der Regel recht gut mit unterschiedlichsten Ernährungsweisen zurechtkommen.

Steckt Paläo in der Paläo-Diät?

Oh, und wie verhält sich die Sache mit der «Paläo-» oder «Steinzeitdiät»? Wenn Sie wissen wollen, ob diese Art der Ernährung empfehlenswert ist, würde ich ebenfalls antworten: «Keine Ahnung. Fragen Sie am besten einen Ernährungswissenschaftler (nicht das Internet).»

Doch an dieser Stelle können wir uns zumindest mit den Grundannahmen der «Paläo-Diät» beschäftigen. Ganz vereinfacht (Fans mögen mir verzeihen) geht man bei der Paläo-Diät davon aus, dass der Mensch erst vor evolutionär betrachtet sehr kurzer Zeit Milch- und Weizenprodukte in seinen Speiseplan integriert hat und den größten Teil seiner Entwicklung als Jäger und Sammler verbracht hat. Daraus wird gefolgert, dass wir nicht richtig an die Produkte von

Ackerbau und Viehzucht angepasst seien und dass wir besser Nahrung zu uns nehmen sollten, die unsere Vorfahren die meiste Zeit konsumiert haben.

Schauen wir uns jetzt einmal den paläontologischen Teil der «Paläo-Diät» an. Wie wir bereits gesehen haben, war schon *Australopithecus* vor vier Millionen Jahren ein Allesfresser, der jedoch überwiegend zu pflanzlicher Kost Zugang hatte. Studien haben außerdem gezeigt, dass unterschiedliche Populationen von *Australopithecus* unterschiedliche Nahrungspräferenzen hatten. Mit zunehmender Intelligenz – und damit Jagdmöglichkeiten – wurde Fleisch wahrscheinlich häufiger verfügbar. Was jedoch längst nicht bedeuten muss, dass es dauernd in großen Mengen oder auch nur regelmäßig zur Verfügung stand. So lässt sich für *Homo erectus* ein sehr breit gefächertes Nahrungsspektrum belegen.

Hier findet sich aus paläontologischer Sicht das erste kleine Problem, denn unsere Vorfahren hatten mit Sicherheit keine einheitliche Diät. Ähnlich wie bei heutigen indigenen Völkern dürfte die Ernährung sehr stark davon abhängig gewesen sein, in welcher Region ein Individuum gelebt hat. Auch fehlt uns bisher ein detaillierter Blick in den Ernährungsplan eines «Steinzeitmenschen», um genau festzustellen, was dieser zu Lebzeiten gegessen hat (Ötzi ist an dieser Stelle keine Hilfe, da er mit seinem zarten Alter von rund 5000 Jahren viel zu jung ist). Dementsprechend kennen wir nicht die genaue Zusammensetzung der Nahrung unserer Vorfahren; wir wissen lediglich, dass sie sehr divers gewesen ist. Dennoch stimmt die Position im Hinblick auf Milch- und Getreideprodukte. Zwar waren Körner und Samen schon sehr lange ein wichtiger Bestandteil in der Ernährung unserer Vorfahren, doch nahm ihre Verfügbarkeit durch Ackerbau und – im Fall von Milch durch Viehhaltung – innerhalb der letzten 10 000 Jahre drastisch zu. Also ist es korrekt, anzunehmen, dass unsere Vorfahren vor 200 000 Jahren im Schnitt wesentlich weniger Milch und Weizen zu sich genommen haben dürften als wir. Damit stimmt die Ausgangsposition der «Paläo-Diät» im Wesentlichen.

Doch ist es aus wissenschaftlicher Sicht problematisch, hier weitere Schlüsse zu ziehen. Wenn wir kurz von der Paläontologie hinüber in die Genetik blicken, dann stellen wir fest, dass die Evolution in den letzten Jahrtausenden nicht angehalten hat. So haben beispielsweise unsere europäischen Vorfahren genetische Mutationen entwickelt, die ihnen halfen, Milchprodukte besser zu verdauen. Denn auch, wenn größere evolutionäre Veränderungen meist Zeit brauchen, bedeutet das nicht, dass kurze Zeiträume völlig ohne Anpassungen bleiben. Auch die Anpassung unseres Gebisses, das uns als Allesfresser ausweist, spricht tendenziell eher dafür, dass wir sehr flexibel sind, was unsere Ernährung, betrifft. Diese Flexibilität trug nicht zuletzt dazu bei, dass wir uns über den ganzen Globus in sehr unterschiedliche Lebensräume ausbreiten konnten. Darum sollte man vorsichtig bei dem Schluss sein, dass die Ernährung, auf die wir «optimal angepasst» sind, nur Dinge einschließt, die vor 200 000 Jahren verfügbar waren. Ob eine «Paläo-Diät» tatsächlich vorteilhaft für uns ist, lässt sich letzten Endes nur durch umfangreiche Studien aus dem Bereich der Ernährungswissenschaften klären. Sollte (!) dieser Nachweis irgendwann erbracht sein, wäre weitere Forschung erforderlich, um herausfinden, ob die Ursache tatsächlich in unserem evolutionären Erbe zu finden oder auf andere Faktoren (wie beispielsweise das mit der Diät einhergehende

Vermeiden zu fettiger und salziger Produkte) zurückzuführen ist. Als Paläontologe lässt sich festhalten, dass unsere Ernährung seit mehreren Millionen Jahren recht flexibel war und sich regional sehr unterschied, was beides unserer Anpassung als Allesfresser gerecht wird. Außerdem enthält sie seit rund 10 000 Jahren zunehmend Getreide und Milch.

Und es gab noch einen Dritten

Vorhin erwähnte ich, dass der *Homo erectus* sich in drei Linien aufspaltete. Doch bis 2003 galten Neandertaler und *Homo sapiens* als die einzigen Nachkommen des *Homo erectus*. Dann ging die Entdeckung einiger aufregender neuer Fossilien durch die Nachrichten. Auf der indonesischen Insel Flores wurden mehrere Überreste von kleinen Menschen gefunden. Die Skelette weisen ein Alter von 100 000 bis 60 000 Jahren auf, und die mit ihnen gefundenen Steinwerkzeuge kommen in Schichten vor, die einen Zeitraum von 190 000 bis 50 000 Jahren umfassen. Besonders auffällig war die geringe Größe von *Homo floresiensis*, der deshalb auch den inoffiziellen Namen «Hobbit» erhielt. Als der erste Fund beschrieben wurde, spekulierten einige Wissenschaftler, ob es sich nicht um einen durch Krankheit beeinflussten modernen Menschen gehandelt haben könnte. Doch weitere Funde von insgesamt neun Individuen belegten, dass es sich tatsächlich um eine eigene Art handelt. Nach weiteren Untersuchungen stellte man fest, dass *Homo floresiensis* sich nicht aus dem modernen Menschen entwickelte, sondern direkt von *Homo erectus* abstammt, nach dem dieser die Inseln in Südostasien besiedelt hatte. Der Grund für seine ungewöhnliche Größe ist uns bereits bei dem kleinen (nur 6 Meter langen) *Europasaurus* begegnet. Stichwort Inselverzwergung. Inseln können die Größe von Lebewesen innerhalb von relativ kurzen Zeiträumen stark beeinflussen. Auf dem begrenzten Raum ist gerade Nahrung oft Mangelware. So finden wir beispielsweise auf Mittelmeerinseln Fossilien von Zwergziegen, Zwergflusspferden, Zwergelefanten und Zwergmammuts, die weitaus kleiner sind als ihre kontinentalen Verwandten. Besonders die Miniatur-Dickhäuter wogen nur einhundert Kilogramm und stellten möglicherweise den Ursprung der griechischen Legende der Kyklopen, also einäugiger Riesen, dar. Sie sehen die Verbindung nicht? Wenn Sie sich einen Elefantenkopf vorstellen, dann sitzt mittig der Rüssel, während die Augen eher unscheinbar sind. Ähnlich verhält es sich mit einem Elefantenschädel. In der Mitte haben Sie ein großes «Nasenloch». Wenn Sie jetzt als antiker Grieche auf Kreta einen solchen Schädel, etwas größer als der eines Menschen, mit Stoßzähnen und einem großen Loch in der Mitte finden und Sie keinen Anatomiekurs belegt haben, dann besteht die Möglichkeit, dass Sie davon ausgehen, die Überreste eines einäugigen Riesen zu sehen. Die Odyssee wäre aber wohl wesentlich unspektakulärer ausgefallen, wenn die Gefährten in einer Höhle nicht von Polyphem, sondern von einem etwa ein Meter hohen Elefanten überrascht worden wären. Neben den recht niedlichen Elefanten sind die balearische Zwergziege und die auf mehreren Inseln gefundenen Zwergnilpferde Paradebeispiele für Inselverzwergung. Auch hier ist zu beobachten, dass sich die vom Festland eingewanderten Populationen relativ schnell veränderten, da auf einmal die kleinsten Individuen den größten Vorteil besaßen. Derzeit laufen viele Studien, die untersuchen, wie diese Veränderungen vonstattengingen und wie sich beispielsweise das Wachstumsmuster im Laufe des Lebens veränderte. Anhand von Wachstumsringen in den Knochen kann man klären, ob die Tiere langsamer wuchsen oder das Wachstum zu einem früheren Zeitpunkt in ihrem Leben aufhörte. Vielleicht noch spannender als ihre Phase auf den Inseln ist die Frage, wie Flusspferde und Ziegen überhaupt Mittelmeerinseln erreichen konnten. Denn während Elefanten auch heute dafür bekannt sind, lange Strecken im Meer schwimmend zurücklegen zu können, ist das bei Flusspferden seltener der Fall (von Ziegen gar nicht zu reden).

Des Rätsels Lösung: Ihre Ausbreitung auf die Mittelmeerinseln erfolgte nicht schwimmend, sondern relativ trockenen Fußes, als das Mittelmeer zwischen sechs und fünf Millionen Jahren vor heute fast vollständig trockenfiel. Ja, Sie haben richtig gelesen: Das Mittelmeer trocknete gegen Ende des Miozäns aus. Die sogenannte Messinische Salinitätskrise entstand dadurch, dass die Afrikanische Platte, während sie sich nach Norden schob, die Straße von Gibraltar zeitweise schloss (mal ganz vereinfacht erklärt). In der Folge trocknete das Mittelmeer bis auf einige wenige Becken aus, und Tiere konnten zwischen Afrika und Europa hin- und herwandern. Diese Austrocknung wurde ursprünglich anhand von Bohrkernen entdeckt, als man überall im Mittelmeer mitten zwischen Tiefseesedimenten plötzlich Sedimente fand, die auf Austrocknung hindeuteten (Gips zum Beispiel), und auch Stromatolithe – also Bakterienmatten – fand, die nur im flachen Wasser entstanden sein konnten. Einige höhere Regionen in diesem neu entstandenen großen Tal wurden von Tieren besiedelt.

Doch vor rund 5,3 Millionen Jahren bahnte sich das Wasser wieder einen Weg durch die Straße von Gibraltar und füllte das Becken erneut. Die hohe Geschwindigkeit des Wassers hatte zur Folge, dass der Zufluss sich schnell vergrößerte und zeitweise mehrere Millionen Kubikmeter Wasser mit über 100 Stundenkilometern vom Atlantik in das trockene Mittelmeer strömten. Berechnungen zufolge könnte der Meeresspiegel pro Jahr um zehn Meter gestiegen sein. Für die biblische Sintflut kommt dieses Szenario aber nicht in Frage, da noch nicht einmal *Australopithecus* zu dieser Zeit existierte. Die Tiere fanden sich auf einmal auf relativ kargen Inseln wieder und wurden infolgedessen innerhalb weniger Generationen sehr klein. Doch begeben wir uns zurück zu unserem kleinen Verwandten nach Java.

Wie der *Homo erectus* nach Flores kam, ist nicht bekannt, da hierfür die Fundlage noch nicht ausreicht. Es kann sein, dass er die Insel gewollt erreichte oder aber dass einige Individuen infolge von Stürmen unbeabsichtigt dort strandeten. Als sicher kann aber gelten, dass die Nachkommen dieser *Homo-erectus*-Population, ganz ähnlich wie viele andere Tiere, nach und nach an Körpergröße verloren, bis sich schließlich die Art *Homo floresiensis* entwickelte. Falls Sie sich gerade fragen, ob dies auch bei uns auf Inseln passieren kann, so kann ich es Ihnen nicht mit Sicherheit sagen. Es ist möglich, dass wir in der Lage sind, unsere Umwelt besser unseren Bedürfnissen anzupassen und dem Prozess so entgegenarbeiten. Es ist aber auch denkbar, dass in historischer Zeit keine kleinere Insel lange genug vollständig isoliert war, um messbare Veränderungen hervorzurufen. Neben dem «Hobbit» dürfte die Erforschung unserer jüngsten stammesgeschichtlichen Vergangenheit auch weitere spannende

Ergebnisse liefern. So wurden beispielsweise weitere Menschenpopulationen in Südostasien entdeckt, die sich genetisch von den bisher bekannten Formen unterscheiden. Da es sich hierbei oft jedoch nur um wenig gefundenes fossiles Material handelt, bleiben noch viele Fragen für zukünftige Wissenschaftler offen.

Abschließend lässt sich festhalten, dass vor weniger als hunderttausend Jahren mehrere Menschenarten gleichzeitig auf diesem Planeten existierten. Und wer weiß – wäre dies heute noch der Fall, hätte sich bei uns vielleicht nie der Irrtum eingeschlichen, dass wir im Stammbaum des Lebens eine Sonderstellung besitzen und entrückt von der restlichen Natur stehen.

Ich habe mit diesem Buch versucht, Ihnen einen Einblick in die Arbeitsweise von Paläontologen zu geben und unseren Stammbaum zu skizzieren. Jetzt fragen Sie sich eventuell, wie es mit uns und dem Planeten weitergeht. Welche Bahnen die Evolution in Zukunft nehmen wird, lässt sich nicht sagen. Fest steht nur, dass sie auch bei uns nicht anhalten wird. Denn trotz all unserer Medizin und Technologie, mit der wir unsere Überlebenschancen und damit unsere Entwicklung beeinflussen können, bleibt ein Faktor bestehen: Unsere Merkmale beeinflussen unsere Chance, zu überleben und uns fortzupflanzen. Und solange dies der Fall ist, wird die Evolution (wenn auch nicht so drastisch wie bei anderen Lebewesen) uns nicht loslassen. Doch auch wenn wir nicht sagen können, wie diese Zukunft aussehen wird, so können wir versuchen, einen Blick aus der Zukunft zurück auf unser Heute zu werfen. Stellen wir uns vor, wir würden als außerirdische Paläontologen die Erde besuchen und in den heutigen Erdschichten nach menschlichen Fossilien suchen. Was würden wir finden? An erster Stelle einmal viele archäologische Überreste. Bei uns sprechen wir scherzhaft davon, dass das zukünftige Leitfossil die Cola-Dose sein wird. Dementsprechend wäre eine Trennung zwischen der Archäologie und der Paläontologie, wie sie heute noch recht einfach ist, natürlich nicht mehr möglich.

Doch klammern wir für unsere Zwecke die Produkte unserer Zivilisation aus und konzentrieren wir uns nur auf die fossilen Überreste. Was ein zukünftiger Paläontologe finden würde, hängt sehr davon ab, wie weit in der Zukunft er sich befindet. Je weiter wir zurückblicken, desto gröber wird das Bild, das uns die Paläontologie liefert. Das liegt daran, dass jüngeres Gestein im Schnitt viel häufiger ist. Je älter Gestein ist, desto mehr Zeit hat es, abgetragen oder überlagert zu werden oder ins Erdinnere abzutauchen. Weniger Gesteine bedeuten natürlich auch weniger Fossilien. Das führt dazu, dass ein Paläontologe, der in zwei Millionen Jahren zurückblickt, ein viel genaueres Bild zeichnen könnte als einer, der 200 Millionen Jahre entfernt ist. In letzterem Fall findet man vielleicht nur eine Handvoll menschlicher Fossilien an einigen Fundstellen, die Sedimente aus unserer Zeit erhalten haben. Wohingegen wir in der nahen Zukunft, nicht zuletzt durch unsere Angewohnheit, Verstorbene zu begraben, wahrscheinlich besonders viele Fossilien zur Verfügung haben dürften. Auf diese Weise könnten wir feststellen, dass der Mensch weltweit verbreitet war. Außerdem ließen sich Aussagen über die Entwicklung einzelner Merkmale treffen, wenn beispielsweise Weisheitszähne eines Tages vollständig verschwunden wären. Zudem könnten wir unsere Skelette mit denen unserer Vorfahren vergleichen und untersuchen, ob unser Lebenswandel durch unsere Technologien zu Veränderungen an unserem Skelettbau führte, wie dies bei unseren Vorfahren der Fall war, als sie in der Lage waren, durch Werkzeuge neue Nahrungsquellen und Lebensräume zu erschließen.

Auch ließe sich rückblickend feststellen, dass unser weltweiter Aufstieg zeitlich mit einem großen Massenaussterben korrelierte, und möglicherweise auch, dass wir unseren Anteil daran hatten. Und auch ohne unsere archäologischen Überreste dürften zukünftigen Paläontologen die Besonderheiten bei diesem zweibeinigen Primaten auffallen, der häufiger und weiter verbreitet war als jedes andere größere Säugetier der Erdgeschichte. Bis dahin werden wir Paläontologen allerdings auch weiterhin versuchen, vergangenes Leben zu verstehen. Den großen Entdeckern der letzten Jahrhunderte sind irgendwann die weißen Flecken auf der Landkarte ausgegangen. Die Vergangenheit aber ist längst noch nicht vollständig erschlossen. Wir können auch weiter zurück in noch unerforschte Ökosysteme blicken und Lebewesen entdecken, die noch kein Mensch zuvor je gesehen hat.

«Invasion of the Land»

Dank

Mein herzlicher Dank gilt Georg Oleschinski dafür, dass er seine wundervollen Fotografien für dieses Buch zur Verfügung gestellt hat, sowie allen, die mir mit Rat und Feedback zur Seite gestanden haben. Besonderer Dank gilt außerdem meinen Eltern, die mich auf meinem Weg zum Paläontologen immer unterstützt haben, und Meena dafür, dass sie diesen Weg mit mir zusammen geht.

Bildnachweis